Geschlecht im Wandel: Eine interdisziplinäre Reise durch Biologie, Kultur und Diskriminierung

Peter M. Kappeler

Geschlecht im Wandel: Eine interdisziplinäre Reise durch Biologie, Kultur und Diskriminierung

Peter M. Kappeler ⓘ
Soziobiologie/Anthropologie
Georg-August Universität Göttingen
Göttingen, Deutschland

Verhaltensökologie & Soziobiologie,
Deutsches Primatenzentrum
LI Primatenforschung
Göttingen, Deutschland

ISBN 978-3-662-71148-4   ISBN 978-3-662-71149-1 (eBook)
https://doi.org/10.1007/978-3-662-71149-1

Die Deutsche Nationalbibliothek verzeichnet diese Publikation in der Deutschen Nationalbibliografie; detaillierte bibliografische Daten sind im Internet über https://portal.dnb.de abrufbar.

© Der/die Herausgeber bzw. der/die Autor(en), exklusiv lizenziert an Springer-Verlag GmbH, DE, ein Teil von Springer Nature 2025

Das Werk einschließlich aller seiner Teile ist urheberrechtlich geschützt. Jede Verwertung, die nicht ausdrücklich vom Urheberrechtsgesetz zugelassen ist, bedarf der vorherigen Zustimmung des Verlags. Das gilt insbesondere für Vervielfältigungen, Bearbeitungen, Übersetzungen, Mikroverfilmungen und die Einspeicherung und Verarbeitung in elektronischen Systemen.
Die Wiedergabe von allgemein beschreibenden Bezeichnungen, Marken, Unternehmensnamen etc. in diesem Werk bedeutet nicht, dass diese frei durch jede Person benutzt werden dürfen. Die Berechtigung zur Benutzung unterliegt, auch ohne gesonderten Hinweis hierzu, den Regeln des Markenrechts. Die Rechte des/der jeweiligen Zeicheninhaber*in sind zu beachten.
Der Verlag, die Autor*innen und die Herausgeber*innen gehen davon aus, dass die Angaben und Informationen in diesem Werk zum Zeitpunkt der Veröffentlichung vollständig und korrekt sind. Weder der Verlag noch die Autor*innen oder die Herausgeber*innen übernehmen, ausdrücklich oder implizit, Gewähr für den Inhalt des Werkes, etwaige Fehler oder Äußerungen. Der Verlag bleibt im Hinblick auf geografische Zuordnungen und Gebietsbezeichnungen in veröffentlichten Karten und Institutionsadressen neutral.

Springer ist ein Imprint der eingetragenen Gesellschaft Springer-Verlag GmbH, DE und ist ein Teil von Springer Nature.
Die Anschrift der Gesellschaft ist: Heidelberger Platz 3, 14197 Berlin, Germany

Wenn Sie dieses Produkt entsorgen, geben Sie das Papier bitte zum Recycling.

Für die wichtigsten Frauen in meinem Leben:

Linde, Bärbel, Susi, Theresa, Helen und vor allem Claudia

Vorwort und Danksagung

Tagtäglich werden weltweit Menschen für dieselbe Arbeit schlechter bezahlt, bei Einstellungen oder Beförderungen nicht berücksichtigt oder auf andere Weise im Beruf oder Alltag benachteiligt, sexuell belästigt oder misshandelt, schon vor der Geburt abgetrieben, genital verstümmelt, von Bildung ausgeschlossen und zahlreichen weiteren Einschränkungen ihrer persönlichen Freiheiten ausgesetzt *nur weil sie Mädchen oder Frauen sind.* Diese Gewalt in Bezug auf das Geschlecht geht von Männern aus. Obwohl viele Tiere die Grundlagen der biologischen pGeschlechter mit uns teilen, ist eine solche umfassende Diskriminierung und Unterdrückung von Weibchen nirgendwo im Tierreich auch nur ansatzweise zu finden. Da Menschen mit nicht-heterosexuellen Identitäten ähnliche Diskriminierungen wie Frauen erfahren, die in diesem Fall aber auch von Frauen ausgeht, ist das Phänomen der sexuellen Diskriminierung aber komplexer als es eine simple „Böse-Männer-Erklärung" begründen könnte. Das Merkmal Geschlecht hat also einen massiven Einfluss auf das menschliche Verhalten, wobei die zwischengeschlechtlichen Beziehungen zwischen Kulturen, aber auch im Laufe der Zeit stark variieren. Aber warum sind wir so von Sexualität besessen?

Um den Einfluss sexueller Identität und Orientierung auf das menschliche Verhalten besser zu verstehen, beleuchte ich in diesem Buch das Phänomen Geschlecht sowie die damit verbundenen Konzepte Gender und sexuelle Identität umfassend. Dazu untersuche ich deren Konsequenzen für Variation in zahlreichen biologischen, psychologischen und kulturellen Merkmalen, und fasse mehr als 400 wissenschaftliche Arbeiten aus der Biologie, Psychologie, Anthropologie, Medizin und Soziologie auf verständliche und unterhaltsame Weise zusammen. Diese Zusammenstellung von Fakten zeigt auf, in welchen Merkmalen sich Frauen und Männer unterscheiden (oder auch nicht), welche evolutionäre Anpassungen zu Geschlechtsunterschieden beitragen und welche kulturellen Einflüsse dabei zur Geltung kommen. Dabei werden zwei Punkte offensichtlich: Einerseits vermögen biologische Anlagen für Merkmale der Sexualität oder Geschlechtsdifferenzierung soziale Normen oder Diskriminierung nicht hinreichend erklären oder gar rechtfertigen. Andererseits ist es naiv oder ignorant anzunehmen, dass evolutionäre Prozesse nur für die ca. 8,7 Mio. heute lebenden Tierarten gelten, aber nicht für diese eine, aufrecht gehende, nackte Primatenspezies. Ich habe beim Lesen und Schreiben viel über unsere Spezies gelernt, und freue mich jetzt, dieses Wissen mit Ihnen zu teilen!

Dieses Projekt begann in der stimulierenden Atmosphäre des Wissenschaftskollegs zu Berlin, wo ich mich als Fellow ein Jahr lang nur um meine Forschungsinteressen kümmern durfte. Außerdem bin ich Sophie Stein, Nicola Einsle, Norbert Sachser und Wolfgang Goymann für die moralische Unterstützung dieses Projekts über all die Jahre außerordentlich dankbar. Mein Dank für die praktische Unterstützung und Betreuung gilt Ulrike Walbaum und Renate Scheddin. Und schließlich hatte Claudia Fichtel immer Verständnis für die Zeit, die ich für mein „Sex-Buch" reklamierte habe, und sie hatte bei unseren Spaziergängen oder bei einem Glas Wein immer ein offenes Ohr für meine neuesten Erkenntnisse. Ich bin Euch allen sehr dankbar!

Zum Schluss noch eine Widmung: Seit frühesten Kindesbeinen bin ich leidenschaftlicher Fußball-Fan. Ursprünglich haben mich nur die männlichen Kicker begeistert, denn von 1955 bis 1970 war Frauenfußball in Deutschland noch offiziell verboten und danach noch lange verpönt. Erst 1974 fand die erste deutsche Meisterschaft statt, und beginnend mit dem ersten Gewinn der Europameisterschaft 1989 durch die DFB-Frauen setzte ein allmählicher Wandel im öffentlichen Bewusstsein ein. Im Jahr 1996 war Frauenfußball zum ersten Mal olympische Disziplin, und der erste Gewinn der Weltmeisterschaft 2003 durch die DFB-Mädels führte zu einem wichtigen Durchbruch in der gesellschaftlichen Wahrnehmung und Anerkennung. Spätestens seit der EM 2022 steht zumindest das öffentliche Interesse an der Frauen-Nationalmannschaft nicht mehr hinter dem der Männermannschaft zurück.

Trotzdem werden selbst Nationalspielerinnen immer noch mit deutlich geringeren Prämien und Gehältern als Männer abgespeist, und sie bleiben zum Beispiel in Bezug auf eine angemessene Würdigung ihrer Babypausen nach wie vor deutlich benachteiligt. Heute begeistert die Nationalmannschaft nicht nur durch richtig geilen Fußball auf dem Platz, sondern auch durch ihre vielfältigen Vorbildfunktionen: Sie zeigen Mädchen, dass alles möglich ist; sie praktizieren einen beneidenswerten Teamgeist; und sie demonstrieren eindrucksvoll, wie normal und offen man mit verschiedenen sexuellen Orientierungen umgehen kann. Insofern ist der Frauenfußball nicht nur ein Spiegel der gesellschaftlichen Dynamik der Diskriminierung von Frauen in unserer Gesellschaft, sondern auch ein ganz großer Mutmacher, der zeigt, wie sehr sich Dinge in ein paar Jahrzehnten in die richtige Richtung bewegen können und weiterbewegen sollten. Von daher widme ich dieses Buch auch allen Fußballspielerinnen und insbesondere unserer Nationalmannschaft!

Göttingen   Peter M. Kappeler
im Februar 2025

Interessenkonflikte Der/die Autor*in hat keine für den Inhalt dieses Manuskripts relevanten Interessenkonflikte.

Inhaltsverzeichnis

1	**Einleitung**..	1
	Literatur...	8

Teil I Sexismus: Warum das Geschlecht so bedeutsam ist

2	**Sexuelle Identität: Geschlecht und Gender**...................		11
	2.1	Zwei Geschlechter? Zwei Definitionen!..................	12
		2.1.1 Das biologische Geschlecht: Die Basics............	13
		2.1.2 Gender: Der 7. Faktor	16
		2.1.3 Geschlechtliche Diversität	17
		2.1.4 LGBTQIA+.................................	20
		2.1.5 *Let's talk about sex – and gender:* Kontroversen......	21
		2.1.6 Gender und rote Tücher........................	23
	2.2	Sex ist (in der Biologie) völlig überbewertet.................	24
		2.2.1 Kein Sex ist auch keine (perfekte) Lösung	26
		2.2.2 9 Wege zu 2 biologischen Geschlechtern............	27
	2.3	Wie viele Geschlechter gibt es denn nun? Weniger als Missverständnisse!..	30
	2.4	Sexismus und die Wahrheit	34
	Literatur...		36
3	**Wer mit wem?**..		39
	3.1	Sexuelle Orientierung: Wer macht Dich an?	39
		3.1.1 Tierischer Sex................................	39
		3.1.2 *Anything goes:* Menschliche Neigungen	40
	3.2	Sexuelle Präferenz: Was gefällt Dir?.......................	46
		3.2.1 Was gibt Dir den Kick?	49
	Literatur...		51
4	**Warum unterscheiden sich die Geschlechter?**....................		53
	4.1	Geschlechterrollen aus evolutionsbiologischer Sicht...........	53
		4.1.1 Geschlechterrollen bei Tieren	53
		4.1.2 Theorie statt Praxis: Sexuelle Selektion.............	54
		4.1.3 Elterliches Investment und 69 Kinder	56

	4.2	Geschlechterstereotype aus sozialwissenschaftlicher Sicht......	58
		4.2.1 Gottgewollte Unterschiede......................	58
		4.2.2 Zwei unbeschriebene Blätter	59
		4.2.3 Was sagt die Psychologie?.......................	61
		4.2.4 Gender Studies: It's complicated	61
	Literatur...		63
5	**Gibt es einen Unterschied, und wenn ja, warum?**................		**65**
	5.1	Finde den Unterschied!	65
	5.2	Warum? Vier richtige Antworten auf eine einfache Frage.......	69
	5.3	Fazit & Ausblick	72
	Literatur...		73

Teil II   Geschlechtliche Diversität: Biologie, Evolution und Kultur

6	**Vom Mutterleib bis ins Grab: Zwei Lebenswege?**.................		**77**
	6.1	5 % mehr Jungs, die 5 % schwerer sind.....................	77
	6.2	Im Mutterleib: Unterschiede ohne soziale Einflüsse	79
	6.3	Warum Jungs später geschlechtsreif werden als Mädchen	80
	6.4	Wer hat mehr Sex und Kinder?............................	83
		6.4.1 So trieben es unsere Vorfahren....................	84
		6.4.2 Treue und Untreue	86
		6.4.3 Der Hundertjährige, der noch Vater wurde	86
		6.4.4 Sind die Großmütter schuld an der Menopause?......	88
		6.4.5 Wieso (manche) Männer mehr Kinder haben als Frauen....................................	89
	6.5	*Who cares?* Wer kümmert sich um den Nachwuchs?	92
		6.5.1 *Mother's little helpers:* Kooperative Kinderaufzucht................................	93
	6.6	Leben Frauen länger oder sterben Männer früher?	94
	Literatur...		98
7	**Eine Spezies – zwei Körper**		**103**
	7.1	Mehr als X und Y: DNA und Geschlechtsunterschiede.........	104
	7.2	Morphologie zweier nackter Affen	106
		7.2.1 13 cm Unterschied.............................	107
		7.2.2 Körperformen: Sanduhren, Birnen und Bierbäuche ...	109
		7.2.3 Brüste: Eine unerwartete Lektion der Evolution	111
		7.2.4 Ist der Bart ein Pfauenschwanz, Hirschgeweih oder Nebenprodukt?................................	115
	7.3	Männer haben ein größeres Gehirn: Macht aber nichts!	118
	7.4	Physiologie: Geschlechtsunterschiede vom Schlafen bis zum Marathon	120
	7.5	Gesundheit: Wo Geschlecht und Gender wirklich wichtig sind	124
	Literatur...		127

8 Verhalten: Typisch Frau – typisch Mann? ... 135
- 8.1 Persönlichkeit und Sozialverhalten: Männer und Frauen sind von der Erde ... 135
- 8.2 Sexualverhalten: Wer-mit-wem-was-wie-oft? ... 140
  - 8.2.1 Partnerwahl: Das Dilemma der Männer ... 140
  - 8.2.2 Warum haben (manche) Frauen einen Orgasmus? ... 143
  - 8.2.3 Masturbation: Selbst ist die Frau – aber weniger häufig ... 147
  - 8.2.4 Prostitution und Missbrauch: Die dunkle Seite ist männlich ... 148
- Literatur ... 150

9 Kultur + Geschlecht = Genderungleichheit? ... 155
- 9.1 Früher war alles besser – auf jeden Fall die Geschlechterbeziehungen ... 156
- 9.2 Die Bauern sind schuld! ... 158
- 9.3 Schlüssige Antworten der Soziologie ... 159
- Literatur ... 163

Teil III Erklärungsansätze und Ausblick

10 *Biology meets Culture:* Soziales Lernen und soziale Normen ... 171
- 10.1 Soziales Lernen: Erkenntnisse von buntem Popcorn ... 171
- 10.2 Soziale Normen: Die ungeschriebenen Gesetze ... 173
  - 10.2.1 300.000 Jahre soziale Evolution ... 174
  - 10.2.2 Regeln, Konventionen, Normen: Schmiermittel der Gesellschaft ... 175
  - 10.2.3 Die Evolution gegenderter Normen ... 177
  - 10.2.4 Was tun? ... 182
- Literatur ... 183

Einleitung 1

- „Intersexuelle bei Olympia: Ist das fair?" (Emma 4.8.24)
- „Afghanistan: Taliban verbieten Frauen das Sprechen" (Deutsche Welle 27.8.24)
- „Trotz rechter Gegendemo: Albstadt feiert bunten CSD für Toleranz" (SWR 7.9.24)
- „CDU bringt Genderverbot mit AfD-Unterstützung durch" (Katapult MV 1.10.24)
- „Nur langsam mehr Frauen im Top-Management" (Tagesschau 15.10.24)
- „Im Prozess gegen ihre Vergewaltiger prangert Gisèle Pélicot die «machohafte, patriarchalische Gesellschaft» an" (NZZ 20.11.24)
- „Selbstbestimmungsgesetz: Wer kann jetzt wie sein Geschlecht ändern?" (Der Spiegel 2.11.24)
- „Nach Trump-Sieg: Frauenfeinde zurück an der Macht" (Tagesschau 14.11.24)
- „Fast jeden Tag ein Femizid in Deutschland" (BM des Innern 19.11.24)
- „Merkel über Ampel-Aus: ‚Mein spontaner Gedanke: Männer!'" (Stern 22.11.24)

Sie haben vermutlich die meisten dieser Schlagzeilen allein in der zweiten Jahreshälfte 2024 gesehen. Obwohl Kriege, klimatische, finanzielle und politische Krisen die täglichen Nachrichten dominieren, spielen Geschlechts- und Genderthemen regelmäßig eine bedeutsame und häufig emotionale Rolle in unserem Alltag. Fast alle diese Themen betreffen Diskriminierung aufgrund von Geschlecht, Gender oder sexueller Orientierung. Die meisten Betroffenen sind dabei Frauen. In diesem Buch bringe ich wissenschaftliche Befunde aus der Biologie, Evolution und Anthropologie zusammen, die helfen können zu verstehen, warum dies so ist und was an dieser Situation wie geändert werden kann.

"Natürlich müssen Frauen weniger verdienen als Männer. Weil sie schwächer sind, weil sie kleiner sind und weil sie weniger intelligent sind."
Janusz Korwin-Mikke (Polnischer EU-Abgeordneter, März 2017) [1]

Als ich 1959 geboren wurde, konnten meine Mutter und andere verheiratete Frauen in West-Deutschland vieles noch nicht ohne Einverständnis ihres Ehemannes unternehmen. So benötigten sie beispielsweise deren Einwilligung, um ein eigenes Konto zu eröffnen, den Führerschein zu machen oder arbeiten zu gehen. Verheiratete Beamtinnen wurden noch in den 1950er-Jahren entlassen, wenn ihr Anteil am Familieneinkommen als nicht notwendig erachtet wurde, ihre Familie zu ernähren [2]. Bis 1957 war die Grundlage dieser Art der Beziehung zwischen den Geschlechtern im Bürgerlichen Gesetzbuch (§ 1354) klar bestimmt: *„Dem Manne steht die Entscheidung in allen das gemeinschaftliche eheliche Leben betreffenden Angelegenheiten zu"*. Die eigenständige Frau war vor wenigen Jahrzehnten also noch nicht vorgesehen, obwohl ironischerweise gerade Frauen dieser Nachkriegsgeneration mehr Selbstständigkeit und Eigenständigkeit an den Tag gelegt hatten als die meisten Frauen früherer Generationen.

Nur gut zehn Jahre nach Weltkriegsende stellte also die natürliche Bestimmung der Frau als fürsorgliche Hausfrau und liebevolle Mutter das Leitmotiv der gesellschaftlichen Erwartungen an erwachsene Frauen dar; eine Erwartung, welche die Beziehung zwischen den Geschlechtern noch Jahrzehnte nachhaltig bestimmen sollte. Erst allmählich haben sich Frauen seither in vielfältiger Hinsicht von der kulturell und gesetzlich verordneten männlichen Dominanz emanzipiert. Obwohl sich in den letzten Jahrzehnten vieles verändert hat, sind wir in einem Stadium angekommen, das aber beispielsweise immer noch durch ungleiche Bezahlung von Männern und Frauen und die Unterrepräsentation von weiblichen Führungskräften charakterisiert ist. Daher stellt sich heutzutage immer noch und umso mehr die Frage, womit Diskriminierung von Frauen erklärt – nicht gerechtfertigt – werden kann.

„Männer sind Schweine. Traue ihnen nicht mein Kind. Sie wollen alle nur das eine. Weil Männer nun mal so sind."
Die Ärzte (1998)

#metoo: Nicht erst seit Harvey Weinstein ist bekannt, dass viele Männer immer nur das eine wollen und versuchen. *„Grab her by the pussy"* – selten hat es einer so direkt gesagt wie Donald Trump. Die allermeisten Leserinnen haben vermutlich ihre eigenen leidlichen Erfahrungen in dieser Hinsicht gemacht, aber Geschwindigkeit und Verbreitung der sozialen Medien haben erstmals ein passendes Ventil für ihren Protest bereitgestellt. Wie kann es sein, dass ein Teil der einen Hälfte der Menschheit den Großteil der anderen Hälfte so respektlos behandelt? Wieso unterscheiden sich aber Brüder und Schwestern, die im selben Haushalt aufgewachsen sind, im Erwachsenalter so grundlegend in Bezug auf ihr Verhalten gegenüber dem anderen Geschlecht? Werden Jungen und Mädchen von Eltern und Schule so unterschiedlich erzogen oder sind es letztendlich doch Gene und Hormone oder die sexistische Werbung, die Jungen unwiederbringlich dazu prädestinieren, später Frauen als Freiwild zu betrachten?

1 Einleitung

Die Rechtsprechung hat ihren Teil zur Bestimmung der Beziehung zwischen den Geschlechtern beigetragen. So gab es beispielsweise in Bezug auf die sogenannten ehelichen Pflichten 1966 noch klare Ansagen des Bundesgerichtshofes an die westdeutschen Frauen: *„Die Frau genügt ihren ehelichen Pflichten nicht schon damit, daß sie die Beiwohnung teilnahmslos geschehen läßt. Wenn es ihr infolge ihrer Veranlagung oder aus anderen Gründen, zu denen die Unwissenheit der Eheleute gehören kann, versagt bleibt, im ehelichen Verkehr Befriedigung zu finden, so fordert die Ehe von ihr doch eine Gewährung in ehelicher Zuneigung und Opferbereitschaft und verbietet es, Gleichgültigkeit oder Widerwillen zur Schau zu tragen"* [3]. Aufgrund dieser Grundeinstellung gab es damals vermutlich auch keinen öffentlichen Sturm der Entrüstung, wenn am Stammtisch die Bedienung bei jeder Runde Bier aufs Neue begrabscht wurde. Offensichtlich ist dieser sexualisierte Umgang mit Frauen also nicht das Resultat der Auflösung der viel beschworenen traditionellen Werte des christlichen Abendlandes; in den 1950er-Jahren gingen dieselben Stammtischbrüder sonntags nämlich noch brav zur Kirche. Von daher stellt sich auch die Frage, ob und wie dieses scheinbar typisch männliche Verhalten angelegt ist, und wieviel Variabilität in dieser Hinsicht in anderen Kulturen existiert.

„Schwuchtel! Du und deine weinerliche Versagerclique Seid die reinste Gayschar wie weiß geschminkte Japanerbitches..."
Kollegah & Farid Bang (2016)

In den 1950er-Jahren stand auch Homosexualität noch unter Strafe (§ 175 Strafgesetzbuch) und war weithin als Abnormalität verpönt. Der entsprechende Paragraph (*„Widernatürliche Unzucht, welche zwischen Personen männlichen Geschlechts oder von Menschen mit Thieren begangen wird, ist mit Gefängniß zu bestrafen; auch kann auf Verlust der bürgerlichen Ehrenrechte erkannt werden"*) war für die junge Bundesrepublik aus dem Reichsstrafbuchgesetz von 1872 übernommen worden. Weibliche Homosexualität war offenbar für die Gesetzesschreiber so unvorstellbar, dass sie weder im Kaiserreich noch irgendwann später überhaupt gesetzliche Erwähnung fand. Erst 1969 wurde der berüchtigte § 175 zum ersten Mal abgemildert und 1994 endgültig abgeschafft. Seit 2017 sind Eheschließungen zwischen Schwulen bzw. Lesben in Deutschland möglich und denen vor heterosexuellen Paaren rechtlich (fast) gleichgestellt. Was ist da passiert? Hat unsere Gesellschaft in der Beziehung eine 180-Grad-Wendung vollzogen? Ist das nicht ein Beispiel dafür, dass sexuelle Diskriminierung innerhalb einer Generation aufgehoben werden kann oder steht dieser Erfolg nur auf dem Papier? Immerhin gibt es nach wie vor unsägliche Songtexte von scheinbar coolen Rappern, die offen homophob und frauenfeindlich sind, und sich trotzdem so oft verkaufen, dass sie einen „Echo" dafür verliehen bekommen. Wie passt das alles zusammen?

„Es ist klar, dass sie eine Frau ist, aber vielleicht nicht zu 100 Prozent."
Pierre Weiss (2009) [4]

Ganz offensichtlich haben sich die gesellschaftlichen und gesetzlichen Rahmenbedingungen in Bezug auf bestimmte Geschlechterrollen in unserem Land in nur wenigen Jahrzehnten grundlegend verändert. Selbst die diesen Normen und Gesetzen zugrunde liegende Einteilung von Menschen in „Männer" und „Frauen" wurde 2017 vom Bundesverfassungsgericht dahingehend modifiziert, dass die Existenz von mehr als zwei Geschlechtern nunmehr höchstrichterlich anerkannt ist [5]. Wer sich auf „Facebook" anmeldet, kann sogar zwischen 60 Geschlechtern bei der Charakterisierung der eigenen Person wählen [6]. Seit Anfang der 1990er-Jahre wird zudem von manchen unterschieden, ob das bei der Geburt zugewiesene Geschlecht später mit ihrem subjektiv wahrgenommenen Geschlecht übereinstimmt (cis-gender) oder nicht (trans-gender). Um den Namen und die Geschlechtsangabe in offiziellen Dokumenten zu ändern, mussten sich Trans-Menschen in Deutschland aber noch bis 2024 einer entwürdigenden Verwaltungsprozedur unterziehen.

Die Definition von Geschlechtern ist offenbar nicht einheitlich, da es für manche zwei, für andere drei, und für wiederum andere ganz viele Geschlechter gibt. Weil die deutsche Sprache nur einen Begriff für „das Geschlecht" hat und für viele weder die genaue Bedeutung des englischen Begriffs Gender noch die Beziehung zwischen Geschlecht und Gender klar sind, kommt es regelmäßig zu emotionalen Debatten oder verstörenden Aktionen. So untersagen selbst renommierte deutsche und amerikanische Universitäten oder wissenschaftliche Gesellschaften Diskussionsveranstaltungen zu diesen Themen; mutmaßlich aus Angst davor, manche Mitmenschen möglicherweise mit Fakten zu konfrontieren, die ihr jeweiliges Weltbild infrage stellen. In den sogenannten sozialen Medien feiern asoziale Kommentare gegenüber Frauen, Trans-Menschen und Queere Hochkonjunktur; gleichzeitig macht sich eine *Cancel Culture* breit, die unliebsame Einstellungen oder Handlungen anderer angreift.

So gibt es weiterhin öffentliche Debatten und Entscheidungen über die Klassifizierung von Menschen in Bezug auf ihr Geschlecht und die praktischen Konsequenzen, die daraus erwachsen. Die herausragenden sportlichen Erfolge der Mittelstreckenläuferin Caster Semenya führten den oben zitierten damaligen Generalsekretär des Internationalen Leichtathletikverbandes dazu, mithilfe einer willkürlich gewählten Konzentration an Testosteron die Grenze zwischen Frauen und Männer zu ziehen [7]. Caster's persönliche Selbsteinschätzung war in diesem Fall völlig irrelevant. In den USA machte Präsident Trump im Jahr 2020 eine erst 2016 von der Obama-Administration eingeführte Veränderung der Geschlechter-Definition zugunsten der Rechte von Transsexuellen mit einem Erlass rückgängig. Seither galt in den USA neben Recht und Ordnung auch wieder: *„Geschlecht ist männlich oder weiblich, wie von der Biologie bestimmt"*. Obwohl der Oberste Gerichtshof der USA seither bestimmt hatte, dass niemand (mehr) aufgrund seines Geschlechts und seiner sexuellen Orientierung diskriminiert werden darf, wurde diese Regelung durch einen der ersten Erlasse von Trump in 2025 wieder gekippt [8]. In Deutschland wehte die Flagge der LGBTQIA-Bewegung im Sommer 2022 erstmals über dem Reichstag; in Ungarn stimmte ein Jahr zuvor über 90 % der Bevölkerung einem Gesetz zu, das es Schulen verbietet, Homosexualität und Geschlechtsanpassungen zu „bewerben". Wieso gibt es Gesetze, die sexuelle Identität und Orientierung reglementieren, warum sind die damit zusammenhängenden Debatten so emotional, und wieso variieren diese Regeln zwischen Gesellschaften?

> *„(In Saudi-Arabia) adult women must obtain permission from a male guardian — usually a husband, father, brother, or son — to travel abroad, obtain a passport, marry, or be discharged from prison."*
> Human Rights Watch 2018 [9]

Szenenwechsel: Flughafen Istanbul. Falls Sie dort vielleicht auch schon mal ein-, aus- oder umgestiegen sind, ist Ihnen vielleicht auch aufgefallen, wie sehr sich die Tausende von Menschen, die dort zu jeder Tages- und Nachtzeit unterwegs sind, äußerlich unterscheiden. Mehr als an jedem anderen mir bekannten Flughafen treffen dort Passagiere aus Europa, Arabien, Afrika und Asien aufeinander. Viele von ihnen reisen in landestypischer Kleidung, zu der, je nach Herkunft, bunte Gewänder, Kopftücher, aber auch Teil- und Komplettschleier bei Frauen gehören. Bei den Männern sieht man viele lange Bärte, auch kahl rasierte Köpfe, oft von einer Takke geschmückt, aber auch russische Neureiche mit Pferdeschwänzchen und Araber mit Kuffya oder langem weißen Gewand und Kopftuch. Und sie kommen fast alle im Transitbereich an „Victoria's Secrets" vorbei; einer amerikanischen Wäschefirma, in deren Geschäften spärlich bekleidete junge Damen auf großen Plakaten für aufreizende Unterwäsche werben. Mehr Multikulti in einem Gebäude geht nicht! Wer dem Treiben der bunten Menge nur ein paar Minuten zusieht, realisiert schnell, dass die Rolle der Frau in Gesellschaften ein paar Tausend Kilometer weiter südöstlich von Deutschland oder die Rechte von Homosexuellen ein paar Hundert Kilometer weiter östlich von uns völlig andere sind als in unserer heutigen bundesrepublikanischen Gesellschaft. Die Geschlechter und ihre Beziehungen unterscheiden sich ganz offensichtlich auch zwischen den Kulturen in vielfältiger Weise. Geschlechterrollen variieren also gleichzeitig in Raum und Zeit; manche scheinbar mehr, andere weniger.

Die Biologie der geschlechterdefinierenden Merkmale hat sich aber weder in den letzten 50 oder 50.000 Jahren in irgendeinem Detail verändert noch unterscheidet sie sich zwischen Menschen in Deutschland und denen in anderen Ländern. Eine der grundlegendsten Klassifizierungen von Menschen – nämlich in Bezug auf ihr Geschlecht – erfolgt daher nach wie vor spätestens bei der Geburt aufgrund eines angeborenen biologischen Merkmals. Manche modifizieren diese Klassifizierung später aufgrund ihrer subjektiven Wahrnehmung. Diese Einteilung bzw. Selbstklassifizierung hatte und hat weitreichende Folgen dafür, wie man mit Mitmenschen desselben oder einem anderen Geschlecht umgehen kann, soll oder muss, und das Geschlecht bestimmt auch heute noch, welchen Gesetzen und kulturellen oder religiösen Normen jemand unterworfen ist. Außerdem spielt das Geschlecht bei der Charakterisierung der sexuellen Orientierung eine wichtige Rolle, weil die Geschlechtsidentitäten von zwei Menschen, die sich zueinander hingezogen fühlen, definieren, ob die sexuellen Handlungen der Betroffenen als hetero-, homo- oder bisexuell klassifiziert werden. Das Geschlecht strukturiert also unsere sozialen Interaktionen, Normen und Gesetze wie keine andere Eigenschaft. Aber warum?

Geschlechterrollen scheinen eindeutig ein kulturelles Phänomen zu sein, das sowohl zwischen verschiedenen Kulturen und Gesellschaften als auch über die Zeit veränderbar ist. Aber wie erfolgen diese Veränderungen? Und spielt die Biologie der Geschlechter gar keine Rolle bei der Erklärung von Geschlechtsunterschieden im Verhalten? Frauen, Männer und Intersexuelle unterscheiden sich ja wohl zumindest anatomisch recht eindeutig, und diese Unterschiede sind ganz offensichtlich biologisch angelegt. Aber warum sollte es überhaupt so sein, dass das biologische oder das subjektiv wahrgenommene Geschlecht – und beispielsweise nicht die Augenfarbe – das Verhalten der mutmaßlich kognitiv höchstentwickelten Spezies unseres Planeten so nachhaltig beeinflusst? Wird unser Schicksal doch von einem winzigen Y-Chromosom oder der Konzentration an Testosteron bestimmt? Das sind nahe liegende, spezielle Fragen über die generellen Beziehungen und Interaktionen zwischen Biologie und Kultur, die sich in diesem Zusammenhang stellen. In diesem Buch versuche ich, informativ und unterhaltsam Antworten auf diese und viele andere wichtigen Fragen zu geben.

"Männer und Frauen sind gleichberechtigt. Niemand darf wegen seines Geschlechtes, seiner Abstammung, seiner Rasse, seiner Sprache, seiner Heimat und Herkunft, seines Glaubens, seiner religiösen oder politischen Anschauungen benachteiligt oder bevorzugt werden."
Artikel 3 des Grundgesetzes für die Bundesrepublik Deutschland (1994)

Wer weiß, wie viele Jahrzehnte es noch gedauert hätte, den ersten Satz von Artikel 3 im Grundgesetz zu verankern, wenn nicht Elisabeth Selbert [10], eine viel zu wenig gewürdigte Juristin aus Kassel, im Parlamentarischen Rat 1948/49 nicht so hartnäckig gegen zahlreiche Widerstände für die Aufnahme dieses einfachen Satzes gekämpft hätte. Das Frauenbild der meisten 61 Männer und 3 anderen Frauen im Parlamentarischen Rat war noch von Vorstellungen aus den Zeiten des Kaiserreichs und Nationalsozialismus geprägt und stellte eine hohe Hürde für diese kulturelle Revolution dar, deren komplette juristische Umsetzung tatsächlich auch noch einmal Jahrzehnte beanspruchte. Auch heutzutage gibt es immer noch zahlreiche diesbezügliche Hürden, auch wenn sie für Ältere inzwischen vergleichsweise niedrig erscheinen. Die damit verbundenen Benachteiligungen sind für die Betroffenen aber gleichwohl schmerzhaft und zutiefst verletzend und betreffen in unserem Alltag tagtäglich immer noch alle in Artikel 3 genannten Faktoren, die zudem in beliebiger Kombination auftreten können; fragen Sie beispielsweise doch mal Nicole Anyomi, eine deutsche Fußball-Nationalspielerin mit afrikanischen Wurzeln.

Obwohl mein Gerechtigkeitsgefühl von allen Verletzungen von Artikel 3 zutiefst berührt wird, konzentriere ich mich in diesem Buch auf das Geschlecht. Um gleich die Karten auf den Tisch zu legen: Ich werde weder irgendeine Ideologie propagieren noch Biologie und Kultur gegeneinander ausspielen. Einerseits be-

1 Einleitung

hauptet heutzutage niemand mit einer minimalen wissenschaftlichen (Aus-)bildung mehr ernsthaft, dass biologische Anlagen für Merkmale der Sexualität oder Geschlechtsdifferenzierung Normen oder Diskriminierung hinreichend erklären oder gar rechtfertigen. Andererseits ist es genauso absurd anzunehmen, evolutionäre Prozesse und Merkmale würden nur für die ca. 8,7 Mio. heute lebenden Tierarten (und alle ihre ausgestorbenen Vorfahren) gelten, aber nicht für diese eine, aufrecht gehende, nackte Primatenspezies. Vielmehr stellt die Biologie Grundlagen bereit, die kulturell gegebenenfalls geschlechtsspezifisch diversifiziert („gegendered") werden. Von daher ist es nahe liegend und notwendig, alle Aspekte zu beschreiben und zu erklären, um das Gesamtphänomen Geschlecht, Gender und sexuelle Orientierung sowie die damit verbundenen Diskriminierungen zu verstehen.

Denjenigen, die argumentieren, dass schon die Erforschung von Geschlechtsunterschieden zu deren Rechtfertigung beitragen würde, sei gesagt, dass Menschen nicht identisch sein müssen, um gleich behandelt zu werden! Außerdem werde ich aufzeigen, dass alle Diskriminierungen aufgrund des Geschlechts oder der sexuellen Identität einzig auf kulturellen Normen und nicht auf biologischen Zwängen basieren. Ironischerweise ist es so, dass unsere kumulative Kultur, deren Komplexität und Diversität die aller anderen Arten übertrifft, das Ergebnis eines im Tierreich weit verbreiteten biologischen Merkmals – der Fähigkeit zum sozialen Lernen – darstellt. Die Frage, ob also Biologie oder Kultur wichtiger für die Ausbildung unserer Geschlechterrollen sei, ist daher genauso sinnvoll wie die Frage, ob die Länge oder die Breite eines Rechtecks wichtiger für die Bestimmung von dessen Fläche ist.

Wir sind in der glücklichen Situation, in einer Gesellschaft zu leben, in der es so viele Freiräume wie noch nie zuvor in der Geschichte gibt, um die uns persönlich wichtigen Dimensionen unserer Geschlechterrollen auszuleben. Die damit verbundenen individuellen Entscheidungen respektiere ich zutiefst, auch wenn ich sie nicht alle nachvollziehen kann. Und vor allem wertschätze ich die Rahmenbedingungen, die sie ermöglichen. Natürlich gibt es noch vieles zu verbessern – und die Geschichte lehrt, dass sich Wertvorstellungen, Normen und Gesetze auch weiterhin verändern werden – aber die Richtung sollte meiner Meinung nach nicht von Extrempositionen bestimmt werden, da dies mutmaßlich zu einem Rückgang an individueller Freiheit führen würde. Vielmehr glaube ich, dass ein sachlich fundiertes, verbessertes Verständnis der Ursachen und Konsequenzen von Geschlechterrollen und Geschlechtsunterschieden eine Grundlage weiterer persönlicher und gesellschaftlicher Veränderung hin zu einer Gesellschaft, in der jeder sich selbst besser versteht und irgendwann tatsächlich niemand mehr aufgrund seines Geschlechts diskriminiert wird, sein kann. Als Zoologe und Anthropologe, der zudem vornehmlich an Geschlechterrollen bei nicht-menschlichen Primaten forscht, kann und möchte ich Ihnen die relevanten Grundlagen und Prozesse vermitteln. Herrn Korwin-Mikke (siehe Zitat ganz oben) kann ich vermutlich nicht zum (Nach-)denken anregen, aber Sie würde ich gerne zu diesen wichtigen Fragen unterhaltsam informieren!

Schließlich noch ein Wort zum Format: In Zeiten, in denen es scheinbar normal und akzeptabel geworden ist, dass amerikanische, russische oder brasilianische Präsidenten ungestraft Tausende von Lügen – auch zu wissenschaftlichen Themen, wie Klimawandel oder Corona – verbreiten, in denen jeder Meinungsäußerung im Internet dieselbe Glaubwürdigkeit zugebilligt wird wie einer wissenschaftlichen Studie mit Daten von Tausenden von Proband:innen, gibt es auch lautstarke Minderheiten, die zum Thema Sex und Gender kundtun, was laut ihrer Ideologien wie zu sein hat. Fakten, die nicht ins eigene Weltbild passen, werden in vielen Bereichen von diesen Demagog:innen und selbsternannten Expert:innen grundsätzlich infrage gestellt. Die Prinzipien und Glaubwürdigkeit wissenschaftlichen Arbeitens werden ignoriert oder gar geleugnet. Diese Krise der Wissenschaft ist vielleicht die unterschätzteste der viel zu vielen aktuellen Krisen, weil durch sie grundsätzliche Prinzipien der Logik und des Miteinanders gleichermaßen außer Kraft gesetzt werden.

Die in diesem Buch erwähnten Inhalte, Fakten und Konzepte beruhen zum allergrößten Teil auf den Ergebnissen publizierter wissenschaftlicher Untersuchungen; persönliche Meinungen habe ich klar als solche gekennzeichnet. Die zitierten Publikationen haben eine akademische Qualitätskontrolle *(Peer Review)* durchlaufen und entsprechen daher den allgemein akzeptierten wissenschaftlichen Standards.

Im Interesse der Leserlichkeit für ein möglichst breites Publikum habe ich entgegen der üblichen wissenschaftlichen Gepflogenheiten nicht jede einzelne Aussage mit einem Verweis auf die entsprechende Quelle oder Originalarbeit versehen. Stattdessen habe ich mich auf entscheidende Quellen konzentriert und zusätzlich solche angegeben, die entweder (mit allen dazu gehörenden Risiken) von Internetseiten stammen oder hoffentlich zur vertiefenden Selbstlektüre interessanter Punkte verleiten. Die meisten der zitierten wissenschaftlichen Artikel sind auf https://scholar.google.com frei verfügbar. Manche dieser Studien sind sicher aufgrund ihrer Stichprobengröße, Methoden oder Interpretation kritisierbar, aber, bitte, bilden Sie sich ihre eigene, durch Fakten fundierte Meinung!

Literatur

1. https://www.youtube.com/watch?v=z4Fl_evyAo8
2. Bundesgesetzblatt vom 16. Juni 1950. Gesetz zur Regelung der Rechtsverhältnisse der im Dienst des Bundes stehenden Personen. 10. § 63 Abs. 1
3. https://opinioiuris.de/entscheidung/1659
4. https://www.nzz.ch/caster_semenya_iaaf-1.3535394
5. Bundesverfassungsrichter 2019/16
6. https://www.stern.de/digital/online/neue-profileinstellungen-facebook-kennt-jetzt-60-geschlechter-3616514.html
7. https://www.sueddeutsche.de/sport/semenya-cas-testosteron-1.4428307
8. https://www.tagesspiegel.de/internationales/trumps-usa-wollen-nur-zwei-geschlechter-anerkennen-eines-des-ersten-dekrete-zielt-auf-trans-menschen-13055863.html
9. https://www.hrw.org/world-report/2018/country-chapters/saudi-arabia
10. https://de.wikipedia.org/wiki/Elisabeth_Selbert

Teil I
Sexismus: Warum das Geschlecht so bedeutsam ist

Das menschliche Sozialverhalten ist vielfältiger und komplexer als das irgendeiner anderen Art. Trotzdem scheint über alle Kulturen hinweg ein Faktor unser Verhalten mehr zu bestimmen als alle anderen Einflüsse: das Geschlecht. Es strukturiert bekanntlich die persönlichen Eckpfeiler unserer Selbstdefinition und Persönlichkeit; nicht zuletzt, weil wir unser Geschlecht (bzw. Gender; siehe Kapitel 2) bewusst empfinden und benennen. Aber auch unsere Mitmenschen nehmen unser Geschlecht war; und die Evolution erst recht. Einerseits hat unser Geschlecht daher weitreichende Konsequenzen für unser eigenes Handeln, weil es nicht nur die Wahrscheinlichkeiten, mit denen wir zum Beispiel riskante oder ungesunde Dinge tun, beeinflusst, sondern auch bestimmt, wie wir – bewusst oder unterbewusst – mit anderen in den unterschiedlichsten Kontexten interagieren. Andererseits erzeugt es Erwartungen, die Familie, Freund:innen, Nachbar:innen, Arbeitskolleg:innen und Wildfremde an unser geschlechtskonformes Verhalten haben, welche wiederum praktische Konsequenzen dafür haben, wie andere uns behandeln.

Schließlich spielt für die allermeisten Menschen das Geschlecht einer Person, zu der man sich romantisch oder sexuell hingezogen fühlt, eine wichtige Rolle bei der Partnerwahl. Durch die Kombination der Geschlechter der Akteure wird deren sexuelle Orientierung beschrieben. Obwohl sexuelle Handlungen in der Regel in der geschützten Privatsphäre stattfinden, hat die sexuelle Orientierung aber auch eine gesellschaftliche Komponente, die ebenfalls Erwartungen, Vorurteile und gegebenenfalls Sanktionen auslöst. Für Frauen, Transgender und Nicht-Heterosexuelle bedeuten diese Konsequenzen des Geschlechts daher in der Regel: subtile oder offene Diskriminierung, wenn nicht gar Schikane oder sogar Unterdrückung und Gewalt, je nachdem in welcher Kultur und in welchem Jahrhundert man sich umsieht. Das heißt mehr als die Hälfte der Menschheit wird aufgrund ihrer sexuellen Identität und/oder Orientierung in irgendeiner Form diskriminiert – und zwar hauptsächlich von heterosexuellen Männern!

Wie kann es aber sein, dass ein einzelnes, ganz natürliches Merkmal wie das Geschlecht das Sozialverhalten einer mutmaßlich hoch intelligenten Menschenaffenart so nachhaltig und in diesem Ausmaß beeinflusst? Wie sehr und in welchen Merkmalen unterscheiden sich Menschen jenseits ihrer erogenen Zonen und sexuellen Präferenzen eigentlich genau, und wie lassen sich daraus Erklärungen für diese Diskriminierung ableiten? Und vor allem: wie kann diese Ungleichbehandlung bekämpft werden? Gibt es dafür geeignete wissenschaftliche Grundlagen und Erkenntnisse – auch aus dem Vergleich mit anderen Arten – die es erlauben, übergeordnete Prinzipien und sinnvolle Ansatzpunkte für ein Zurückdrängen der Diskriminierung zu erkennen? Das sind die großen Fragen, denen ich in diesem Buch nachgehe.

Im ersten Teil befasse ich mich mit den Grundlagen, die zur Diskussion dieser Fragen notwendig sind. Weil das Geschlecht so bedeutsam ist, bleibt daher eben nicht nur bei der neugierigen Frage „Uuund – Junge oder Mädchen?", wenn man sich mit Schwangeren oder jungen Eltern unterhält, sondern auch der erste Blick der Eltern gilt spätestens unmittelbar nach der Geburt der Antwort auf diese Frage, die dann auch umgehend in die Geburtsurkunde eingetragen werden muss. Aber: Wie viele Geschlechter gibt es, und anhand welcher Merkmale können diese definiert werden? Und warum können manche Menschen nicht mit dem bei der Geburt zugewiesenen Geschlecht leben, und warum ist eine Änderung des Geschlechts für andere der emotionalste Aufreger überhaupt? Ganz grundlegend sind auch die Fragen, wie das Geschlecht unser Wesen auf dem gesamten Lebensweg formt und welche Erklärungen die Wissenschaft für die vielfältigen Unterschiede zwischen den Geschlechtern bereithält. Schließlich werden in diesem Zusammenhang Begriffe wie biologisches Geschlecht, Gender, Transgender, Intersexualität, Pansexualität, queer, Transvestismus, Fortpflanzung und Sex bei der Diskussion von Geschlechtsunterschieden und Geschlechterrollen regelmäßig verwendet, aber kennen Sie auch deren genaue Bedeutung und Beziehungen? Das sind einige der Fragen, denen ich in den ersten beiden Kapiteln nachgehen möchte. Aber zunächst zu den Definitionen von sexueller Identität und Orientierung.

Sexuelle Identität: Geschlecht und Gender

2

Um besser zu verstehen, warum über die Hälfte der Menschheit Sexismus, sexualisierter Gewalt oder anderen Formen der Diskriminierung ausgesetzt ist, möchte ich in diesem Buch genauer beleuchten, wie und warum sich Menschen mit verschiedenen sexuellen Identitäten und Orientierungen in diversen Merkmalen unterscheiden – oder auch nicht. Der Vergleich zahlreicher Merkmale zwischen Menschen, die sich in den allermeisten wissenschaftlichen Studien selbst als Frauen oder Männer klassifizieren, eröffnet einerseits die Möglichkeit zu verstehen, warum Frauen von Männern diskriminiert werden, und andererseits, warum Männer Frauen so herablassend behandeln. Die Diskriminierung von Transgendern, Intersexuellen und Nichtheterosexuellen erfolgt dagegen auch durch Frauen und daher mutmaßlich aus anderen Gründen.

Für eine solche breit angelegte Analyse ist es im ersten Schritt notwendig zu klären, wie sexuelle Identität und Orientierung definiert sind. Da zur Charakterisierung des Geschlechts eines Menschen zwei Konzepte existieren, möchte ich zunächst deren Bedeutung und Beziehungen beleuchten. Für viele ist nämlich vor allem der Begriff Gender und alles was damit zusammenhängt entweder ein rotes Tuch oder die Grundlage ihrer Selbstdefinition und Weltanschauung. Beispielsweise gibt es unter letzteren radikale Stimmen, die sich über vermeintliche Transphobie entrüsten, nur weil jemand „schwangere Frau" statt „schwangere Person" sagt [1]. Daher tut sich hier im öffentlichen Diskurs ein Minenfeld auf, das zudem mit Fettnäpfchen gespickt ist. Die damit verbundenen Risiken, diese Themen öffentlich zu diskutieren, haben nicht zuletzt damit zu tun, dass der Begriff Gender, so wie er heutzutage im Deutschen verwendet wird, sehr fluide ist, seine ursprüngliche Bedeutung wenig bekannt ist und neben der Definition von Geschlechteridentitäten auch Aspekte der sexuellen Orientierung sowie der geschlechtsunabhängigen Gleichbehandlung berührt. Dadurch existieren die besten Voraussetzungen für zahlreiche Missverständnisse, die ich auch gleich zu Beginn ausräumen möchte. Dafür ist es notwendig, die menschliche sexuelle Identi-

© Der/die Autor(en), exklusiv lizenziert an Springer-Verlag GmbH, DE, ein Teil von Springer Nature 2025
P. Kappeler, *Geschlecht im Wandel: Eine interdisziplinäre Reise durch Biologie, Kultur und Diskriminierung*, https://doi.org/10.1007/978-3-662-71149-1_2

tät vor dem Hintergrund der im ganzen Tierreich existierenden Strategien und Prozesse zu betrachten.

Trotz aller Kontroversen ist unbestritten, dass die Festlegung des eigenen Geschlechts für die allermeisten Mitmenschen von großer persönlicher Bedeutung ist. Aus welchen Gründen auch immer beginnt zwar unter anderem auch fast jede Anrede („Guten Morgen, *Frau* Mustermann") oder Registrierung im Internet mit einer Geschlechtsangabe, aber hauptsächlich verbinden wir selbst mit dieser Klassifizierung unzählige Erwartungen an uns und andere. In manchen Kulturen hat das Geschlecht aber darüber hinaus noch sehr viel weitreichendere Konsequenzen; sogar für Leben und Tod. Im Iran kann man von der Sittenpolizei zu Tode gefoltert werden, und in Afghanistan darf man keine Universität besuchen, nur weil man eine Frau ist. Ähnliches gilt in den meisten Ländern in Bezug auf die sexuelle Orientierung, die durch den LGBTQIA-Begriff mit Geschlecht und Gender verbunden wird. So droht in etlichen afrikanischen und arabischen Staaten Nichtheterosexuellen Verfolgung oder gar die Todesstrafe. Die Frage, wer nach welchen Kriterien die Geschlechtsbestimmung durchführt, ist also grundlegend und von wichtiger praktischer Bedeutung.

2.1 Zwei Geschlechter? Zwei Definitionen!

Die deutsche Sprache verfügt ursprünglich nur über ein eigenes Wort für Geschlecht, welches ursprünglich die Zugehörigkeit zu einer Gruppe gleicher Abstammung oder Standesklasse (z. B. „das Geschlecht der Merowinger") beschrieb. Außerdem bezeichnet das Geschlecht sowohl in der Biologie und Medizin als auch umgangssprachlich die Zugehörigkeit zu einer Klasse von Individuen mit weiblicher oder männlicher Fortpflanzungsstrategie; also das biologische Geschlecht, das im Englischen als *„sex"* bezeichnet wird. Auch auf der ersten Seite der Bibel heißt es im 1. Buch Mose *„Und Gott schuf den Menschen zu seinem Bilde, zum Bilde Gottes schuf er ihn; und schuf sie als Mann und Frau"*. Hiernach existieren also nach der Vorstellung vieler (nur) zwei (biologische) Geschlechter.

Seit einigen Jahren wird im Deutschen aber auch der englische Begriff *„gender"* zunehmend verwendet, um Menschen zu klassifizieren und Aspekte von Geschlechterrollen zu thematisieren, aber dessen Bedeutung im Unterschied zu „Geschlecht" ist offenbar nicht immer/allen klar; nicht zuletzt, weil manche argumentieren, dass es, je nach Kontext, viele Geschlechter [2] oder ein Geschlechterkontinuum gibt [3], wobei es sogar möglich sei, fluide zwischen den Kategorien hin und her zu wechseln. Die deutsche Bundeszentrale für gesundheitliche Bildung hat beispielsweise diese Perspektive übernommen, denn dort heißt es *„Zu welchem Geschlecht oder zu welchen Geschlechtern man sich zugehörig fühlt, was man unter Frau-Sein, unter Mann-Sein, unter nicht-binär*-Sein, unter trans*-Sein, unter inter*-Sein – also unter Geschlecht-Sein – versteht, das ist immer ganz individuell"* [4]. Da diese beiden Definitionen unvereinbar erscheinen und die unterschiedlichen Perspektiven letztendlich scheinbar nicht enden wollende hitzige Debatten, *shitstorms* in den sozialen Medien, aber auch Vortrags- und Berufsverbote an Universitäten [5] sowie Gejohle in bayrischen Bierzelten befeuern, lohnt es sich, diese Begriffe genauer zu beleuchten.

2.1.1 Das biologische Geschlecht: Die Basics

Zunächst zur Biologie; genauer gesagt zur Zoologie. Aus biologischer Sicht sind Geschlechter klar und eindeutig definiert: *„Für Biologen bedeutet ‚männlich', dass ein Individuum kleine Gameten produziert, und ‚weiblich', dass sie große Gameten produziert. Punkt!"* [6]. Diese prägnante Aussage ist für manche erstaunlich, weil sie einzig die Geschlechtszellen ins Rampenlicht rückt; für Biolog:innen ist sie bemerkenswert, weil sie von einer renommierten Evolutionsbiologin stammt, die sich als Trans-Frau sicher eingehend mit diesem Thema beschäftigt hat. Warum sollte man das Geschlecht aber ausgerechnet an der Größe der Gameten – also der spezialisierten Zellen, mithilfe derer genetische Information an die nächste Generation weitergegeben wird – festmachen? Warum nicht anhand der Genitalien, Geschlechtschromosomen, Hormone oder des Verhaltens? In der Medizin werden die biologischen Geschlechter ja auch anhand von Variation in diesen Merkmalen (vor allem der äußeren Genitalien) bestimmt und im Wesentlichen auch in zwei Klassen eingeteilt.

Das biologische Geschlecht ist eine Grundeigenschaft jedes Individuums der meisten – aber nicht aller – Arten mit sexueller Fortpflanzung. Es bedarf sicherlich keiner weiteren Aufklärung darüber, dass bei der sexuellen Fortpflanzung Gameten (Geschlechtszellen) von zwei Individuen miteinander verschmelzen und damit die Entwicklung eines neuen Individuums initiieren. Die relative Größe der Gameten ist für Biolog:innen dabei das entscheidende Klassifizierungsmerkmal bei der Definition der biologischen Geschlechter. Sexuelle Fortpflanzung mit gleich großen Gameten (Isogamie) ist evolutionär ursprünglich, aber heutzutage bei Tieren und Pflanzen extrem selten; man findet sie nur noch bei einigen Einzellern, wie zum Beispiel der Bierhefe [7], bei denen sich deshalb keine Geschlechter unterscheiden lassen. Bei praktisch allen Tieren gibt es dagegen in jeder Art eine Klasse von Individuen, die wenige, relativ große und nährstoffreiche Gameten bilden; sie werden per Definition als Weibchen bezeichnet. Die anderen, die viele kleine, nährstoffarme Geschlechtszellen produzieren, sind entsprechend als Männchen definiert. Zu den Arten mit unterschiedlich großen Gameten (also mit Anisogamie) gehören bekanntlich Menschen, aber beispielsweise auch alle anderen Säugetiere und die Vögel.

Warum es nur zwei Größenklassen von Gameten gibt, ist eine berechtigte Frage. Warum hat die Evolution mit Ausnahme der ganz wenigen isogamen Arten nur diese zwei Typen hervorgebracht? Bei vielen anderen Merkmalen, wie zum Beispiel Körpergröße, hat sie es doch auch geschafft, kontinuierliche Variation von S bis XXL hervorzubringen. Theoretische Modelle haben darauf die Antwort geliefert: Wann immer die Überlebenschancen der Nachkommen von der Größe (sprich dem Energiegehalt) der Gameten abhängt, gibt es genau zwei erfolgreiche Strategien: entweder selbst möglichst große Gameten produzieren oder möglichst kleine herstellen, welche die Investition der Großen ausbeuten. Alle Alternativen mit mittelgroßen Gameten resultieren in weniger überlebenden Nachkommen [8].

Es gibt zwei Gründe, warum für Biolog:innen die Keimzellen für die Klassifizierung des biologischen Geschlechts am besten geeignet sind. Erstens besteht eine grundlegende Frage der Evolutionsbiologie darin, wie die Weitergabe der DNA und die Produktion von Nachkommen bei den Millionen von Arten mit unterschiedlichsten Fortpflanzungssystemen gewährleistet wird. Das ist eine legitime wissenschaftliche Frage, bei deren Beantwortung die Verpackung der DNA eine zentrale Rolle spielt. Auf die Diversität der Fortpflanzungssysteme werde ich gleich noch genauer eingehen, um diesen Punkt zu verdeutlichen.

Zweitens erlaubt es kein anderes Klassifizierungsmerkmal, das Geschlecht bei so vielen Arten korrekt zu beschreiben. Die Geschlechtschromosomen sind dafür untauglich, weil viele Arten entweder gar keine haben oder sich deren Kombination zwischen verschiedenen Tiergruppen unterscheidet. So sind 5 m lange männliche Leistenkrokodile zum Beispiel gut 2 m länger als ausgewachsene Weibchen – und daher von Artgenossen und von uns problemlos zu unterscheiden – aber beide Geschlechter besitzen gar keine Geschlechtschromosomen, da ihr Geschlecht durch die Umgebungstemperatur, bei der sich die Embryonen entwickeln, festgelegt wird! Sich auf die externen Genitalien zu verlassen, ist auch keine gute Idee, wie das Beispiel der weiblichen Tüpfelhyänen zeigt, die aufgrund ihrer vergrößerten Klitoris Jahrhunderte lang als Zwitter betrachtet wurden [9]. Und Seepferdchen sowie viele andere Knochenfische zeigen, dass es nicht notwendigerweise die Weibchen sind, die sich primär um die Nachkommen kümmern, da bei ihnen die Väter den Nachwuchs in speziellen Bruttaschen oder im Maul beschützen und umsorgen. Andere Verhaltensweisen (oder Hormonkonzentrationen) sind aufgrund dieser Variabilität zwischen Arten genauso wenig geeignet, Geschlechter allgemeingültig zu unterscheiden.

Es gibt aber auch Stimmen innerhalb der Biologie, die argumentieren, dass man besser die kontinuierliche Variation in mehreren Merkmalen verwenden sollte, um Geschlechter zu charakterisieren [10]. Dafür werden zwei Argumente angeführt. Zum einen würde die Gametengröße selten direkt gemessen. Das ist aber für jeden, der ein biologisches Anfängerpraktikum absolviert hat, kein überzeugendes Argument. Als ob es daran Zweifel gäbe: Wer schon mal Fischen oder Kröten beim Ablaichen zugeschaut hat oder in ein Vogelnest hineingeschaut hat, sollte keine Zweifel haben, dass Eier tatsächlich immer größer sind als die Spermien, die sie befruchten. Zum andern wird darauf verwiesen, dass Unterschiede in der Gametengröße nicht mit binärer Variation in anderen Merkmalen gekoppelt sei [6]. Das haben Biolog:innen aber nie behauptet. Außerdem unterstützt dieses Argument ja gerade die Bedeutung der Gametengröße als bestmögliches Kriterium, weil es natürlich Variation in allen Merkmalen gibt und daher zum Beispiel manche Männchen kleiner sind als die größten Weibchen und Weibchen auch Testosteron produzieren (wenn auch in sehr viel geringerer Konzentration) usw. Verschiedene geschlechtsspezifische biologische Merkmale werden also durch das

Geschlecht definiert – aber diese Merkmale (außer der Gametengröße) erlauben es umgekehrt nicht, das biologische Geschlecht aller Tiere einheitlich zu bestimmen!

In Bezug auf die Bedeutung der Gametengröße bei der Definition der biologischen Geschlechter könnten spitzfindige Philosoph:innen anmerken, dass es mit dieser Definition nicht möglich sei, noch nicht geschlechtsreifen Individuen – die also per Definition noch keine Gameten produzieren – ein Geschlecht zuzuordnen. Frauen nach der Menopause könnte man genauso als Sonderfall konstruieren. Von daher ist es sinnvoll zu betonen, dass nicht ein ganzer Organismus weiblich, männlich oder zwittrig ist, sondern dass diese Zuschreibung immer nur für bestimmte Abschnitte des Lebens möglich ist. Es ist daher auch nicht sinnvoll, bei Fischen mit Geschlechtsumwandlung einen Embryo als männlich oder weiblich zu bezeichnen, weil sie in diesem Lebensabschnitt weder das eine noch das andere sind, aber dafür später sowohl das eine als auch das andere sein werden. Bei vielen Bienen, Wespen und Ameisen sind die Arbeiterinnen steril und daher – im Unterschied zu ihren Königinnen – im strikten Sinne auch keine Weibchen. Ihre Spezialisierung lässt sich aber aus einer Abwandlung einer ursprünglich weiblichen Entwicklungsbahn ableiten. Wenn man biologische Geschlechter aber als bestimmte Regionen in einem Raum von Merkmalen betrachtet, die zu bestimmten Lebensabschnitten unterschiedliche Fortpflanzungsstrategien umsetzen, lassen sich auch Embryonen und Juvenilen im Sinne einer vorausschauenden Erzählung als weiblich oder männlich charakterisieren; kurzum: Es ist berechtigt, von Jungs und Mädchen zu sprechen.

Obwohl es etliche Fortpflanzungssysteme gibt, die nicht auf die Zusammenarbeit von zwei biologischen Geschlechtern angewiesen sind (dazu gleich mehr), gibt es nur ein paar wenige Organismen am Übergang von einzelligen zu mehrzelligen Lebewesen, bei denen man scheinbar von mehr als zwei „Geschlechtern" sprechen könnte. Dabei handelt es sich vor allem um Pilze, bei denen Individuen zwar Gameten besitzen, die sich in Größe und Struktur nicht unterscheiden, aber genetische Marker enthalten, die festlegen, mit welchen anderen Gameten sie sich vereinigen können. Da in manchen Arten Hunderte dieser sogenannten Paarungstypen vorkommen wird dieses Beispiel von manchen Nichtbiolog:innen dafür herangezogen, zu behaupten, es gäbe Lebewesen mit zahlreichen Geschlechtern. Biolog:innen sprechen hier aber lediglich von Paarungstypen, weil deren einzige Funktion die Vermeidung von Inzucht ist (analog zur Hemmung vieler Blütenpflanzen, ihre Eier mit eigenem Pollen zu bestäuben) und weil Paarungstypen nicht annähernd solche evolutionären Konsequenzen für zahlreiche andere Merkmale gehabt haben wie Unterschiede in der Gametengröße. Es ist sogar vorstellbar, dass Gene für unterschiedliche Paarungstypen die Evolution von unterschiedlich großen Gameten angestoßen haben nachdem sie mit Genen gekoppelt wurden, welche die Gametengröße kontrollieren, aber es handelt sich bei Paarungstypen eindeutig nicht um verschiedene Geschlechter in dem Sinne, mit dem wir den Begriff bei Tieren verwenden.

2.1.2 Gender: Der 7. Faktor

Bei Menschen ist die Sachlage etwas komplizierter. Zum einen gibt es viele binäre biologische Geschlechtsessenzialisten; also Menschen, die glauben, dass das Geschlecht lediglich durch eine Reihe binärer, fester Variablen definiert wird, die biologische Tatsachen sind und in der Natur über alle Arten hinweg vorkommen. Diese Haltung ist in der breiten Öffentlichkeit sehr viel weiter verbreitet als in der Biologie. So heißt es beispielsweise in einem Entschließungsantrag der CDU Thüringen: *„Die Verwendung der sogenannten Gendersprache ist Ausdruck einer ideologischen Auffassung, die das biologische Geschlechtersystem von Männern und Frauen infrage stellt"* [11]. Demgegenüber gibt es innerhalb der Wissenschaften Stimmen aus den Sozialwissenschaften, die es strikt ablehnen, Geschlechter lediglich anhand von Fortpflanzungsstrategien zu definieren [12]. Stattdessen stehen die eigene Wahrnehmung und das Empfinden jedes einzelnen im Mittelpunkt des Genderkonzepts, das in den letzten Jahrzehnten eine zunehmende öffentliche Verbreitung genossen hat und inzwischen die offizielle Regierungsmeinung darstellt [4].

Ironischerweise wurde der Genderbegriff ursprünglich in der Medizin geprägt. Er verweist im Englischen ursprünglich auf das grammatikalische Geschlecht; im Deutschen also auf „der", „die" und „das". Erst seit den 1950er-Jahren wird der Begriff außerdem dazu verwendet, gesellschaftlich oder kulturell geprägte Geschlechterrollen von Frauen und Männern zu beschreiben. Der neuseeländische Psychologe John Money führte den Begriff *gender role* 1955 ein, um das Verhalten von Individuen zu beschreiben, deren biologisches Geschlecht nicht eindeutig ausgebildet war und für ihn daher im klinischen Alltag nicht eindeutig klassifiziert werden konnte.

Zunächst zur Definition von Money. Er schlug vor, Gender zu benutzen, *„um all jene Dinge zu beschreiben, die eine Person sagt oder tut, um sich selbst auszuweisen als jemand, der oder die den Status als Mann oder Junge, als Frau oder Mädchen hat. Es enthält, ist aber nicht beschränkt auf, Sexualität im Sinne von Erotik. Gender wird anhand der folgenden Aspekte bewertet: allgemeine Angewohnheiten, Benehmen und Auftreten, Spielpräferenzen und Freizeitinteressen, Themenwahl in spontanen Unterhaltungen und zwanglosen Kommentaren, Inhalte von Träumen, Tagträumen und Phantasien, Reaktionen auf unredliche Befragungen und projektive Untersuchungen, nachweisliche erotische Praktiken, und, schließlich, die eigenen Antworten der Person auf direkte Befragung"* [13]. Eine sehr umfangreiche und vielfältige Definition. Wie kam es dazu?

John Money arbeitete in den 1950er-Jahren an der wissenschaftlichen Untersuchung von Hermaphroditismus und der Variation in geschlechtlichen Merkmalen beim Menschen. Er beschäftigte sich also mit der Charakterisierung von Menschen, deren Geschlecht für Mediziner:innen nicht in jeder Hinsicht als eindeutig weiblich oder männlich bestimmbar war. Aus Sicht aktueller Kontroversen ist in diesem Zusammenhang zu betonen, dass die Existenz zweier biologischer Geschlechter die Eckpfeiler seiner Überlegungen und Untersuchungen darstellte. Nach seiner Ansicht wird das Geschlecht durch insgesamt sechs Faktoren bestimmt, nämlich das bei der Geburt zugewiesene Geschlecht, die Morphologie der externen Genitalien, die internen Fortpflanzungsorgane, die Ausprägung hormoneller und sekundärer Geschlechtsmerkmale, das die Gonaden betreffende sowie das chromosomale Geschlecht. Dieser Liste fügte er als siebten Faktor *gender role* hinzu, um diejenigen Patient:innen besser zu charakterisieren, die in den ersten sechs Faktoren „verschiedene Kombinationen und Permutationen" aufwiesen und nicht eindeutig in Bezug auf alle diese Merkmale entweder als augenfällig weiblich oder männlich klassifiziert werden konnten.

2.1.3 Geschlechtliche Diversität

Es gibt also neben „eindeutig weiblich" und „eindeutig männlich" manche Fälle, in denen das biologische Geschlecht von Menschen von diesen beiden numerisch häufigsten Mustern abweicht; statistisch gesehen sind ungefähr zwei bis fünf von 1000 Neugeborenen davon betroffen [14]. Für rechtliche, soziale und kulturelle Notwendigkeiten und Wünsche in verschiedenen Gesellschaften, Menschen in Kategorien einzuteilen, stellt sich hier also die Frage, wie diese Fälle zu behandeln sind. Gehören sie alle in dieselbe, dritte Schublade, die man beispielsweise als „divers" bezeichnen kann, oder wäre es sinnvoller, feiner zu differenzieren? Aus biologischer Sicht handelt es sich hier aber eindeutig nicht um ein drittes biologisches Geschlecht; vielmehr ist der ursprüngliche Genderbegriff hier hilfreich, da er den Betroffenen erlaubt, sich selbst zu charakterisieren.

In den letzten knapp hundert Jahren hat sich die Sichtweise der Medizin insofern geändert, als dass – zumindest hierzulande – keine Bewertungen dieser Phänotypen als „nicht normal" oder „krank" mehr vorgenommen werden. Für diese seltenen Ausprägungen gibt es vor allem genetische, aber auch hormonelle, psychische oder kulturelle Ursachen. Am häufigsten kommt es dabei entweder bei der Bildung der Eier und Spermien zu Kopierfehlern bei den Geschlechtschromosomen oder zu Störungen bei der Befruchtung, wodurch manche Individuen nur einen oder mehr als zwei dieser Genträger bekommen. In diesem Fall weicht also das chromosomale Geschlecht von den beiden häufigsten Typen ab. Dabei gibt es vier Abweichungen in der Zahl der Geschlechtschromosomen, die häufig genug auftreten, dass sie klinisch relativ gut charakterisiert sind (Tab. 2.1).

Das Ullrich-Turner-Syndrom wird bei einem von etwa 2500 als Mädchen klassifizierten Kindern diagnostiziert. Bei ihnen fehlt ein X-Chromosom (X0) entweder in allen (Turner-Syndrom) oder nur manchen Körperzellen (Ullrich-Syndrom). Die betroffenen Frauen sind im Erwachsenenalter unfruchtbar; durch die Gabe von Steroidhormonen (Östrogenen) kann aber die Ausbildung sekundärer Geschlechtsmerkmale wie Brüste angeregt werden.

Bei als Jungen klassifizierten Kindern mit Klinefelter-Syndrom besitzen alle oder manche Körperzellen ein zusätzliches X-Chromosom (also XXY), da es bei der Bildung der mütterlichen oder väterlichen Gameten zu keiner Trennung der Geschlechtschromosomen kam; ein Fall, der bei 1–2 von 1000 Jungen auftritt. Bei den Betroffenen ist die Ausbildung der männlichen sekundären Geschlechts-

Tab. 2.1 Merkmale der häufigsten Geschlechtsausprägungen

Geschlecht	Geschlechts-chromosomen	Fruchtbarkeit	Genitalien	Geschlechts-zuordnung	Häufigkeit (%)
Biologisches	XX oder XY	ja	eindeutig	eindeutig	@ 97,0
Ullrich-Turner	X0	nein	Ovarien verkümmert	weiblich	0,04
Klinefelter	XXY	eingeschränkt	Mikropenis	männlich	0,15
Jacobs	XYY	ja	Hodenhochstand	männlich	0,15
Triple-X	XXX	eingeschränkt	eindeutig	weiblich	0,1
Intersexuell	XX oder XY	eingeschränkt	uneindeutig	meist eindeutig	0,2–2,0
Transgender	XX oder XY	ja	eindeutig	abweichend	0,01–5,0

merkmale verzögert oder unterbleibt ganz; unter anderem weil die Hoden unterentwickelt bleiben und wenig Testosteron bilden.

Mit einer ähnlichen Häufigkeit kommt der umgekehrte Fall vor: Aufgrund einer Störung im Ablauf der Spermienbildung gelangt ein Spermium mit zwei Y-Chromosomen zur Befruchtung. Die betroffenen Jungen (XYY) sind klinisch weitestgehend unauffällig; es kann zu erhöhter Testosteronproduktion kommen, die aber keine statistisch nachweisbaren Effekte auf Physiologie oder Verhalten hat. Ähnlich unauffällig verlaufen in der Regel Fälle, in denen Mädchen ein überzähliges X-Chromosom besitzen (XXX). Obwohl diese Geschlechtschromosomenkombination auch statistisch bei 1 von knapp 1000 Mädchen auftritt, gibt es Schätzungen, wonach bis zu 90 % davon gar nicht erkannt werden. Viele, aber nicht alle Menschen mit Klinefelter-Syndrom empfinden sich als männlich. Über die geschlechtliche Selbstwahrnehmung der anderen Menschen mit seltenen Kombinationen von Geschlechtschromosomen ist bislang aber nichts Verallgemeinerbares bekannt.

Schwierigkeiten bei der Geschlechtsbestimmung können auch bei Menschen mit zwei Geschlechtschromosomen aufgrund der organisierenden Effekte von Geschlechtshormonen im Laufe der Entwicklung auftreten. Geschlechtschromosomen spielen dabei letztendlich über die Kontrolle der Regulation, Ausschüttung und Reaktion auf vom Körper produzierte Botenstoffe (Hormone) eine wichtige Rolle bei der Entwicklung und Ausprägung geschlechtsspezifischer Merkmale wie Genitalien oder Brüste. In der Ausprägung dieser direkt erkennbaren Merkmale gibt es Fälle, die nicht eindeutig dem männlichen oder weiblichen Geschlecht zugeordnet werden können; unter anderem, weil die hormonelle oder genetische Kontrolle der Entwicklung von Geschlechtsmerkmalen ungewöhnlich verlief [15]. So liegen in diesen Fällen die Genitalien in abweichender Form und Größe vor, wie beispielsweise eine stark vergrößerte Klitoris oder ein zweigeteilter Hodensack. Die dadurch definierte Intersexualität kann aber auch andere mögliche biologische Ursachen haben und andere Merkmale betreffen. Außerdem unterliegen manche Fälle von Intersexualität zusätzlich einer kulturspezifischen Bewertung

(z. B. „zu kleiner" Penis). Eine genaue Bestimmung der Häufigkeit von Intersexualität in der Bevölkerung wird dadurch zwar erschwert, liegt aber wohl in der Größenordnung von 0,2–2 %. Die meisten Intersexuellen empfinden sich selbst übrigens als eindeutig weiblich oder männlich und haben keine Probleme mit ihrer geschlechtlichen Identität [16].

Es gibt auch Menschen mit zwei Geschlechtschromosomen, die sich als dem jeweils anderen binären Geschlecht zugehörig empfinden; sie werden als Transsexuelle oder besser Transgender bezeichnet, weil bei ihnen ja das ursprüngliche biologische Geschlecht erhalten bleibt, wenn sie sich phänotypisch an ihre Selbstempfindung angleichen. So kann sich jemand mit männlichen Geschlechtschromosomen und Genitalien als Mädchen oder Frau fühlen und umgekehrt. Über die Rolle von biologischen Faktoren bei der Ausbildung von Transsexualität ist allerdings noch wenig bekannt. Trans-Personen merken oft schon vor der Pubertät, dass sie, trotz eindeutigem biologischen Geschlechts, „im falschen Körper leben" und passen ihr Verhalten – im Rahmen der kulturell akzeptierten und medizinischen Möglichkeiten – entsprechend an. Für viele Trans-Menschen ist der Wunsch, entsprechend ihrem selbst empfundenen Geschlecht zu leben nämlich so stark, dass sie sich geschlechtsverändernden Operationen und oder Hormontherapien unterziehen. Nach unterschiedlichen Schätzungen tritt Transsexualität bei bis zu 0,6 % der Bevölkerung auf, wobei Zeitpunkt und Land der Befragung die jeweilige Schätzung beeinflussen.

An diesem speziellen Fall zeigt sich aber die emotionale und irrationale Bedeutung, die dem biologischen Geschlecht in vielen Gesellschaften zugesprochen wird, weil es für viele Menschen scheinbar nicht vorstellbar ist, dass jemand mit dem angelegten biologischen Geschlecht nicht zurechtkommt und dieses wechseln möchte. Selbst in Deutschland, wo die rechtlichen Möglichkeiten für einen solchen Schritt gegeben sind, errichtete das Transsexuellengesetz bis Ende 2024 trotzdem erniedrigende und finanziell kostspielige bürokratische Hürden für Menschen, die lediglich ein Wort auf einem Stück Papier ändern wollten. Für manche Parlamentarier:innen ist dieser Schritt offenbar so undenkbar, dass – wie erst in 2022 in Schottland [17] – Minister:innen lieber zurücktreten, als mit ihrer Regierung für so ein Gesetz zu stimmen.

Im Unterschied zu Intersexuellen, die in der Regel aufgrund anatomischer Auffälligkeiten in medizinischer Obhut landen, machen Transgender eine innere Erfahrung, die sie bewegt, ihr Gender zu ändern, da sie sich mit ihrem zugewiesenen Geschlecht nicht adäquat beschrieben fühlen. Als Transgender bezeichnen sich aber auch Personen, die aus ideologischen Gründen jegliche Form von Geschlechtsbestimmung oder -zuweisung ablehnen. Ein solches Missverhältnis zwischen biologischem Geschlecht und Gender äußert sich äußerlich manchmal im Transvestismus, also dem Tragen von Kleidern, die für das Geschlecht typisch sind, zu dem sich Menschen selbst zugehörig fühlen; also beispielsweise Männer, die gerne Röcke und Kleider tragen. Andere Transgender betonen, dass es in einer Handvoll traditioneller Gesellschaften eine Unterscheidung in drei oder noch mehr Geschlechter („*three genders*"; zum Beispiel die Hijra auf dem indischen Subkontinent, die bei uns aber als Transgender bezeichnet würden) gäbe, und dass es daher möglich (oder nötig) sei, sich nicht in den limitierten Zwängen von ausschließlich zwei Geschlechtskategorien zu definieren. Wieder andere (Bigender) versichern, männliche und weibliche Geschlechtsidentitäten in sich zu vereinen, und betonen damit ebenfalls eine nichtbinäre Geschlechtsidentität. Obwohl jedes der betreffenden Individuen entweder nur Eier oder nur Spermien produziert, fühlen sie sich subjektiv einem von mehr als zwei Gendern zugehörig.

Das heißt im Sinne der ursprünglichen Bedeutung sind nicht alle geschlechtsdefinierenden Merkmale kulturell beeinflussbar, sondern es gibt in der großen Mehrzahl der Fälle zwei eindeutig als männlich bzw. weiblich charakterisierbare biologische Geschlechter. In manchen Fällen kann das Genderkonzept hilfreich sein, da es eine genauere Charakterisierung und bessere Selbstbestimmung ermöglicht. Viel wichtiger sind aber die Konsequenzen im täglichen Leben, die den Betroffenen erlauben, in vielen praktischen Dingen des Lebens – vom Bestellformular im Internet bis hin zur Toilettentür – der vorgegeben binären Unterscheidung in Männlein und Weiblein zu entkommen; zumindest seit das Bundesverfassungsgericht seine Entscheidung zum „dritten Geschlecht" getroffen hat.

2.1.4 LGBTQIA+

Unter dem Regenbogen der LGBTQIA+-Bewegung haben sich Menschen mit bestimmten sexuellen Identitäten und Orientierungen vereint, die sich aufgrund dieser Merkmale diskriminiert fühlen oder tatsächlich benachteiligt und bedroht werden. Wofür stehen die Farben und Buchstaben dieses Regenbogens genau? L, G, B und A beschreiben Formen sexueller Attraktion und Orientierung; und zwar primär in Abhängigkeit vom biologischen Geschlecht (oder cis-Gender, d. h. die Betreffenden fühlen sich ihrem zugewiesenen, biologischen Geschlecht zugehörig). Also Frau fühlt sich zu Frau hingezogen (Lesben, L), Mann zu Mann (Schwule; auf Englisch Gay, G), manche zu beiden (Bisexuelle, B) und andere zu keinem von beiden (Asexuelle, A). Transgender (T) und Intersexuelle (I) beschreiben dagegen veränderbare bzw. biologisch uneindeutige Geschlechtsidentitäten, für die Money den Genderbegriff ursprünglich geprägt hat. In diesen Fällen sind die Definitionen von weiblich und männlich als Referenzpunkte ebenfalls bedeutsam, da die Betreffenden sich ja zumindest von einem Geschlecht abwenden. Schließlich wird die Ablehnung und explizite Abweichung von heteronormativer Geschlechterrollen, also die Vorstellung, dass es normal ist, sich einem von zwei Geschlechtern zugehörig zu fühlen und seine Sexualität mit einem Mitglied des jeweils anderen Geschlechts auszuleben, von Mitgliedern einer Bewegung, die sich als *queer* (Q; auf Deutsch „sonderbar" oder „seltsam", aber es gibt keine eindeutige deutsche Übersetzung) bezeichnet, abgelehnt. Ursprünglich war es im Englischen ein Sammelbegriff für Lesben, Schwule und Bisexuelle, wohingegen es heute das gesamte Spektrum derer umfasst, die nicht heteronormativen Vorstellungen von Sexualität oder von binärem Geschlecht entsprechen; also den „Nichttraditionellen" von Putin. Das + am Ende von LGBTQIA soll alle möglichen Anderen repräsentieren, die sich selbst nicht durch das Q vertreten fühlen.

Q ist also mit der Summe von L, G, B, T und I synonym und daher eigentlich redundant, aber manche schreiben dem Begriff auch noch Bedeutung in Bezug auf sexuelle Praktiken (z. B. Polyamorie oder BDSM) oder sogar Hautfarbe und Religion zu, sodass damit eine Ablehnung jeglicher Normen verbunden ist. Die LGBTQIA+-Bewegung repräsentiert in diesem Sinne also eine Gruppe von Menschen, deren Gemeinsamkeit darin besteht, dass sie sich entweder aufgrund ihrer sexuellen Orientierung oder ihrer Geschlechtsidentität von eindeutig weiblichen und männlichen Heterosexuellen abgrenzen. Das Bundesministerium für Familie, Senioren, Frauen und Jugend – genau genommen auch eine interessante Gesellschaft ohne Männer zwischen 20 und 60 – verwendet dafür übrigens nur den Begriff „geschlechtliche Vielfalt" [18], ohne zwischen Geschlecht, Gender und sexueller Orientierung zu unterscheiden.

2.1.5 *Let's talk about sex – and gender:* Kontroversen

Sowohl in den Sozialwissenschaften als auch in der Biologie spielen Verhaltensweisen und -muster, die funktional mit dem biologischen Geschlecht bzw. dem Gender assoziiert sind – sogenannte Geschlechterrollen – eine wichtige Rolle. Im Unterschied zu Tieren besitzen Menschen eine einzigartige Flexibilität in Bezug auf ihre Geschlechterrollen, da diese auf der Populationsebene zwischen mehr als zwei Kategorien variieren, vom biologischen Geschlecht abweichen können und teilweise gesellschaftlich bzw. selbstbestimmt sind [19]. Für die überwiegende Mehrheit der Bevölkerung stellt sich die Frage nach der Unterscheidung oder Beziehung zwischen biologischem Geschlecht und Gender aber nicht. Für diejenigen, die nicht in eine der beiden Schubladen passen, sollte es beruhigend sein, dass wir glücklicherweise in einer Zeit und Gesellschaft leben, in der die Bedürfnisse dieser Minderheit öffentlich und offen angesprochen werden können; versuchen Sie das mal in Russland! Trotzdem liefert diese Thematik Anlass für manche hitzige und kontroverse Debatten.

Eine Dimension dieser Kontroverse wird deutlich, wenn man – wie im Englischen – zwischen biologischem Geschlecht und Gender unterscheidet. „Sex" bezeichnet demnach weibliche und männliche Menschen *(females and males)* in Abhängigkeit von biologischen Merkmalen (Gameten, Chromosomen, Geschlechtsorganen, Hormonen, anderen körperlichen Merkmalen); „Gender" bezeichnet dagegen Frauen und Männer *(women and men)* in Abhängigkeit von sozialen Faktoren (soziale Rolle, Stellung, Verhalten oder Identität). Viele deutschsprachige Leser:innen denken vielleicht, dass „Gender" und „Sex" gleichbedeutend seien: Frauen und Männer sind weibliche bzw. männliche Menschen, und Ersteres sei nur die politisch korrekte Art, über Letzteres zu sprechen. Für manche Sozialwissenschaftler:innen und queere Feminist:innen ist es dagegen undenkbar zu sagen: „Frauen sind erwachsene weibliche Menschen", weil moderne sozialwissenschaftliche und feministische Theorien schon lange nicht mehr davon ausgehen, dass „Sex" biologisch festgelegt wird und „Gender" durch soziale Faktoren gewissermaßen darüber gestülpt wird [20]. Die Hauptmotivation von Feminist:innen für diese Unterscheidung bestand ursprünglich darin, dem biologischen Determinismus, d. h. der Ansicht, dass die Biologie das individuelle Schicksal unwiederbringlich festlegt, entgegenzutreten. Im historischen Kontext der 1960er-Jahre war dies eine revolutionäre Errungenschaft, jenseits biologischer Kriterien ein sozial geformtes – und damit veränderbares – Geschlechtskonzept zu etablieren.

Heutzutage wird stattdessen in feministischen Kreisen darüber diskutiert, welche sozialen Praktiken genau das Geschlecht konstruieren, welche Faktoren zur sozialen Konstruktion beitragen und was es bedeutet, einem bestimmten Gender anzugehören. Manche extremen Positionen in diesem Diskurs proklamieren, dass auch das biologische Geschlecht sozial konstruiert sei (weil die Hebamme direkt nach der Geburt sagt „Oh – ein Mädchen!" und es fortan von allen entsprechend behandelt wird). Andere kommen zu dem Schluss, dass so viele Faktoren das Gender einer Frau bestimmen, dass man nicht von „den Frauen" sprechen könne und damit das politische Anliegen, die Situation „der Frauen" zu verbessern, gar nicht verfolgt werden könne, weil der Begriff gar nicht definiert werden kann. Zu Missverständnissen kommt es im öffentlichen Diskurs also hauptsächlich, weil die einen bei Geschlecht das biologische Geschlecht und die anderen das Gender meinen und damit komplett aneinander vorbeireden.

Außerdem wird Gender von manchen noch viel weiter gefasst, um so verschiedene Kombinationen sehr unterschiedlicher Merkmale als jeweils eigenes Gender zu beschreiben. So werden beispielsweise „Lesbe", aber auch spezifischere Rollen, wie *„Butch"* oder *„Femme"* als eigenes Gender angesehen. Schließlich werden im Extremfall Überschneidungen von Gender mit anderen sozialen Merkmalen als eigene Kategorien erachtet; also zum Beispiel „nichtbinäre *Woman of Color* ohne Behinderung mit Kindern". In letzter Konsequenz bedeutet dies, dass es so viele Geschlechter wie Individuen gibt. Damit wäre der Begriff als erklärende Variable aber nicht mehr brauchbar.

Der australische Philosoph Paul Griffiths hat die unterschiedlichen Ansätze der Biologie und Sozialwissenschaften gründlich beleuchtet und kommt zu dem (für mich) überzeugenden Schluss, dass die Debatte um die Definition und Beziehung von biologischem Geschlecht und Gender vor allem durch diese Missverständnisse charakterisiert ist [21]. Sozialwissenschaftler:innen arbeiten sich in erster Linie an der Angemessenheit der in der Medizin verwendeten operationalen Definitionen des biologischen Geschlechts ab und äußern an den dabei verwendeten chromosomalen oder hormonellen Kriterien durchaus berechtigte Kritik. Es geht ihnen dabei aber nicht darum, ob dies angemessene Operationalisierungen des biologischen Geschlechts sind, sondern darum, ob sie angemessene Kriterien für die Zuweisung des sozialen und rechtlichen Status von Menschen als Männer und Frauen sind, wie sie beispielsweise in Debatten um die Klassifizierung von Sportler:innen oder Trans-Personen immer wieder in die öffentliche Diskussion gelangen. Auch sperren sie sich gegen biologische Definitionen des Geschlechts, weil damit zwei normale, gesunde Idealtypen definiert würden, die alle Abweichungen davon als abnormal oder krank porträtierten, was allerdings niemand mit einem Abschluss in Biologie jemals tun würde.

Geschlecht ist bei Menschen also immer Sex und Gender. Beim Diskurs zwischen den Disziplinen wäre es daher wünschenswert, in Zukunft weniger darüber zu streiten, welche exotischen biologischen Phänomene dazu dienen, bestimmte bevorzugte soziale Arrangements zu unterstützen (oder nicht); aus der Geschlechtsumwandlung von manchen Fischen lassen sich nämlich keine hilfreichen Lehren für den Umgang mit Trans-Personen ableiten. Vielmehr faszinieren diese Beispiele aus dem Tierreich mich und viele andere Evolutionsbiolog:innen an sich, aber man sollte bei der Forschung an der Evolution von Fortpflanzungsstrategien weder Tieren ein Gender zuschreiben noch daraus Vorschriften über die Organisation menschlicher Gesellschaften ableiten.

2.1.6 Gender und rote Tücher

Im Alltag werden die meisten von Ihnen aber mit dem Genderbegriff nicht mit diesen akademischen Debatten, sondern in zwei anderen Kontexten konfrontiert: dem Gender-Mainstreaming und dem neudeutschen „gendern". Das Gender-Mainstreaming hat mit der ursprünglichen Bedeutung von Gender gar nichts mehr zu tun. Es geht vielmehr um *„das Bemühen, im Sinne der Geschlechtergerechtigkeit bei allen gesellschaftlichen und politischen Vorhaben die unterschiedlichen Auswirkungen auf die Lebenssituationen und Interessen von Frauen und Männern grundsätzlich und systematisch zu berücksichtigen"* [22]. Es geht dabei also nicht um die Anerkennung verschiedener Gender oder die Berücksichtigung unterschiedlicher sexueller Orientierungen. Dass Nationalpopulisten in Ungarn und Polen sich trotzdem sowohl zu Hause als auch in der EU genauso wie CSU-, BSW- und AfD-Politiker:innen hierzulande mit allen polemischen Mitteln dagegen zur Wehr setzen, liefert ein weiteres Beispiel dafür, wie divers Geschlechterthemen selbst in nah verwandten Kulturen diskutiert werden. Aber vielleicht fehlt es hier einfach auch an Aufklärung darüber, was sich hinter diesem Begriff verbirgt und was nicht?

Beim „Gendern" geht es ebenfalls nicht darum, in der geschriebenen und gesprochenen Sprache verschiedene Geschlechtsidentitäten zu berücksichtigen, sondern der Tatsache Rechnung zu tragen, dass Mitglieder beider biologischen Geschlechter explizit erwähnt werden und oder dass eine geschlechterneutrale Formulierung gewählt wird. Dem Ziel der sprachlichen Gleichbehandlung der Geschlechter wird dabei auf unterschiedliche Weise Rechnung getragen. Ich kann Sie dementsprechend nicht nur als Leser und Leserinnen (was aktuell die Mehrzahl der Deutschen bevorzugen würde) ansprechen, sondern auch als Leser/Leserinnen, Leser-innen oder LeserInnen. Seit das dritte Geschlecht in Deutschland offiziell anerkannt ist, werden seit 2018 auch Leser:innen, Leser*innen und Leser_innen verwendet, um auch nichtbinäre Menschen sprachlich miteinzubeziehen, was vor allem von jüngeren Mitmenschen für gut befunden wird. Manche bevorzugen auch geschlechtsneutrale Formulierungen, also z. B. Lesende oder „alle, die lesen".

Die damit verbundenen Änderungen der Sprach- und Schreibgewohnheiten scheint die Deutschen (oder „die im Sprachraum der deutschen Sprache lebenden

Menschen"?) genauso zu echauffieren und zu spalten, wie Diskussionen über das Tempolimit oder die Impfpflicht. So kritisieren manche Sprachforscher:innen, dass die in öffentlich-rechtlichen Medienanstalten zunehmend verwendete Gendersprache ideologisch sei und sozialen Unfrieden stifte [23]. Wer sich – wie die Mehrheit des Landtags in Thüringen im November 2022 [24] – dagegen sperrt, sollte sich aber auch vergegenwärtigen, dass Sprachen dynamisch sind und sich permanent verändern; wir reden und schreiben heutzutage ja auch nicht mehr wie Karl der Große oder Walther von der Vogelweide. Andererseits sollten sich selbsternannte Sprachpolizist:innen bewusst machen, dass Sprache nicht auf Kommando evoliert und dass es in Bezug auf Geschlechterdiskriminierung im Alltag vermutlich sehr viel drängendere Themen gibt, wie z. B. die unterschiedliche Bezahlung von Frauen und Männern für dieselbe Arbeit oder die permanente Todesangst vieler Frauen im Iran.

Also, alle mal tief durchatmen, das tun, was einem persönlich angebracht erscheint, und in 10 Jahren nochmal schauen, was sich durchgesetzt hat und was nicht. Obwohl mir nichts ferner liegt als jemanden aufgrund des Geschlechts oder Genders auszuschließen, geht mir das Gendern inzwischen tatsächlich auch leicht von der Hand und ich verwende es ohne jegliche ideologischen Absichten. Andererseits haben wir auch keine Sprachregeln, um gegen Diskriminierung in Bezug auf Hautfarbe, Religion oder Behinderung vorzugehen [25]. Trotzdem tun mir alle Ausländer:innen, die unsere eh schon schwierige Sprache lernen müssen, jetzt noch ein bisschen mehr leid, obwohl diese Diskussion beispielsweise im englischen oder französischen Sprachraum auch langsam einsetzt [26].

2.2 Sex ist (in der Biologie) völlig überbewertet

Blicken wir als nächstes doch noch etwas genauer auf diese Diversität der Fortpflanzungsstrategien bei anderen Arten, um die diesbezügliche menschliche Einzigartigkeit in geschlechtlichen Merkmalen besser einordnen zu können. Wussten Sie beispielsweise, dass die meisten Lebewesen auf unserem Planeten weder Geschlecht noch Sex haben? Im großen Baum des Lebens sind wir, zusammen mit allen Tieren und Pilzen sowie den Pflanzen auf zwei kaum erkennbaren winzigen Ästchen angesiedelt [27]. Alle anderen Gruppen von Lebewesen, die in diesem Baum durch Dutzende von Ästen und Ästchen repräsentiert sind, pflanzen sich asexuell – also ohne spezialisierte Geschlechtszellen – fort und haben dementsprechend kein Geschlecht. In dieser Hinsicht sind wir also etwas vergleichsweise Besonderes. Aber bei welchen Lebewesen gibt es sonst noch sexuelle Fortpflanzung (also Sex), warum gibt es dann überhaupt Sex und gibt es auch Sex ohne binäre Geschlechter?

Was häufig übersehen wird: Sexuelle Fortpflanzung ist nicht notwendigerweise gleichbedeutend mit der Existenz von zwei getrennten Geschlechtern. Es gibt nämlich auch die gar nicht so seltene Variante, beide Typen von Gameten in ein und demselben Individuum herzustellen [28]. Solche Hermaphroditen (auch Zwitter genannt) finden sich beispielsweise bei Schnecken und Tintenfischen, aber

2.2 Sex ist (in der Biologie) völlig überbewertet

auch bei vielen Korallen, Seesternen und Würmern. Auch bei fast allen Blütenpflanzen sind beide Geschlechtsfunktionen bekanntlich in einem Individuum angelegt. Das ist eigentlich eine ganz elegante, weil flexible, Lösung der Evolution, da sich jedes Individuum mit jedem anderen Artgenossen verpaaren kann, den es trifft, und – falls sich niemand findet – zur Not auch seine Eier mit den eigenen Spermien befruchten kann. Dies trifft auch auf manche Fadenwürmer zu, die aber als Heranwachsende zunächst nur Spermien produzieren, die sie entweder speichern oder zur Befruchtung der Eier anderer Würmer verwenden. Bei ihnen gibt es daher zwei Formen: Männchen und Zwitter, aber keine reinen Weibchen; eine Konstellation (Androdiözie), die ebenfalls bei mindestens zwei Fischarten existiert [29]. Bei ganz wenigen Blütenpflanzen gibt es zudem auch Arten mit weiblichen und zwittrigen Individuen oder solche, bei denen alle drei möglichen Kombinationen der Verpackung von Gameten in verschiedenen Individuen vorkommen.

Schließlich gibt es auch Tiere, bei denen es mehrere Formen eines Geschlechts gibt. Die unter anderem in den norddeutschen Küstenlandschaften lebenden Kampfläufer haben beispielsweise Männchen, die in drei sehr ungleichen Formen vorkommen, die sich in Merkmalen des Gefieders, der Größe und des Verhaltens aufgrund von genetischer Variation auf einem Chromosom unterscheiden [30]. Territoriale Männchen dieser Schnepfenvögel sind groß, ornamentiert und verteidigen kleine Paarungsterritorien; sogenannte Satelliten haben ein anderes Gefieder, verteidigen keine Territorien, sondern fangen Weibchen auf dem Weg zu territorialen Männchen ab; Faeder sehen schließlich aus wie Weibchen und können sich so ungestört auf die Paarungsterritorien schleichen. Das sind funktional aber alles Männchen, die mit unterschiedlichen Strategien versuchen, ihre Spermien an Weibchen zu übertragen. Bei diesen Vögeln gibt es also trotzdem letztendlich auch nur Individuen, die entweder Eier oder Spermien produzieren, und keine vier Geschlechter.

Eine weitere Permutation in Bezug auf die Geschlechtsidentität betrifft die Kontinuität des Geschlechts [31]. Bei etlichen Fischen ist das Geschlecht nämlich kein konstantes Merkmal, sondern variiert alters- bzw. größenabhängig (Fische wachsen ein Leben lang): Die jüngeren und kleineren Tiere agieren bei diesen Arten zumeist zunächst als Männchen; wenn sie eine bestimmte Größe erreichen, wandeln sie sich zu Weibchen um und produzieren fortan Eier statt Spermien. Das ist bei Fischen daher relativ einfach möglich, weil die Gonaden bei Disney's Nemo & Co. anatomisch wenig differenziert sind und die Befruchtung außerhalb des Körpers erfolgt. Bei anderen Fischarten ist die Abfolge umgekehrt: Sie beginnen ihr Leben als Weibchen und werden dann zu Männchen, wenn sie groß genug sind, andere Männchen zu dominieren. Zu jedem Zeitpunkt außerhalb des Geschlechtswechsels ist ein Individuum dieser Fische also eindeutig als funktionales Männchen oder Weibchen identifizierbar. Es gibt also im Tierreich durchaus Abweichungen vom häufigsten und uns am besten vertrauten binären Muster – eine Form von Weibchen und eine Form von Männchen – aber die beiden Größenklassen von Gameten und die damit verbundenen Fortpflanzungsstrategien sind praktisch universell.

Die Unterscheidung zwischen Geschlecht und Gender ist aufgrund der definierten Bedeutung nur für Menschen sinnvoll [19]. Tiere kann man grundsätzlich nicht befragen, wie sie ihr Geschlecht wahrnehmen bzw. wir wissen nicht, ob sie das überhaupt tun [10]. Zudem gibt es keine Untersuchungen darüber, ob und wie viele Individuen einer Tierart in welchen Merkmalen wie stark von den beiden häufigen Geschlechtern in Anatomie und Verhalten abweichen. Mir sind lediglich Anekdoten über ein auffällig maskulines Schimpansenweibchen bekannt, die andeuten, dass unsere allernächsten Verwandten möglicherweise eine entsprechende Vorstellung haben könnten [32]. Beim aktuellen Stand der Forschung macht es daher keinerlei Sinn, bei Tieren von „Individuen beider Gender" zu reden; weder bei Käfern noch bei Giraffen. Unter Säugetieren ist lediglich von iberischen Maulwürfen bekannt, dass Weibchen zwar zwei X-Chromosomen, aber aufgrund einer genetischen Besonderheit auch testosteronproduzierendes Hodengewebe besitzen; sie können also als intersexuell bezeichnet werden [33], aber nur, wenn man Gonaden und Hormone zur Geschlechtscharakterisierung heranziehen möchte [10]. Dass dies aber nicht zielführend ist, sollte inzwischen deutlich geworden sein.

2.2.1 Kein Sex ist auch keine (perfekte) Lösung

Als weitere grundlegende Form der Vermehrung existiert die asexuelle Fortpflanzung. Sie unterscheidet sich von der sexuellen Variante dadurch, dass Nachkommen einen einzigen Vorfahren haben und mit ihm genetisch identisch sind. Es gibt zwei Formen der asexuellen Produktion von neuen Individuen; je nachdem, ob diese aus einer oder mehreren Zellen bestehen [34]. Bei einzelligen Lebewesen entstehen Nachkommen durch die einfache Teilung eines Individuums, welches dadurch seine Existenz aufgibt. Diese Form der geschlechtslosen Fortpflanzung betreiben manche Einzeller, wie zum Beispiel Amöben oder Geiseltierchen, aber auch alle zellkernlosen Organismen, also Urbakterien und Bakterien. Bei Tieren, die aus mehreren Zellen bestehen, unterscheiden Biolog:innen wiederum zwei Formen der ungeschlechtlichen Fortpflanzung. Bei der sogenannten agametischen Fortpflanzung (also ohne, dass Gameten produziert werden) entstehen Nachkommen aus Körperzellen des Elters; entweder durch Fragmentierung des gesamten Elters (z. B. bei manchen Korallen und Schwämmen zerfallen Individuen in Einzelteile) oder durch Knospenbildung am elterlichen Körper (z. B. bei Quallen; das Prinzip kennen Sie vielleicht auch von Ablegern bei manchen Pflanzen). Eine alternative Möglichkeit besteht darin, dass die Vorfahren zwar Eier produzieren, diese aber nicht befruchtet werden. Diese Arten mit sogenannter Jungfernzeugung bestehen also nur aus Weibchen und finden sich bei Rädertierchen und Bärtierchen, aber auch bei manchen Eidechsen.

Die asexuelle Form der Fortpflanzung ist vorteilhaft, wenn es darum geht, möglichst schnell viele Nachkommen zu produzieren. Ungeschlechtliche Fortpflanzung kann nämlich viel schneller erfolgen, da sich bei jeder Teilungsrunde die Zahl der Individuen verdoppelt. Es stehen also jede Generation doppelt so viele Individuen zur weiteren Fortpflanzung zur Verfügung, wohingegen bei Arten mit sexueller Fortpflanzung die meisten Männchen in gewisser Hinsicht verschwendet sind, da nicht alle von ihnen zur Befruchtung benötigt werden, und die Zahl der fruchtbaren Nachkommen in der nächsten Generation daher allein durch die Zahl der Weibchen limitiert ist. Außerdem sparen sich Arten mit asexueller Fortpflanzung den ganzen Aufwand der Partnersuche und -wahl. Eigentlich also keine so schlechte Lösung; allerdings nicht ohne Haken. Wenn sich nämlich Umweltbedingungen ändern, sind die aufeinander folgenden Generationen asexuell produzierter Individuen weniger anpassungsfähig, da sie alle mit ihren Vorfahren genetisch identisch sind.

Das ist wohl der entscheidende Trumpf der sexuellen Fortpflanzung im Laufe der Evolution gewesen: Durch die Kombination von weiblichem und männlichem Erbgut werden bei jeder Befruchtung neue genetische Prototypen ins Rennen geschickt. Nach allem was Evolutionsbiolog:innen bis heute diesbezüglich in Erfahrung gebracht haben, ist diese genetische Variabilität nicht nur angesichts von Umweltänderungen, sondern vor allem im Kontext des evolutionären Wettrennens zwischen biologischen Wirten und ihren Parasiten entscheidend. Praktisch jede Art, bekanntlich auch Menschen, werden von einer Vielzahl von Bakterien, Viren, Würmern und anderen Parasiten heimgesucht, die versuchen, ihr Auskommen mit der Energie ihrer Wirte zu bestreiten. Für die Wirtstiere ist diese Situation nachteilhaft, da sie diese Energie besser für ihr eigenes Überleben und ihre eigene Fortpflanzung nutzen könnten; ganz zu schweigen von möglichen Nachteilen für ihre Gesundheit. Von daher sind Nachkommen der Wirte, die aufgrund einer neuartigen Genkombination einen neuen Trick erfunden haben, der die Effektivität der Parasiten verringert, im Vorteil – aber nur so lange, bis die Parasiten eine Gegenstrategie entwickelt haben und das Wettrennen in eine neue Runde geht. Das ist aber wohl letztendlich der evolutionäre Grund dafür, warum es Sex und damit zwei biologische Geschlechter gibt.

2.2.2 9 Wege zu 2 biologischen Geschlechtern

Sexuelle Fortpflanzung mit getrennten Geschlechtern ist also eine häufige, aber nicht die einzige Art und Weise, die nächste Generation auf den Weg zu bringen. Wie biologische Geschlechter bei Arten mit sexueller Fortpflanzung entstehen, ist im Tierreich aber ebenfalls nicht einheitlich. Prinzipiell wird das Geschlecht einer gegebenen Art durch einen von sieben genetischen oder zwei umweltbasierten derzeit bekannten Mechanismen bestimmt [35]. Die häufigsten davon möchte ich kurz vorstellen (Tab. 2.2).

Die bekanntesten genetischen Mechanismen der Geschlechtsdetermination basieren auf der Kombination von geschlechtsspezifischen Chromosomen [36]. Beim Menschen gibt es bekanntlich zwei unterschiedliche Geschlechtschromosomen: Alle Eier besitzen ein X-Chromosom, Spermien enthalten entweder ein X oder ein Y-Chromosom. Bei Säugetieren, aber auch bei Käfern und Fliegen, ist das weibliche Geschlecht durch die Kombination von zwei X-Chromosomen charakterisiert. Bei Vögeln, Schlangen, Krebsen und Schmetterlingen ist es aber

Tab. 2.2 Die häufigsten Arten der Geschlechtsbestimmung im Tierreich

Fort-pflanzung	Geschlechter	Geschlechtsbestimmung	Geschlechtschromosomen	Beispiele
Asexuell	Keines	–	–	Einzeller
Sexuell	Zwitter	–	Nicht differenziert	Würmer, Schnecken
	Zwei getrennte	Temperatur	Vorhanden (ZW und XX)	Krokodile, Schildkröten
		Gendosis	Vorhanden (XX)	Manche Fische
		Befruchtung	Befruchtung ja→Töchter Befruchtung nein→Söhne	Ameisen, Bienen, Wespen
		Chromosomen	Weibchen 2 ungleiche (ZW)	Schmetterlinge, Vögel, Schlangen
			Weibchen 2 gleiche (XX)	Reptilien, Säugetiere (inkl. Mensch)

genau umgekehrt: Dort tragen die Männchen zwei identische Geschlechtschromosomen (ZZ) und Weibchen zwei unterschiedliche (Z oder W). Einen weiteren genetischen Mechanismus der Geschlechtsbestimmung besitzen manche Fische, bei denen mehrere Gene, die nicht auf den Geschlechtschromosomen angesiedelt sind, das Geschlecht bestimmen. Bei Muscheln und anderen Zwittern werden die männlichen und weiblichen Funktionen von verschiedenen Chromosomen aus gesteuert; diese unterscheiden sich aber nicht in ihrer Struktur [37]. Bei vielen anderen Wirbellosen bestimmt dagegen die Gesamtstruktur des Erbguts, welches Geschlecht entsteht. Die Königin eines Ameisen-, Bienen- oder Wespenstaats kontrolliert nämlich, in welchem Verhältnis sie Söhne und Töchter produziert dadurch, dass nur aus befruchteten Eiern Töchter entstehen. Die Söhne entstehen dagegen aus unbefruchteten Eiern, die demnach nur einen mütterlichen Satz an Genen tragen. Weitere, etwas exotischere genetische Mechanismen bestimmen das Geschlecht dadurch, dass das väterliche Genmaterial bei manchen Individuen eliminiert wird, dass bakterielle Parasiten innerhalb der Geschlechtszellen vorkommen (oder nicht) oder dadurch, dass manche Weibchen nur Töchter, andere nur Söhne produzieren.

Umweltfaktoren können aber auch, unabhängig von Geschlechtschromosomen oder anderen genetischen Mechanismen, das Geschlecht bestimmen [38]. Bei zahlreichen Reptilien – wie zum Beispiel bei den schon erwähnten Leistenkrokodilen – bestimmt die Umgebungstemperatur, der die Eier nach der Ablage ausgesetzt sind, ob daraus ein Weibchen oder Männchen schlüpft. Schließlich können bei anderen Arten auch soziale Faktoren entscheidend sein. So werden aus den sexuell noch undifferenzierten Larven eines Meereswurms diejenigen Männchen, die auf ein Weibchen treffen; alle anderen werden zu Weibchen. Auch der Geschlechtswechsel bei manchen Fischen wird durch die soziale Umwelt, in diesem Fall durch das lokale Geschlechterverhältnis, bestimmt. Fazit: die Mechanismen der Geschlechtsbestimmung sind so variabel, dass das Vorhandensein von spezifischen Geschlechtschromosomen die Geschlechter bei weitem nicht bei allen Arten definiert. Und vor allem: Diese Diversität an Mechanismen ist kein Hinweis oder gar ein Beweis dafür, dass es mehr als zwei biologische Geschlechter gäbe!

Die molekularen Mechanismen der Bestimmung des biologischen Geschlechts sind beim Menschen inzwischen gut untersucht. Ein sich entwickelnder Embryo ist diesbezüglich zunächst undifferenziert und besitzt nur Anlagen für die Ausbildung von Geschlechtsteilen. Ab der 6. Woche der Schwangerschaft wird bei der Hälfte der Embryonen eines der wenigen auf dem Y-Chromosom befindlichen Gene aktiviert, das als SRY bezeichnet wird. Sein Name bedeutet „Geschlechtsbestimmende Region Y". In Wechselwirkung mit anderen Genen stimuliert es die Differenzierung der noch nicht spezialisierten Gonadenanlagen in Hoden. Sobald diese aktiviert sind, beginnen sie zwei Hormone abzusondern. Das Anti-Müller-Hormon unterdrückt die Bildung von Eileiter, Uterus und Vagina und damit die Bildung von weiblichen Genitalien, und Testosteron stimuliert das Wachstum von Penis, Samenleiter und Prostata. Im zweiten Drittel der Schwangerschaft hat Testosteron außerdem nachhaltige Effekte auf die Ausbildung von geschlechtsspezifischen Verhaltenstendenzen nach der Geburt, auf die ich später genauer eingehe. Bei Abwesenheit oder funktionalen Veränderungen des SRY-Gens entwickeln sich bei Menschen also aus den Gonadenanlagen die weiblichen Geschlechtsorgane. Unsere „Werkseinstellung" ist also auf weiblich gestellt.

In Bezug auf die Art der Fortpflanzung besitzen Menschen das Erfolgsrezept der Evolution, welches die Mehrzahl der Tierarten charakterisiert (sexuelle Fortpflanzung); in Bezug auf die Art und Weise, wie biologische Geschlechter hergestellt werden, besitzen wir – zumindest numerisch gesehen – einen eher seltenen Mechanismus (chromosomal; weibliches Geschlecht mit identischen Geschlechtschromosomen). Daraus lässt sich aber eine wichtige Erkenntnis ableiten: Eine biologische Erklärung von Geschlechtsunterschieden in Merkmalen mit genetischer Grundlage lässt sich nicht allein auf die Geschlechtschromosomen zurückführen!

Männliche Vögel und Säugetiere weisen beispielsweise im Kontext der Fortpflanzung einige typisch männliche Verhaltensweisen wie Balzen und Kämpfen auf; die Vogelmännchen haben zwei identische Geschlechtschromosomen, die Säugetiere aber zwei unterschiedliche. Das männchen-/männertypische Verhalten bei Säugetieren und Menschen kann also nicht auf die Besonderheiten des Y-Chromosoms allein reduziert werden! Außerdem: Die von vielen Mediziner:innen verwendete Definition der Geschlechter, die sich vor allem oder sogar exklusiv auf Geschlechtschromosomen bezieht (wie die des amerikanischen nationalen Gesundheitsinstituts NIH: *„Geschlecht ist biologisch. Es basiert auf deiner genetischen Ausstattung. Männer haben ein X- und ein Y-Chromosom in jeder Zelle des Körpers. Frauen haben zwei X-Chromosomen in jeder Zelle"* [39]), hat angesichts der Diversität der Geschlechtsbestimmungsmechanismen im Tierreich keinerlei Allgemeingültigkeit und greift zudem bei Menschen zu kurz, wie wir schon gesehen haben.

2.3 Wie viele Geschlechter gibt es denn nun? Weniger als Missverständnisse!

Sozialwissenschaften, Biologie und Medizin reden bei der Beantwortung dieser Frage hauptsächlich aneinander vorbei; die einen über das biologische Geschlecht, die anderen über Gender. Die breite Mehrheit der Bevölkerung ist entweder verwirrt, gleichgültig oder entrüstet, und ideologische Politiker:innen versuchen, mit ihren polemischen Agenden Wahlen zu gewinnen. So beschwert sich beispielsweise Vladimir Putin: *„Jene, die es wagen zu sagen, dass es Männer und Frauen gibt, und dass dies eine biologische Tatsache ist, werden praktisch geächtet"* [40] und erlässt prompt ein Gesetz, das Propaganda für „nichttraditionelle" sexuelle Beziehungen unter Minderjährigen verbietet. Ein ganz ähnlicher Diskurs begleitet vergleichbare Gesetze und Erlasse unter anderem auch in der Türkei, in Ungarn oder Florida. Warum sind bestimmte Geschlechtsidentitäten und sexuelle Orientierungen für die Mehrzahl der Menschen in diesen Ländern so bedeutsam und die Vorstellung eines potenziellen Geschlechterwechsels so furchteinflößend? Gibt es denn keine objektiven Fakten, die helfen können, diese Diskussion zu versachlichen?

Die für unsere Spezies entscheidenden Fragen lauten also: Haben wir neben Gender auch ein biologisches Geschlecht, und woran kann es festgemacht werden? Die Antwort auf die erste Frage ist kurz und unstrittig: ja – aber. Mit Ausnahme von Menschen mit Turner-Syndrom und manchen Intersexuellen lässt sich demnach für jedes Individuum eindeutig feststellen, ob es Eier oder Spermien produziert. Die Sonderfälle sind darauf zurückzuführen, dass bei der Meiose (also bei der Herstellung der Gameten) oder anderen biologischen Prozessen im wahrsten Sinne des Wortes etwas Außergewöhnliches passiert; genauso wie bei Menschen mit Albinismus oder 6 Fingern. Unsere Werkseinstellung ist eindeutig binär, aber in der Biologie ist Variabilität unvermeidlich und letztendlich das Triebrad der Evolution. Ganz wichtig: Diese Häufigkeitsverteilung liefert keinerlei Rechtfertigung für eine moralische Bewertung der seltenen Fälle! Wenn Biolog:innen sagen, dass es bei *Homo sapiens* (auch) zwei Geschlechter gibt, bedeutet dies nicht, dass jeder Mensch in eine dieser beiden Kategorien passt oder gar passen muss! Stattdessen handelt es sich um eine Charakterisierung des menschlichen Fortpflanzungssystems und seiner evolutionären Geschichte; der Fokus der Biologie liegt also auf der Art und nicht auf dem Individuum. Dementsprechend gibt es auch nur zwei biologische Geschlechter; sowohl bei allen getrenntgeschlechtlichen Tieren als auch beim Menschen. Bei manchen Tieren treten die beiden Geschlechtsfunktionen gleichzeitig oder nacheinander im selben Individuum auf – und beim Menschen ist kein solcher Fall dokumentiert – aber es gibt keine Art mit mehr als diesen beiden Funktionen.

Das zweite große Missverständnis besteht darin, dass Gelehrte aus verschiedenen Disziplinen das Geschlecht eines Menschen aus völlig unterschiedlichen Gründen bestimmen wollen. Die Motivation und Herangehensweise von Biolog:innen sollte jetzt deutlich geworden sein; für die allermeisten von ihnen sind Menschen in dieser Hinsicht eine relativ uninteressante von Abertausenden von Wirbeltierarten. Sie wollen grundlegende Prinzipien des Lebendigen erkennen und nicht über den sozialen oder legalen Status von Mitmenschen entscheiden. Die Kriterien, die in der Biologie zielführend sind, können deswegen nicht automatisch die Bedürfnisse des Internationalen Olympischen Komitees, der Bundeswehr oder des Familienrechts zufriedenstellend bedienen. Um es ganz deutlich zu sagen: Menschenrechte können nicht durch biologische Fakten gerechtfertigt werden (der sogenannte naturalistische Fehlschluss). Transgender, Intersexuelle und andere nichtbinäre Personen sollten unabhängig von der geschlechtlichen Vielfalt in der Natur respektiert und nicht diskriminiert werden! Allerdings gehört auch zur Wahrheit, dass Bemühungen zur gesellschaftlichen Inklusion dieser Mitmenschen in etlichen Ländern unter anderem durch gesetzliche Regelungen behindert werden, die sich explizit auf die binäre Natur des biologischen Geschlechts beziehen. Hier begeht die Politik also einen naturalistischen Fehlschluss und der schwarze Peter geht an die Biologie.

Mediziner:innen haben dagegen (natürlich) nur Menschen im Auge und sind ernsthaft und pragmatisch. Sie verwenden die ihnen vertrauten Merkmale der Geschlechtschromosomen, Hormone und Anatomie, um mithilfe solcher Daten möglichst verlässliche Charakterisierungen vorzunehmen. Ihr Ziel ist es, Menschen mit Abweichungen von den beiden häufigsten Mustern identifizieren zu können, um ihnen die bestmögliche medizinische Hilfe zukommen zu lassen (siehe auch Abschn. 6.5). Dazu definieren sie aber nicht das biologische Geschlecht an sich, sondern sie verwenden operationale Kriterien wie Geschlechtschromosomen, um eine Klassifizierung vorzunehmen.

Für Biolog:innen können diese hinweisenden Merkmale aber nur als typisch „weiblich" oder „männlich" bezeichnet werden, wenn es dafür bereits eine möglichst allgemeingültige unabhängige Referenz gibt – eben die Keimzellen. Insofern ist die Kritik am Konzept des biologischen Geschlechts, wonach die meisten Merkmale durch komplexe Gen-Umwelt-Interaktionen kontrolliert werden und eher kontinuierliche, bimodale Verteilungen aufweisen [41], nicht überzeugend. Zum einen werden von der biologischen Definition nur die Keimzellen berücksichtigt und andererseits macht sie weder explizit noch implizit Annahmen darüber, ob andere Merkmale kategoriell oder kontinuierlich verteilt sind. Man sollte also klar im Auge behalten, was Henne und was Ei ist.

Die Kriterien, nach denen Sozialwissenschaftler:innen Geschlechter definieren, unterscheiden sich maßgeblich von denen in den Naturwissenschaften. Hier spielen soziale Faktoren die entscheidende Rolle bei der Ausprägung von geschlechtlichen Identitäten, die durch Zuschreibungen von kulturellen Einschätzungen dessen, was in einer Gesellschaft als männlich oder weiblich betrachtet wird, beeinflusst werden. Radikale Vertreter:innen der Genderideologie argumentieren heute, dass Gender der essenzielle Grundstein und das biologische Geschlecht ein instabiles soziales Konstrukt sei. Je nachdem, wie extrem dieser Standpunkt vertreten wird, werden alle (100 % Kultur, 0 % Biologie) oder manche (z. B. bestimmte Fähigkeiten und Interessen) kulturellen Einflüssen zugeschrieben. Das aber nicht 100 % aller menschlichen Merkmale und Eigenschaften eine biologische Grundlage haben – was im Übrigen niemand mit einem Bachelor-Abschluss in Biologie behaupten würde – bedeutet im Umkehrschluss nicht, dass deswegen das biologische Geschlechterkonzept falsch ist [41].

Im historischen Feminismus gab es essenzielle Gründe, gegen einen biologischen Determinismus der Geschlechterrollen zu argumentieren, weil sich sonst nichts an den gesellschaftlichen Bedingungen ändern ließe. Durch die Fokussierung auf den Genderbegriff eröffnete sich für Feminist:innen die Möglichkeit, zu argumentieren, dass Geschlechtsunterschiede durch Änderungen der sozialen Bedingungen verringert werden könnten. Daraus erklärt sich auch die anhaltende Tendenz mancher, jegliche Art von biologischen Geschlechtsunterschieden zu verneinen, was natürlich weit über das Ziel hinausschießt.

Die Unterscheidung zwischen biologischem Geschlecht und Gender erlaubt es demnach aber auch, dass die beiden scheinbar unabhängig variieren können [42], was sicherlich auch zur allgemeinen Verwirrung beigetragen hat. Außerdem kennen scheinbar die allerwenigsten Feminist:innen die ursprüngliche Definition und den eigentlichen Zweck des Genderbegriffs nicht; seit langem geht es stattdessen nur noch darum, maskuline und feminine Persönlichkeitsmerkmale oder Aspekte der Sexualität als Ergebnis sozialer Prozesse zu erklären. Es kann dann unter anderem schwierig werden, überhaupt zu definieren, was Frauen ausmacht, da es diesbezüglich viel ethnische, kulturelle, religiöse und standesabhängige Variation gibt. Manche [43] mutmaßen auch, dass es möglich ist, sich aus der Vielzahl an weiblichen und männlichen Merkmalen eine individuelle Kombination auszusuchen und dass darin die scharfen Grenzen zwischen Frauen und Männern verwischen. Dass überhaupt ein Wechsel zwischen den Kategorien möglich sein soll, ist für andere, wie beispielsweise Viktor Orban, so undenkbar wie ein Wechsel vom Judentum zum Islam oder vom Dortmund- zum Schalke-Fan, und sie kombinieren in ihrer Ideologie ihre Transgenderphobie mit steinzeitlichen Vorstellungen von Frauenbildern [44]. Aufklärung ist also scheinbar für viele selbsternannten (S)expert:innen angesagt!

Als Naturwissenschaftler bin ich es gewohnt, mit klaren Definitionen zu arbeiten. Vielleicht ist eine grafische Übersicht über die geläufigsten Kategorien, deren Beziehungen zueinander sowie die Überschneidungen zwischen ihnen auch für andere hilfreich (Abb. 2.1). Biologisches Geschlecht, Gender und sexuelle Orientierung sind zwar aus biologischer Sicht teilweise logisch unabhängig, aber Geschlecht und Gender sind trotzdem insofern miteinander verwoben, als dass für die allermeisten Mitmenschen biologisches Geschlecht und cis-Gender identisch sind. Ähnliches gilt für die Beziehung zwischen Gender und sexueller Orientierung, die aber nur für Transgender und Intersexuelle mit den existierenden Kategorien schwierig zu charakterisieren ist. Trotzdem werden alle drei Begriffe vor allem aus kulturellen und politischen Gründen häufig miteinander verknüpft; nicht zuletzt, weil die Mehrzahl der Menschen aufgrund ihres biologischen Geschlechts, ihres Genders oder ihrer sexuellen Orientierung in irgendeiner Form diskriminiert werden.

2.3 Wie viele Geschlechter gibt es denn nun? …

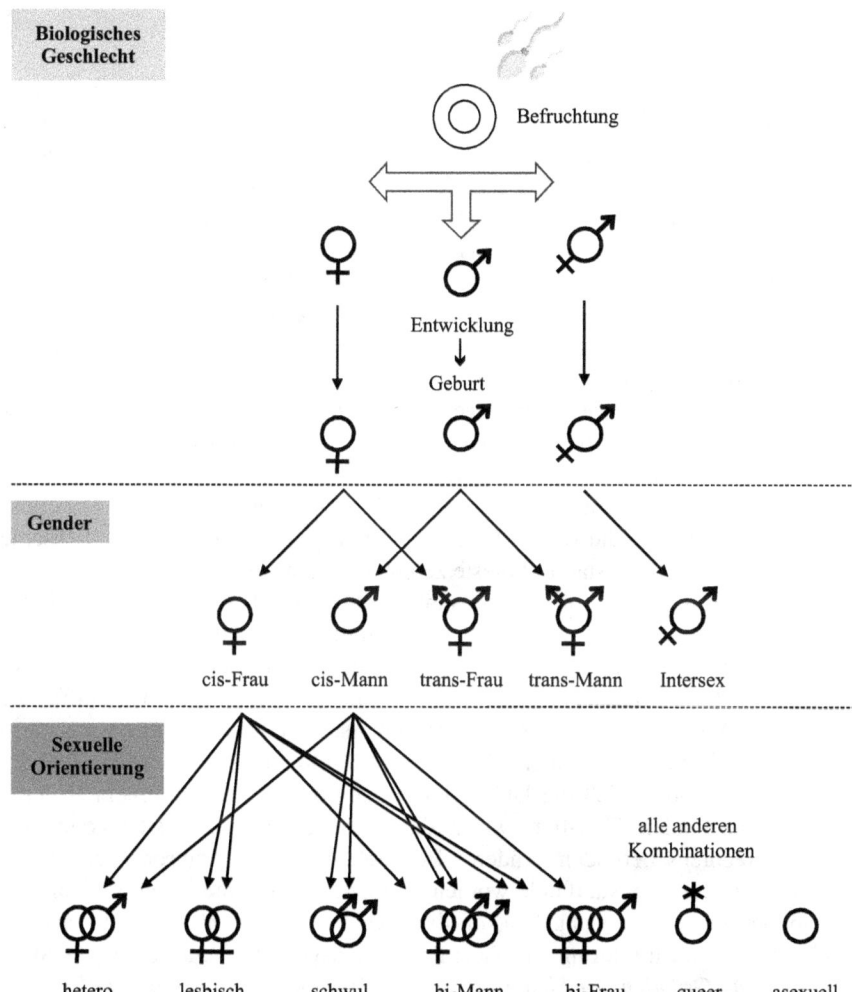

Abb. 2.1 Geschlecht, Gender und sexuelle Orientierung. Das biologische Geschlecht wird bei der Befruchtung festgelegt. Da der heranwachsende Embryo und Fötus bis zur Geburt keinen sozialen Einflüssen ausgesetzt ist, erscheint es notwendig und sinnvoll, einen Überbegriff für weibliche, männliche und „diverse" Individuen zu verwenden. Durch soziale Einflüsse nach der Geburt bilden sich subjektive Geschlechtsidentitäten aus, die durch den ursprünglichen Genderbegriff erfasst werden. Bei den meisten Menschen existiert keine Abweichung zwischen ihrem biologischen Geschlecht und ihrem Gender; sie können als cis-Frauen bzw. cis-Männer bezeichnet werden. Wenn subjektives Empfinden und biologisches Geschlecht nicht übereinstimmen, werden die Betreffenden als Transfrauen bzw. Transmänner bezeichnet. Durch sexuelle Attraktionen und Interaktionen zwischen Menschen mit bestimmten Gendern können gängige sexuelle Orientierungen beschrieben werden. Entgegen der hier skizzierten ursprünglichen Bedeutung wird der Begriff „queer" heutzutage nicht nur für nichtheterosexuelle sexuelle Orientierungen, sondern manchmal auch als Überbegriff für alle nicht-cis-Gender verwendet

2.4 Sexismus und die Wahrheit

Aufklärung über die Natur und Diversität geschlechtlicher Vielfalt wird neuerdings zunehmend durch Denk- und Redeverbote eingeschränkt. Vor allem im angloamerikanischen Raum wurden in den letzten 20 Jahren über immer mehr Fälle berichtet, in denen universitäre Veranstaltungen und öffentliche Diskussionen über Geschlecht und Gender behindert oder unterbunden und beteiligte Dozent:innen beschimpft, bedroht und sogar entlassen werden – ironischerweise hauptsächlich von feministischen Akademikerinnen [45]. Nach deren Meinung vermeintlich diskriminierende Einstellungen und Handlungen werden durch öffentliche Ächtung und Kampagnen – vor allem in sozialen Medien – angeprangert und unterdrückt. Durch diese *wokeness* (also „Wachsamkeit") sollte ursprünglich ein wachsames Bewusstsein gegen rassistische, soziale und sexistische Diskriminierung geschaffen werden, was unter anderem von konservativen bayuwarischen Politiker:innen als übertriebene politische Korrektheit lächerlich gemacht wird. Neuerdings entsteht bei manchen aus Wachsamkeit allerdings eine reflexartige *Cancel Culture*, die versucht, andere Meinungen zu löschen und unliebsame Einstellungen durch lautstarke Proteste zu unterdrücken.

An der Berliner Humboldt Universität wurde beispielsweise 2022 ein öffentlicher Vortrag einer Doktorandin zur Zweigeschlechtlichkeit zunächst untersagt, weil es gegen den Kernpunkt ihres Vortrags, es gebe in der Biologie zwei Geschlechter, „*keine Argumente aus wissenschaftlicher Sicht existieren*" [46]. Die Absage des Vortrags aus vorauseilendem Gehorsam gegenüber befürchteten Protesten von linken Aktivist:innen nährte zurecht Befürchtungen um die Freiheit der Wissenschaft, und so ließ die Universitätsleitung den Vortrag zu einem späteren Zeitpunkt nachholen. Trotzdem wurde das Verhalten der Universität gerichtlich als nicht rechtens befunden. Anderes Beispiel: Auf einer Anthropologietagung, die 2023 in Toronto stattfand, wollten Wissenschaftler:innen unterschiedlicher Disziplinen der Frage nachgehen, ob die Zweigeschlechtlichkeit für die heutige Anthropologie noch relevant ist. Nach Protesten sagten die Veranstalter das Symposium „*aus Gründen der Sicherheit und zur Wahrung der Wissenschaftlichkeit*" ab (ohne die Organisator:innen zuvor zu konsultieren), „*da das Thema die LGBTQ Gemeinschaft gefährde*" [47].

Renommierte wissenschaftliche Journale, wie zum Beispiel *Nature Human Behaviour*, wo „*Problematische Inhalte, die Rechte und die Würde eines Individuums oder einer menschlichen Gruppe auf der Grundlage sozial konstruierter oder gesellschaftlich relevanter menschlicher Gruppierungen untergräbt*" [48] nicht mehr publiziert werden, beugen sich ebenfalls zunehmend dieser *Cancel Culture*. Zu den relevanten Inhalten, die hier gemeint sind, gehören (hauptsächlich) Studien, die Männer und Frauen in Bezug auf ein oder mehrere Merkmale vergleichen. Stattdessen wird im selben Journal argumentiert, dass „*Geschlechtskategorien, die die Realität der Erfahrungen von Transgender-Personen widerspiegeln, nützlicher und kognitiv natürlicher sind als geschlechtsbezogene Kategoriendefinitionen*" [49]. Was steckt hinter diesem Aktionismus?

2.4 Sexismus und die Wahrheit

Für manche sind wissenschaftliche Studien über Geschlechtsunterschiede aus zwei Gründen ein absolutes Tabu. Erstens impliziere schon der Vergleich von Frauen und Männern, dass das Geschlecht binär und biologisch sei. Zweitens, impliziere die Verwendung von Begriffen wie „schwangere Frau" (anstatt „schwangere Person") Transphobie, weil damit Transfrauen ausgegrenzt würden und man Studierende bzw. die Menschheit vor solchen Sexisten schützen müsse [5]. Diese Ideologie geht neuerdings sogar soweit, die akademische Freiheit der Wissenschaft durch eine „akademische Gerechtigkeit" ersetzen zu wollen; das heißt, dem Ziel der sozialen Gerechtigkeit soll sich die Suche nach (unbequemen) Fakten unterordnen und daher unterbleiben. Oder in den Worten der Herausgeber:innen von *Nature Human Behaviour*: *„Obwohl die akademische Freiheit von grundlegender Bedeutung ist, ist sie nicht grenzenlos"* [48].

Wie bitte?!? Hier wird meine roteste Linie als Wissenschaftler nicht nur übertreten, sondern übersprungen. Spätestens seit dem ersten *„March for Science"* im Jahr 2017 ist offensichtlich, dass wissenschaftliches Arbeiten durch schamlose und systematische Fehlinformationskampagnen unterwandert wird. Donald Trump, der diese weltweiten Demonstrationen provoziert hat, ist immer noch ein Meister darin, der emotionalen Wirkung seiner Worte auf die eigene Zielgruppe größere Bedeutung beizumessen als deren Wahrheitsgehalt. In einem solchen postfaktischen Meinungsstreit werden Tatsachen abgestritten oder von ihnen abgelenkt, ohne dass dies irgendeine Bedeutung für die vermeintliche Zielgruppe hätte. Man muss aber nicht biologische Fakten infrage stellen, um die Würde und Rechte von Trans-Personen zu stärken! Carole Hooven, eine selbst von *Cancel Culture* betroffene Harvard-Professorin, hat dies glasklar analysiert: *„Während einige Aktivisten darauf bestehen, dass die Behauptung der biologischen Realität des ‚binären Geschlechts' völlig falsch und schädlich ist, besteht die wahre Bedrohung für die Wissenschaft und die Menschenwürde in der Vorstellung, dass wir die Realität leugnen oder ignorieren müssen, um die Rechte von irgendjemandem zu unterstützen"* [5]. Larence Bakow, ihr damaliger Präsident an der Harvard Universität, hat die sich daraus ergebenden Konsequenzen in einer Begrüßungsrede an neue Erstsemester prägnant formuliert: *„Mit der Zeit kommt die Wahrheit ans Licht; sie muss auf dem Amboss der konkurrierenden Ideen geprüft werden. Wenn Sie wirklich die Wahrheit suchen, müssen Sie sich mit denen auseinandersetzen, die anders denken als Sie. Noch wichtiger ist, dass Sie bereit sein müssen, Ihre Meinung zu ändern – sich von einem besseren Argument oder neuen Informationen überzeugen zu lassen"* [50].

Am Ende dieses Buches werde ich erläutern, warum die Abweichung von diesen Themen betreffenden sozialen Normen solch heftige Reaktionen auslöst. Da soziale Normen in Bezug auf Geschlechterrollen am vielfältigsten und am weitesten verbreitet sind, widme ich mich im Folgenden vor allem dem biologischen Geschlecht. Zunächst wende ich mich aber den Grundlagen der sexuellen Orientierung zu, die vielerorts und zu allen Zeiten ebenfalls verschiedenste Diskriminierungen hervorgerufen hat.

Literatur

1. https://www.thesun.co.uk/news/15743837/havard-professor-carole-hooven-refused-pregnant-people-accused-transphobia/
2. Ainsworth C (2015) Sex redefined. Nature 518(7539):288–291
3. Dembroff R (2021) Escaping the natural attitude about gender. Philos Stud 178(7539):983–1003
4. https://www.liebesleben.de/fuer-alle/geschlechtsidentitaet/geschlechtsidentitaet-und-geschlechtliche-vielfalt/
5. Hooven CK (2023) Academic freedom is social justice: Sex, gender, and cancel culture on campus. Arch Sex Behav 52(1):35–41
6. Roughgarden J (2013) Evolution's rainbow: Diversity, gender, and sexuality in nature and people. University of California Press, Berkeley
7. Lehtonen J, Kokko H, Parker GA (2016) What do isogamous organisms teach us about sex and the two sexes? Philos Trans R Soc Lond B 371(1706):20150532
8. Lehtonen J, Parker GA (2019) Evolution of the two sexes under internal fertilization and alternative evolutionary pathways. Am Nat 193(5):702–716
9. Glickman SE, Cunha GR, Drea CM, Conley AJ, Place NJ (2006) Mammalian sexual differentiation: Lessons from the spotted hyena. Trends Endocrinol Metab 17(9):349–356
10. McLaughlin JF, Brock KM, Gates I, Pethkar A, Piattoni M, Rossi A, Lipshutz SE (2023) Multivariate models of animal sex: Breaking binaries leads to a better understanding of ecology and evolution. Integr Comp Biol 63(4):891–906
11. https://parldok.thueringerlandtag.de/ParlDok/dokument/89342/gendern_nein_danke_regeln_der_de
12. Mikkola M (2017) Feminist perspectives on sex and gender. In: Zalta EN (ed) The Stanford encyclopedia of philosophy. Metaphysics Research Lab, Stanford
13. Money D, Hampson JG, Hampson JL (1955) An examination of some basic sexual concepts: The evidence of human hermaphroditism. Bull Johns Hopkins Hosp 97(4):301–319
14. Blackless M, Charuvastra A, Derryck A, Fausto-Sterling A, Lauzanne K, Lee E (2000) How sexually dimorphic are we? Review and synthesis. Am J Hum Biol 12(2):151–166
15. Garcia-Acero M, Moreno O, Suárez F, Rojas A (2019) Disorders of sexual development: Current status and progress in the diagnostic approach. Curr Urol 13(4):169–178
16. http://www.isna.org (Intersex Society of North America)
17. https://www.tagesschau.de/ausland/europa/gender-gesetz-schottland-103.html
18. https://www.bmfsfj.de/bmfsfj/service/publikationen/jeder-mensch-ist-einzigartig--135916
19. Goymann W, Brumm H, Kappeler PM (2023) Biological sex is binary, even though there is a rainbow of sex roles. BioEssays 45(2):e2200173
20. Byrne A (2020) Are women adult human females? Philos Stud 177(12):3783–3803
21. Griffiths PE (2021) What are biological sexes? PhilSci Archive. https://philsci-archive.pitt.edu/19906/
22. https://www.bmfsfj.de/bmfsfj/themen/gleichstellung/gleichstellung-und-teilhabe/strategie-gender-mainstreaming/gender-mainstreaming-80436
23. https://www.linguistik-vs-gendern.de
24. https://www.rnd.de/politik/thueringen-gender-verbot-fuer-behoerden-durch-landtag-beschlossen-ME4S527NQTT5ZHXVYZSASP5QI4.html
25. https://www.bpb.de/shop/zeitschriften/apuz/geschlechtergerechte-sprache-2022/346079/they-gendern-auf-englisch/ CC BY-NC-ND 3.0 DE von Nele Pollatschek
26. [https://www.gespraechswert.de/gendern-international/
27. Hug LA, Baker BJ, Anantharaman K, Brown CT, Probst AJ, Castelle CJ, Butterfield CN, Hernsdorf AW, Amano Y, Ise K, Suzuki Y, Dudek N, Relman DA, Finstad KM, Amundson R, Thomas BC, Banfield JF (2016) A new view of the tree of life. Nat Microbiol 1:16048
28. Schaerer L (2017) The varied ways of being male and female. Mol Reprod Dev 84(2):94–104

29. Kelley JL, Yee M-C, Brown AP, Richardson RR, Tatarenkov A, Lee CC, Harkins TT, Bustamante CD, Earley RL (2016) The genome of the self-fertilizing mangrove rivulus fish, *Kryptolebias marmoratus*: A model for studying phenotypic plasticity and adaptations to extreme environments. Genome Biol Evol 8(7):2145–2154
30. Küpper C, Stocks M, Risse JE, Dos Remedios N, Farrell LL, McRae SB, Morgan TC, Karlionova N, Pinchuk P, Verkuil YI, Kitaysky AS, Wingfield JC, Piersma T, Zeng K, Slate J, Blaxter M, Lank DB, Burke T (2015) A supergene determines highly divergent male reproductive morphs in the ruff. Nat Genet 48(1):79–83
31. Munday PL, Buston PM, Warner RR (2006) Diversity and flexibility of sex-change strategies in animals. Trends Ecol Evol 21(2):89–95
32. de Waal FBM (2022) Der Unterschied. Was wir von Primaten über Gender lernen können. Klett-Cotta, Stuttgart
33. Real F, Haas SA, Franchini P, Xiong P, Simakov O, Kuhl H, Schöpflin R, Heller D, Moeinzadeh M-H, Heinrich V, Krannich T, Bressin A, Hartmann MF, Wudy SA, Dechmann DKN, Hurtado A, Barrionuevo FJ, Schindler M, Harabula I, Osterwalder M, Hiller M, Wittler L, Visel A, Timmermann B, Meyer A, Vingron M, Jiménez R, Mundlos S, Lupiáñez DG (2020) The mole genome reveals regulatory rearrangements associated with adaptive intersexuality. Science 370(6513):208
34. de Meeûs T, Prugnolle F, Agnew P (2007) Asexual reproduction: Genetics and evolutionary aspects. Cell Mol Life Sci 64(11):1355–1372
35. Bachtrog D, Mank JE, Peichel CL, Kirkpatrick M, Otto SP, Ashman T-L, Hahn MW, Kitano J, Mayrose I, Ming R, Perrin N, Ross L, Valenzuela N, Vamosi JC, Tree of Sex Consortium (2014) Sex determination: Why so many ways of doing it? PLoS Biol 12(7):e1001899
36. Ellegren H (2011) Sex-chromosome evolution: Recent progress and the influence of male and female heterogamety. Nat Rev Genet 12(3):157–166
37. Han W, Liu L, Wang J, Wei H, Li Y, Zhang L, Guo Z, Li Y, Liu T, Zeng Q, Xing Q, Shu Y, Wang T, Yang Y, Zhang M, Li R, Yu J, Pu Z, Lv J, Lian S, Hu J, Hu X, Bao Z, Bao L, Zhang L, Wang S (2022) Ancient homomorphy of molluscan sex chromosomes sustained by reversible sex-biased genes and sex determiner translocation. Nat Ecol Evol 6(12):1891–1906
38. Stöck M, Kratochvíl L, Kuhl H, Rovatsos M, Evans BJ, Suh A, Valenzuela N, Veyrunes F, Zhou Q, Gamble T, Capel B, Schartl M, Guiguen Y (2021) A brief review of vertebrate sex evolution with a pledge for integrative research: Towards 'sexomics'. Philos Trans R Soc Lond B 376(1832):20200426
39. https://newsinhealth.nih.gov/2016/05/sex-gender
40. https://vimentis.ch/putin-ueber-gender-ideologie-in-westeuropa/
41. Donovan BM, Syed A, Arnold SH, Lee D, Weindling M, Stuhlsatz MAM, Riegle-Crumb C, Cimpian A (2024) Sex and gender essentialism in textbooks. Science 383(6685):822–825
42. Haslanger S (2000) Gender and race: (What) are they? (What) do we want them to be? Noûs 34(1):31–55
43. Stone A (2007) An introduction to feminist philosophy. Polity, Cambridge
44. https://www.gwi-boell.de/de/2022/01/31/im-namen-der-familie-wie-populistinnen-ungarn-gegen-geschlechtergleichstellung
45. Lowrey K (2021) Trans ideology and the New Ptolemaism in the academy. Arch Sex Behav 50(3):757–760
46. https://www.berliner-zeitung.de/news/humboldt-universitaet-berlin-darf-wissenschaftlerin-nicht-diskreditieren-gericht-zu-abgesagtem-geschlechter-vortrag-li.2165959
47. https://www.sueddeutsche.de/wissen/anthropologie-geschlecht-gender-1.6260694
48. https://www.nature.com/articles/s41562-022-01443-2
49. Perfors A, Piantadosi ST, Kidd C (2023) Trans-inclusive gender categories are cognitively natural. Nat Hum Behav 7(10):1609–1611
50. https://www.harvard.edu/president/speeches-by-president-bacow/2022/2022-convocation-remarks/

Wer mit wem? 3

3.1 Sexuelle Orientierung: Wer macht Dich an?

Die individuelle Geschlechtsbestimmung, egal ob zugewiesen oder selbst ermittelt, ist für jeden Menschen insofern von praktischer Bedeutung, als dass die entsprechende Benennung die Grundlage der Definition der jeweiligen sexuellen Orientierung darstellt. Die sexuelle Orientierung beschreibt, zu welchen Partner:innen man sich sexuell und emotional hingezogen fühlt. Obwohl das biologische Geschlecht bzw. das möglicherweise davon abweichende Gender viele Aspekte des privaten und gesellschaftlichen Lebens beeinflusst, besitzt es im Kontext der Sexualität und Fortpflanzung eine besonders grundlegende Bedeutung, da sexuelle Aktivität für die meisten erwachsenen Menschen einen zentralen Aspekt ihres persönlichen Selbstverständnisses darstellt. Entgegen der Behauptung des ehemaligen US-amerikanischen Präsidenten George W. Bush Jr. gibt es in Bezug auf sexuelle Orientierung aber große Diversität. Dieser hatte in seiner Rede an die Nation formuliert: *„Die Vereinigung von Mann und Frau ist die zeitloseste menschliche Errungenschaft – verehrt und begünstigt in allen Kulturen und Religionen"* [1], um für ein Verbot gleichgeschlechtlicher Ehen zu werben. Mister Ex-Präsident sollte daher an dieser Stelle aufmerksam weiterlesen.

3.1.1 Tierischer Sex

Im Sinne der biologischen Geschlechtsbestimmung legt die Geschlechtsklassifizierung fest, mit welchen anderen Mitgliedern derselben Art erfolgreiche Fortpflanzung möglich ist. Die Paarungssysteme verschiedener Tierarten sind in dieser Hinsicht beeindruckend variabel, aber für Verhaltensbiolog:innen insofern relativ einfach zu untersuchen, als dass es in den meisten Fällen möglich ist, zu beobachten, wer sich mit wem wie oft verpaart. Genetische Analysen können zusätzlich aufzeigen, welche Spermien tatsächlich zur Befruchtung gelangt sind. Schwierig ist die Untersuchung des Paarungssystems bei Tieren mit sesshafter Lebensweise, die sich also nicht fortbewegen können und ihre Gameten nur an die Umwelt – sprich ins Wasser – abgeben können. Bei mobilen Tieren können sich paarungsbereite Tiere dagegen aneinander annähern und – je nach Bauplan – durch entsprechende Verhaltensweise die Chancen erhöhen, dass ihre Eier und Spermien aufeinandertreffen. Bei Fröschen und vielen Fischen findet die Befruchtung außerhalb des Körpers statt; hier müssen sich die Protagonisten so miteinander koordinieren, dass sie ihre Gameten zeitgleich in räumlicher Nähe ablaichen. Wenn die Befruchtung intern erfolgt, müssen Gameten zwischen Individuen übertragen werden. Dafür sind in den verschiedenen Tiergruppen mehr oder weniger elaborierte Genitalien und Verhaltensweisen („Begattung") entstanden, deren faszinierende Vielfalt ein eigenes Buch verdient.

Der ursprüngliche und primäre Zweck der Paarung sowie der damit funktional in Zusammenhang stehenden sexuellen Verhaltensweisen ist die Befruchtung bzw. Fortpflanzung. Im allgemeinen Sprachgebrauch werden diese sexuellen Handlungen als Sex bezeichnet. Sex und Fortpflanzung sind aber bei sehr vielen Tierarten insofern entkoppelt, also dass nicht jede Paarung zu einer Befruchtung führt. So gibt es sehr viele evolutionsbiologische Vorteile, die Weibchen aus mehrfachen Verpaarungen während eines Befruchtungszyklus' ziehen können [2]. Außerdem gibt es etliche Beispiele aus dem Tierreich dafür, dass Sex eine soziale Funktion hat – zum Beispiel zum Abbau von Spannungen zwischen Individuen – und dass solche Formen des nichtreproduktiven Sex auch zwischen gleichgeschlechtlichen Individuen auftreten können. Auch bei nichtmenschlichen Primaten gibt es zahlreiche Beobachtungen solcher homosexuellen Handlungen [3]. Es ist daher in keiner Weise verwunderlich, dass es auch beim Menschen vielfältige Formen von nichtreproduktivem Sex gibt – und das nicht erst seit der Erfindung von Verhütungsmitteln. Das zeigt sich unter anderem auch darin, wer mit wem Sex hat.

3.1.2 *Anything goes:* Menschliche Neigungen

Bei der wissenschaftlichen Untersuchung menschlicher sexueller Orientierungen erweist sich die menschliche Neigung, Dinge in möglichst wenige exklusive Kategorien zu klassifizieren, ebenfalls als Problem, da wir in dieser Hinsicht sehr viel diverser sind als die allermeisten Tiere. Die üblichen Kategorien des „Wer mit wem?" beschreiben fünf grobe Kategorien, deren Referenzpunkt die Geschlechtsidentität der Beteiligten ist. Als Heterosexuelle werden demnach bekanntlich Männer und Frauen bezeichnet, sie sich zum jeweils anderen Geschlecht sexuell und oder emotional hingezogen fühlen. Bei Lesben und Homosexuellen zielt die Attraktion auf jeweils gleichgeschlechtliche Partner; so bilden sich schwule oder lesbische Paare. Bisexuelle fühlen sich zu Männern und Frauen gleichermaßen hingezogen. Für Pansexuelle erweitert sich diese Attraktion auf Menschen aller Geschlechtsidentitäten, wie auch immer diese definiert sind. Queere Menschen sind diesbezüglich schwierig zu kategorisieren; aber hier könnte man vermutlich auch Anziehung und Interaktionen mit Transgender und Intersexuellen verorten. Schließlich gibt es auch eine Gruppe von Asexuellen, die sich durch fehlendes Verlangen nach jeglicher sexuellen Interaktion definieren – also rein platonisch leben – aber durchaus innige Beziehungen unterhalten können. Aber wie häufig und wie variabel sind diese Kategorien oder handelt es sich hier um ein breites Kontinuum?

Für die wissenschaftliche Beantwortung dieser Frage ist Asexualität insofern interessant, als dass sie verdeutlicht, dass tatsächliche sexuelle Handlungen und emotionale oder romantische Attraktion nicht notwendigerweise gekoppelt sein müssen. Sie können gleichartig ausgerichtet sein oder auch nicht. In Bezug auf Homo- und Heterosexualität wirft diese Einsicht das Problem auf, dass Gefühle und Wünsche auch nicht notwendigerweise komplett mit dem Muster sexueller Handlungen übereinstimmen müssen; vor allem dann, wenn gesellschaftliche oder kulturelle Zwänge die möglichen Handlungsspielräume einschränken. In Bezug auf die Charakterisierung der Natur der sexuellen Orientierung (kategoriell oder kontinuierlich?) ergeben sich bei der externen Klassifizierung praktische Probleme: Ist beispielsweise eine Frau, die 99-mal mit Männern und einmal mit einer Frau Sex hatte, deswegen bisexuell? Oder ist die Anzahl der Partner:innen entscheidend? Unsere Beispielsfrau könnte 99-mal mit demselben oder je einmal mit 99 verschiedenen Männern Sex gehabt haben, was bei einer Klassifizierung vermutlich unterschiedlich bewertet würde. Von daher bedient sich die Forschung weitestgehend der Selbstklassifizierung, also der Einordnung nach dem tatsächlichen Verhalten oder der Selbsteinschätzung von sexuellen Fantasien und Wünschen. Es ist aber auch möglich, durch physiologische Messungen der Genitalien (Durchblutung) oder des Gehirns (elektrische Aktivität) während der Präsentation expliziter Reize die sexuelle Orientierung von Proband:innen zu messen. Die letzte Methode wird wissenschaftlich als die verlässlichste angesehen; in der Praxis ist es aber schwierig, große und repräsentative Stichproben für diese Art von Untersuchungen zu bekommen.

Ein weiteres praktisches Problem bei der Charakterisierung des menschlichen Sexualverhaltens besteht darin, dass unsere Vorfahren nach der Abspaltung von unserem gemeinsamen Vorfahren mit Schimpansen und Bonobos irgendwann dazu übergegangen sind, nicht mehr in der Öffentlichkeit zu kopulieren. Dies betrifft nicht nur Seitensprünge, sondern alle legitimen Paarungen; und das in 130 von 131 untersuchten modernen Kulturen weltweit [4]. Welche evolutionären Vorteile unsere Vorfahren dazu bewogen haben, im Unterschied zu allen anderen Arten ihre intimen Momente nicht öffentlich mit Artgenossen zu teilen, ist nach wie vor nicht befriedigend erklärt. Dieses Verhalten ist jedenfalls insofern misslich, als dass es daher nicht möglich ist, das Paarungsverhalten von *Homo sapiens* (wissenschaftlich) zu beobachten.

Daher können wir uns bei der Klassifizierung von menschlichen Paarungssystemen entweder auf das verlassen, was in anderen Verhaltenskontexten wahrnehmbar ist – also wer sich öffentlich küsst, händchenhaltend durch die Stadt spaziert, zusammenlebt oder heiratet – oder man verlegt sich auf psychologische Befragungen oder andere Formen der Selbstauskunft. Solche Befragungen haben den

Vorteil, dass sie Handlungen und Fantasien trennen können, aber die resultierenden Daten sind nicht objektiv überprüfbar. Um den Anteil der Falschangaben zu reduzieren, gibt es in manchen Erhebungen die Möglichkeit, zu bestimmten Fragen „keine Angaben" zu machen. Damit bietet man denjenigen Teilnehmer:innen, die sich selbst mit der anonymen Beantwortung bestimmter Fragen schwertun, die Möglichkeit einer ausweichenden Antwortmöglichkeit. Die anderen Antworten sollten daher aber relativ realistische Angaben liefern. Zumindest liefern solche Daten Einsichten in die ungefähren Häufigkeiten und die Variabilität innerhalb der großen Kategorien des sexuellen Verhaltens, welche Hinweise darauf ergeben, wer wie häufig mit wem zusammenkommt.

Sexualwissenschaftler:innen haben die Problematik, dass Verhalten und Wünsche nicht unbedingt identisch sein müssen, unter anderem dadurch berücksichtigt, dass sie differenzierte Skalen für ihre Fragebögen entwickelt haben. Am bekanntesten ist dabei die nach dem amerikanischen Pionier der Sexualwissenschaften benannten Kinsey-Skala, welche der möglichen kontinuierlichen Variation der sexuellen Orientierung durch die Existenz mehrerer abgestufter Kategorien Rechnung trägt. Neben Asexualität enthält sie je eine Kategorie für „ausschließlich hetero- bzw. homosexuell", die durch 5 Kategorien der Bisexualität verbunden werden („überwiegend heterosexuell, aber gelegentlich bzw. häufig homosexuell" und umgekehrt sowie „gleichermaßen homo- und heterosexuell"). In verschiedenen nationalen und internationalen Befragungen wird diese oder eine vereinfachte Kinsey-Skala angewandt, wobei damit entweder das aktuelle und/oder das zurückliegende Verhalten, persönliche Wünsche und Fantasien oder ganz nüchtern die Zusammensetzung der gemeldeten Haushaltsmitglieder erfasst wird. Die Erhebung der entsprechenden Daten ist in der Praxis mit weiteren Problemen verbunden, die zu sehr unterschiedlichen Zahlen führen. Neben offensichtlichen Faktoren, wie der Wahrung der Anonymität, der Größe und Zusammensetzung der untersuchten Stichprobe sowie der Anzahl der angebotenen Kategorien existieren zusätzlich Unterschiede zwischen Kulturen und der politischen Agenda der die Studie durchführenden Institutionen.

Untersuchungen, die nach meiner Bewertung weitestgehend objektiv sind und akzeptierte wissenschaftliche Standards einhalten, zeigen einerseits die Variabilität zwischen Studien (was auch an den unterschiedlichen verwendeten Methoden liegen kann), deuten aber auch bestimmte Trends in Bezug auf interessante Unterschiede als Funktion des Geschlechts und Alters der Proband:innen sowie der Nationalität und dem Zeitpunkt der Befragung an. Generell ist es aber schwierig, direkt miteinander vergleichbare Studien zu finden.

Die Rohdaten einer umfassenden und repräsentativen Studie, die 2016 in allen 28 Mitgliedsländern der EU und in den USA durchgeführt wurde, sind mir freundlicherweise von Dalia Research [5] zur Verfügung gestellt worden. Da bei dieser Studie mit mehr als 11.000 Teilnehmer:innen dieselben Methoden verwendet wurden, erlaubt sie sinnvolle Vergleiche innerhalb der Stichprobe. Dabei wurde in Bezug auf sexuelle Orientierung zunächst eine Frage gestellt: „Identifizieren Sie sich als lesbisch, schwul, bisexuell, trans oder queer?". Es war möglich, darauf mit „ja", „nein" oder „möchte ich nicht beantworten" zu antworten.

3.1 Sexuelle Orientierung: Wer macht Dich an?

Der Prozentsatz der verneinenden Antworten schätzt also den Anteil der Bevölkerung, der sich selbst als komplett oder überwiegend heterosexuell einschätzt. In der Ja-Kategorie sind leider sexuelle Orientierung (also Homo- und Bisexualität) und Kategorien der sexuellen Identität (trans und queer) vermischt. Man kann diese Kategorie daher am ehesten als „nichtheterosexuell" interpretieren.

Auf die Frage nach der sexuellen Selbstklassifizierung waren alle 11.754 europäischen Studienteilnehmer:innen in der Lage, sich als entweder weiblich oder männlich zu klassifizieren; also auch die nichtbinären Teilnehmer:innen. Auf die binäre Frage („lesbisch, schwul, bisexuell, transgender oder queer": ja oder nein?) war die häufigste Antwort in Europa „nein". Demnach bezeichneten sich 83,5 % der Frauen und 88,3 % der Männer aus den EU-Mitgliedstaaten selbst als heterosexuell. Für 1052 US-Amerikaner ergab die identische Befragung in einer anderen Studie Werte von 82,3 % für Männer und 80,3 % für Frauen. Von 12.354 deutschen Männern gaben 95,1 % in einer weiteren Studie an, heterosexuell zu sein; 3,8 % waren homosexuell und 1,1 % bisexuell [6]. Eine andere amerikanische Untersuchung [7] brachte dagegen für US-Amerikaner:innen Werte zutage, die für beide Geschlechter um rund 15 % höher liegen, wobei diese Studie eine 3-stufige (hetero-, bi-, homosexuell) Skala verwendete.

Mit den differenzierteren Antwortmöglichkeiten einer 5-stufigen Kinsey-Skala betrug der Anteil der heterosexuellen europäischen Frauen in der Dahlia-Erhebung 75,8 % und der Anteil der heterosexuellen Männer 82,3 % (Tab. 3.1). Allerdings machten dabei 12,9 % der Frauen und 9,3 % der Männer „keine Angabe". Bei den deutschen Teilnehmer:innen waren die Anteile jeweils etwas geringer als im europäischen Durchschnitt. Die Befragung australischer Zwillinge mit einer 7-stufigen

Tab. 3.1 Häufigkeitsverteilungen sexueller Orientierung in verschiedenen Ländern und Studien

Land	Deutschland		Europa		USA		Australien	
Geschlecht	Männer	Frauen	Männer	Frauen	Männer	Frauen	Männer	Frauen
0 rein hetero	80,82	71,60	82,25	75,83	97,8	97,7	91,8	91,9
1	3,70	5,89	2,77	4,26			2,3	5,0
2							1,0	1,1
3 bisexuell	1,19	2,57	1,26	1,93	0,4	0,9	0,4	0,8
4							1,0	0,2
5	0,53	1,06	0,54	0,98			1,2	0,1
6 rein homo	2,65	2,87	2,50	2,78	1,8	1,5	2,0	0,2
Stichprobengröße	756	662	5962	5792	34.557		1683	2704
Methode	Sexuelle Orientierung		Sexuelle Orientierung		Sexuelle Orientierung		Nur Anziehung & Fantasien	
Quelle	Dahlia Research [5]		Dahlia Research [5]		Ward et al. [7]		Bailey et al. [8]	

Angaben in Prozent bezogen auf die jeweilige Stichprobengröße. Die Antworten „asexuell" und „keine Angabe" wurden nicht berücksichtigt. Die Anzahl möglicher Antwortkategorien unterscheidet sich zwischen Studien.

Skala ergab Werte von über 90 % für Heterosexualität, obwohl diese Studie [8] nur nach Anziehung und Fantasien und nicht nach tatsächlichem Verhalten fragte.

Eine zusätzliche Quelle für Variation in der Selbstklassifizierung der sexuellen Orientierung in der Dahlia-Studie ergab die getrennte Betrachtung nach Altersklassen (Tab. 3.2). Dabei sind vor allem die Häufigkeiten rein heterosexueller Orientierung bei den unter 30-Jährigen auffällig, da diese deutlich unter denen der anderen Altersklassen liegen. Da die Häufigkeiten für rein homosexuelle Orientierung bei Frauen und Männern vergleichsweise wenig zwischen den Altersklassen variiert, ist dieser Unterschied wohl vor allem der Tatsache geschuldet, dass bei den unter 30-Jährigen Sex mit Mitgliedern beider Geschlechter sehr viel häufiger auftritt als in den anderen Altersklassen. Diesbezüglich existiert auch ein deutlicher Geschlechtsunterschied: Sex mit Frauen und Männern kommt bei den jüngeren Frauen doppelt so häufig vor (15,9 %) als bei den jüngeren Männern (7,8 %).

Aus den Daten dieser Erhebungen lassen sich einige generelle Punkte über die Häufigkeiten sexueller Orientierung ableiten. Erstens sind Zahlen aus verschiedenen Studien nur bedingt sinnvoll miteinander vergleichbar. So lassen sich Werte aufgrund der genauen Formulierung der Fragen sowie der Feinkörnigkeit möglicher Antworten nur bedingt direkt miteinander vergleichen.

Zweitens lässt sich festhalten, dass – trotz der Unterschiedlichkeit der verschiedenen Erhebungen – sich in verschiedenen Studien mindestens ca. 80 % der Befragten als ausschließlich heterosexuell bezeichnen. Wenn die verwendete Skala mehr als die binäre Unterteilung „hetero oder nicht" zulässt, sind die entsprechenden Werte (in der Dahlia-Erhebung) bei beiden Geschlechtern etwas niedriger, was darauf hindeutet, dass es sich bei der sexuellen Orientierung – im Unterschied zur sexuellen Identität – eher um eine kontinuierliche als um eine kategoriale Variable handelt. Allerdings haben neueste genetische Untersuchungen

Tab. 3.2 Altersabhängige Häufigkeitsverteilungen sexueller Orientierung in Europa

Geschlecht Alter	Frauen 14–29	Männer 14–29	Frauen 30–49	Männer 30–49	Frauen 50–65	Männer 50–65
Rein hetero	80,52	88,79	91,05	93,73	94,96	92,18
Hetero/homo	9,21	3,90	3,45	2,96	1,64	2,38
Bisexuell	4,89	2,72	1,18	0,81	0,51	1,24
Homo/hetero	1,79	1,18	0,92	0,42	0,62	0,29
Rein homo	3,59	3,91	3,40	2,08	2,26	3,91
Stichprobengröße	1617	1436	2379	2840	973	1049
Land	Europa					
Methode	Sexuelle Orientierung					
Quelle	Dahlia Research [5]					

Angaben in Prozent bezogen auf die jeweilige Stichprobengröße. Die Antworten „asexuell" und „keine Angabe" wurden nicht berücksichtigt. Hetero/homo: vorwiegend heterosexuell, gelegentlich homosexuell. Homo/hetero: vorwiegend homosexuell, gelegentlich heterosexuell.

an Hunderttausenden homo- und heterosexuellen Probanden gezeigt, dass homosexuelles Verhalten überzufällig häufig mit einer spezifischen Ausprägung von mindestens fünf verschiedenen Genen assoziiert ist [9]. Da die genetischen Effekte, die sich zwischen Homo- und Heterosexuellen unterscheiden, aber nicht dieselben sind, die sich zwischen gelegentlich und exklusiv Homosexuellen unterscheiden, wurde aus dieser Studie geschlossen, dass es kein Kontinuum zwischen Homo- und Heterosexualität gibt. Eine Studie, die direkte physiologische Messungen sexueller Erregung (Penisumfang beim Schauen verschiedener Videoclips) aus mehreren Studien zusammenfasste, konnte dagegen zeigen, dass Männer, die sich selbst als bisexuell klassifizierten, diese unterbewusste physiologische Reaktion auf männliche und weibliche Reize zeigten, wohingegen Homo- und Heterosexuelle nur auf Reize eines Typs reagierten [10]. Demnach gibt es also wohl doch ein Kontinuum männlicher sexueller Orientierung, aber die genauen Zusammenhänge zwischen sexueller Orientierung, Erregung, Identität und Verhalten bedürfen weiterer Forschung [11], zumal die existierenden Studien ganz unterschiedliche Messungen und Methoden verwendet haben.

Drittens deuten die hier dargestellten Häufigkeiten der Selbstklassifizierung der sexuellen Orientierung darauf hin, dass selbst zwischen industrialisierten Ländern Unterschiede in der Häufigkeit einzelner Kategorien existieren, die im weitesten Sinne als kulturelle Variation interpretiert werden können. Vergleiche mit entsprechenden Datensätzen aus anderen Kulturkreisen wären sicherlich interessant, um mögliche Ursachen dieser Variation, wie beispielsweise religiöse Normen, zu untersuchen.

Viertens sind altersabhängige Unterschiede in sexuellen Orientierungen in diesen Querschnittsuntersuchungen (Proband:innen unterschiedlichen Alters werden einmal gleichzeitig befragt) offensichtlich. Wenn man davon ausgeht, dass es sich bei der sexuellen Orientierung um ein stabiles Persönlichkeitsmerkmal handelt, das sich im Laufe des Lebens nicht von Jahr zu Jahr oder von Jahrzehnt zu Jahrzehnt grundlegend ändert, sollten die beschriebenen Unterschiede zwischen Altersklassen nicht wirklich Alterseffekte, sondern eine Änderung gesellschaftlicher Normen reflektieren. Die zum Zeitpunkt dieser Befragung Unter-30-Jährigen haben demnach entweder mehr von einer Liberalisierung gesellschaftlicher Normen und Zwänge profitiert als Ältere, oder sie sind empfänglicher für neue, altersspezifische Normen. Früher sollte man keinem über 30 trauen; heute ist es in dieser Altersklasse möglicherweise auch uncool, hetero bzw. eher angesagt, queer zu sein. So hat sich auch in einer groß angelegten britischen Studie der Anteil von Männern und Frauen, die angaben, mindestens einmal Sex mit einem gleichgeschlechtlichen Partner gehabt zu haben, bei den in den 1970er-Jahren Geborenen im Vergleich zu den in den 1950er-Jahrgängen mehr als verdreifacht [12]. In diesem Lebensabschnitt wird vielleicht aber auch noch mehr experimentiert, um die eigene sexuelle Orientierung zu finden. Eine 10-jährige Langzeituntersuchung an 100 jungen amerikanischen Frauen hat tatsächlich gezeigt, dass deren Selbsteinschätzung noch zwischen heterosexuell, bisexuell und lesbisch hin und her schwankt [13].

Schließlich ist es bemerkenswert, dass es in Bezug auf die sexuelle Orientierung auch Hinweise auf stabile Geschlechtsunterschiede gibt. So ist der Anteil der Frauen mit bisexueller Orientierung, also solche mit sexuellen Erfahrungen mit Männern und Frauen – egal in welchem Verhältnis diese abgefragt werden – länder- und altersübergreifend nahezu durchgehend größer als der entsprechende Anteil bei den Männern. Entsprechende Geschlechtsunterschiede in dieser sogenannten sexuellen Fluidität wurden in einer Langzeituntersuchung an mehr als 12.000 jungen Amerikaner:innen gefunden [7]. Frauen wählten dabei sowohl bei der Selbsteinschätzung ihrer sexuellen Orientierung als auch in Bezug auf sexuelle Attraktion häufiger nichtexklusive Kategorien (also „hauptsächlich X, aber auch Y" bzw. Bisexualität) als Männer. Frauen haben auch ungefähr 3-mal häufiger ihre Selbsteinschätzungen in den letzten 5 Jahren geändert als Männer. Die aktuelle Forschung bietet zwei, sich nicht gegenseitig ausschließende Erklärungen für diesen Geschlechterunterschied an [14].

Die erste Erklärung unterscheidet zwischen Lust und Erregbarkeit und fokussiert auf die unmittelbare Kontrolle des Verhaltens (proximate Erklärung). Demnach wird männliche Sexualität immer von der Lust, also von der Motivation, sexuelle Kontakte zu initiieren, geleitet, wohingegen diese Motivation bei Frauen auf die fruchtbaren Tage um den Eisprung herum begrenzt sein soll. Zu anderen Zeiten dominiert bei Frauen die Erregbarkeit, die sich prinzipiell auf Männer und Frauen fokussieren kann [15]. Eine zweite, evolutionsbiologische Erklärung bezieht sich auf die Vorteile, die weibliche sexuelle Fluidität bei unseren Vorfahren mit sich gebracht haben könnte (ultimate Erklärung). Hier wird gelegentlicher Sex zwischen Frauen als Mechanismus der Konfliktregulation und sozialen Integration interpretiert. Zum einen verlassen in vielen traditionellen und historischen Gesellschaften junge Frauen nach Erreichen der Geschlechtsreife ihre Geburtsgruppe und heiraten einen Mann aus einer fremden Gruppe. Dort haben sie keine Verwandten und müssen sich sozial in die Familie des Mannes integrieren. Zudem sind viele dieser Gesellschaften durch Vielweiberei (Polygynie) gekennzeichnet; d. h. ein Mann kann mit zwei oder noch mehr Frauen verheiratet sein. In beiden Situationen können sexuelle Interaktionen unter Frauen dazu dienen, Konflikte und Konkurrenz zwischen Frauen zu reduzieren und damit statistisch zu einem höheren Fortpflanzungserfolg aller Beteiligten beitragen.

3.2 Sexuelle Präferenz: Was gefällt Dir?

Neben der Frage der eigenen sexuellen Identifikation und der sexuellen Orientierung wird menschliche Sexualität zusätzlich durch die sexuelle Präferenz definiert. Der Begriff sexuelle Präferenz hat dabei zwei sehr unterschiedliche Bedeutungen: Er beschreibt sowohl Kriterien der Partnerwahl als auch sexuelle Vorlieben.

Im Tierreich kennen wir sexuelle Präferenzen nur in Bezug auf Merkmale, die bei der Auswahl zwischen mehreren potenziellen Fortpflanzungspartnern bewertet werden. Dabei geht es letztendlich darum, sich nicht zufällig fortzupflanzen, sondern aus der Partnerwahl möglichst Vorteile für einen selbst oder für seine Nach-

3.2 Sexuelle Präferenz: Was gefällt Dir?

kommen zu ziehen. Wenn eigene, sogenannte direkte Vorteile im Mittelpunkt der Wahl stehen, werden potenzielle Paarungspartner bevorzugt, welche die Fruchtbarkeit des wählenden Individuums erhöhen. Es sind vor allem Weibchen, die durch die Bevorzugung von Männchen mit nahrhafteren Brautgeschenken, reichhaltigeren Territorien oder weniger Parasiten mehr Energie in ihre Fortpflanzung investieren können, und dadurch mehr oder größere Eier oder Jungtiere produzieren können.

Wenn Weibchen stattdessen bei der Verpaarung nur Spermien erhalten, sollten sie damit möglichst gute väterliche Gene bekommen, welche der Qualität der Nachkommen und den Müttern daher nur indirekt zugutekommen. Da die Gene potenzieller Väter nicht direkt wahrnehmbar sind, müssen sich Weibchen auf äußerliche Merkmale verlassen, welche mit der Qualität der Gene korreliert sind. Da die Nachkommen am stärksten von väterlichen Genen profitieren, die ein möglichst effizientes Immunsystem garantieren, verlassen sich Weibchen bei dieser Form der Partnerwahl häufig auf männliche Merkmale, die den Gesundheitsstatus des Trägers anzeigen: also beispielsweise auffällig gefärbte Körperteile, die Fähigkeit, ausdauernd singen zu können oder der Besitz langer Federn oder Flossen, welche beim täglichen Überleben eher ein Hindernis darstellen. Damit wir uns nicht falsch verstehen: Inzwischen gibt es zahlreiche Untersuchungen aus der Verhaltensbiologie, die zeigen, dass Männchen durchaus auch wählerisch sind; zum Beispiel, wenn sich Weibchen in ihrer Fruchtbarkeit unterscheiden oder wenn Verpaarungen riskant sind, aber Weibchen profitieren im Durchschnitt viel mehr davon, wählerisch zu sein.

Evolutionäre Psycholog:innen haben bei Menschen in den letzten Jahren auch viel über Präferenzen für Merkmale potenzieller Partner bei der individuellen Partnerwahl in Erfahrung gebracht. In diesem Zusammenhang gibt es lange Listen von Eigenschaften potenzieller Partner:innen, deren Bedeutung durch Befragungen in zahlreichen Kulturen ermittelt wurde. Auch hier ist es methodisch nicht möglich, Menschen in Bezug auf die Merkmale ihrer aktuellen Partner:innen zu beobachten; vielmehr können sie auf einer Punkteskala (zum Beispiel in 4 Stufen von „unverzichtbar" bis „unwichtig") angeben, wie wichtig ein bestimmtes Merkmal für sie bei der Partnerwahl ist. Abgefragt werden also Präferenzen und nicht tatsächliche Partnerwahlentscheidungen, die sich im Einzelfall natürlich immer an anderen Merkmalen orientieren können. In Bezug auf die ermittelten Präferenzen fanden sich Hinweise auf kulturelle Variation, aber vor allem deutliche Geschlechtsunterschiede [16].

Konzentrieren wir uns zunächst auf die geschlechtsspezifischen Präferenzen. Heterosexuelle Frauen legen demnach bei der Partnerwahl besonderen Wert auf Merkmale, die sich mit „Fähigkeit zu investieren", „Bereitschaft zu investieren", „Beschützerqualitäten", „Vaterqualitäten", „Kompatibilität" und „Gesundheit" umschreiben lassen. Die Bedeutung von materieller und emotionaler Investition ist aus evolutionsbiologischer Sicht dadurch erklärbar, dass die Fähigkeit von Frauen, erfolgreich Kinder aufzuziehen, stark vom Zugang zu Ressourcen abhing und heute noch in vielen Fällen abhängt. Männer mit guten finanziellen Aussichten, mit hohem sozialen Status und höherem Alter können in dieser Hinsicht entsprechend punkten. Es erscheint nur konsequent, dass die Bereitschaft von Männern, ihre Ressourcen mit Frau und Kindern zu teilen, ebenfalls goutiert wird. Psycholog:innen verorten daher auch Bindungswille und Liebe in dieser Rubrik. Zuverlässigkeit, positiver Umgang mit Kindern und kompatible Persönlichkeitsmerkmale ergänzen diese Wünsche und Ansprüche. Äußerlichkeiten sind dagegen nur in Bezug auf Beschützerqualitäten, also beispielsweise eine Vorliebe für größere Männer, sowie als Indikatoren von Gesundheit von Bedeutung.

Bei Männern stehen dagegen vor allem Merkmale, die das Aussehen und Alter potenzieller Partnerinnen betreffen hoch im Kurs. Dies ist aus evolutionsbiologischer Sicht insofern nachvollziehbar, als dass der sogenannte reproduktive Wert, also die Anzahl potenzieller zukünftiger Kinder, bei Frauen mit dem Alter abnimmt – die berüchtigte tickende Uhr. Neben einer generellen Präferenz für jüngere Frauen findet man auch, dass diese Präferenz mit zunehmendem männlichem Alter zunimmt. Jedem Leser fallen sicher spontan mehrere Promibeispiele ein, die diesen Effekt bestätigen. Auch die präferierten weiblichen Schönheitsmerkmale, von denen ein ganzer Industriezweig lebt – wie reine, glatte Haut oder volles Haar – können zusammen mit einer Präferenz für die Abwesenheit von Krankheiten als Hinweise auf den reproduktiven Wert interpretiert werden. In Bezug auf die bevorzugte weibliche Figur, die sich im Verhältnis von Taille zu Hüfte widerspiegelt, weisen viele (prä-)historischen weibliche Figuren ein Taille-Hüfte-Verhältnis von circa 0,75 auf, was auch heute noch vielerorts von Männern in entsprechenden Tests bevorzugt wird. Die moderne Medizin hat tatsächlich eine ganze Reihe von Krankheiten, Fertilitätsstörungen oder Schwangerschaftskomplikationen beschrieben, die gehäuft bei Frauen mit stark davon abweichenden Werten oder einem hohen Körpermassen-Index (BMI) auftreten [17]. Insofern sind diese Aspekte der männlichen Partnerpräferenzen aus evolutionsbiologischer Sicht ebenfalls sinnvoll, da sie im weitesten Sinne als Gesundheitsindikatoren fungieren.

Aufgrund dieser unterschiedlichen Bewertungen einzelner Faktoren stimmen die wichtigsten Kriterien der Partnerwahl zwischen den Geschlechtern wenig überein. In den meisten bisherigen Studien zu Partnerpräferenzen wurden verschiedene Merkmale einzeln abgefragt und verglichen. In Wirklichkeit sind aber viele Eigenschaften und Merkmale in unterschiedlichster Kombination in einzelnen Personen vereint und sollten daher gemeinsam bewertet werden. Mit einem statistischen Verfahren, das ebendies vermag, war es möglich, die kulturellen und Geschlechtsunterschiede in dieser umfassenden Weise zu ermitteln und zu vergleichen [18]. Beim Vergleich von 19 Merkmalen und Eigenschaften fanden amerikanische Psychologen eine Übereinstimmung in den Gesamtbewertungen von Männern und Frauen von lediglich 22,8 %. Umgekehrt ausgedrückt: Mit den Antworten einer Person auf die 19 Fragen („Wie wichtig ist Ihnen „X" bei einem potenziellen Partner?") ist es möglich, deren Geschlecht mit 92 %iger Genauigkeit vorherzusagen. Die interkulturelle Variation – in diesen Studien zwischen Probanden aus 37 Kulturen – in den Angaben ist dagegen ungefähr dreimal kleiner als die Unterschiede zwischen den Geschlechtern. Wenn man die kulturelle Variation und die Geschlechtsunterschiede in einer umfassenden Analyse zueinander in Beziehung setzt, erhält man einen standardisierten Wert, der die relative Bedeutung dieser beiden Faktoren für die Stärke der Variabilität für einzelne Merkmale darstellt. Demnach gibt es für die erwähnten geschlechtsspezifischen Präferenzen den stärksten Geschlechtsunterschied, wohingegen die Präferenz für Gesundheit oder einer ähnlichen politischen Einstellung des Partners sich am wenigsten zwischen Frauen und Männern unterscheidet.

Partnerpräferenzen von Homosexuellen sind bislang wenig; diejenigen von Menschen mit einer anderen nicht rein heterosexuellen Orientierung praktisch gar nicht erforscht. Da die relative Bedeutung von physischer Attraktivität und sozialem Status sich am stärksten zwischen heterosexuellen Frauen und Männern unterscheidet, gibt es in Bezug auf diese beiden Merkmalskomplexe die meisten vergleichenden Daten. In einer niederländischen Studie [19] bewerteten Schwule Attraktivität in einem potenziellen Partner für wichtiger als Lesben. In Bezug auf Ehrgeiz und abgeschlossene Ausbildung gab es aber keine entsprechenden Unterschiede. Allerdings legten Schwule mehr Wert auf ein gutes Gehalt eines potenziellen Partners als Lesben. Insgesamt maßen Lesben in Bezug auf alle untersuchten Merkmale, auch im Vergleich zu Heterosexuellen, absolut die geringsten Werte bei.

Manche Geschlechtsunterschiede in Partnerpräferenzen existieren also auch dann, wenn die Partnersuche nicht primär der Fortpflanzung dient. Die Präferenz für physisch attraktive Partner ist daher nicht (nur) das Resultat der Besessenheit unsere Werbung und sozialen Medien mit weiblicher Schönheit. Die geringe Bedeutung des sozialen Status einer Partnerin für Holländerinnen mag auch mit der vergleichsweise fortgeschrittenen Gleichberechtigung der Geschlechter bei unseren Nachbarn zu tun haben. Inwieweit geschlechtsspezifische Partnerpräferenzen auch sozialem Wandel unterliegen, wäre sicherlich interessant zu untersuchen; zumal die einflussreiche oben erwähnte Studie in den 1980er-Jahren durchgeführt wurde.

3.2.1 Was gibt Dir den Kick?

In Bezug auf die zweite Bedeutung von sexuellen Präferenzen kann die vergleichende Verhaltensbiologie nichts beisteuern: Hier geht es darum, welche sexuellen Vorlieben existieren und gegebenenfalls ausgelebt werden. Diese Vorlieben können sich auf bestimmte Partner, Objekte oder Praktiken beziehen und sind unabhängig von der sexuellen Identität und Orientierung; so kann beispielsweise eine Vorliebe für sexuelle Dominanz oder Unterwerfung sowohl bei heterosexuellen Männern als auch bei homosexuellen Frauen auftreten. In Bezug auf die Häufigkeit verschiedener Vorlieben scheint es aber durchaus Geschlechtsunterschiede zu geben.

An sexuellen Vorlieben gibt es zwar nichts, was es nichts gibt, aber diese Diversität lässt sich in einigen Kategorien zusammenfassen. So existieren zum Teil sehr individuelle Ausprägungen von Fetischismus; sprich einer sexuellen Vorliebe für bestimmte Gegenstände wie Schuhe oder Reizwäsche, welche die sexuelle Erregung befeuern oder befriedigen. Diese bei uns scheinbar weit verbreitete Vorliebe wird bekanntlich jedes Jahr aufs Neue in Kaufhausschaufenstern während der Vorweihnachtszeit bedient. Eine Fixierung auf Urin als sexueller Stimulus wird als Urophilie bezeichnet. Sexuelle Vorlieben für Partner eines bestimmten Alters werden je nachdem als Gerontophilie (Alte), Neotherophilie (wesentlich jüngere Partner) und Pädophilie (Kinder vor der Geschlechtsreife) bezeichnet. Weitere, häufiger auftretende sexuelle Vorlieben für bestimmte Handlungen sind als Exhibitionismus (Zeigen der eigenen Genitalien), Voyeurismus (Beobachtung nackter Personen oder sexueller Handlungen) und Sadomasochismus oder BDSM (Unterwerfung, Schlagen, Fesseln) bekannt; letzteres nicht erst seit dem Erscheinen von *Fifty Shades of Grey*.

Diese Aufzählung verdeutlicht, dass manche dieser Vorlieben öffentlich akzeptiert sind, wohingegen andere zurecht sofort die Polizei auf den Plan rufen. Aber wer bestimmt, was akzeptabel ist und was nicht? Welche sexuellen Vorlieben akzeptiert werden und welche nicht, erfolgt vor allem nach deren Bewertung durch die jeweilige Gesetzgebung, aber auch durch medizinische Einschätzungen sowie durch religiöse und andere kulturelle Normen. Obwohl diese Bewertungen dadurch historisch und zwischen Gesellschaften variieren, gibt es einen weitverbreiteten Konsens, sexuelle Vorlieben, die nicht auf Einvernehmlichkeit, also auf Gewalt, Zwang und Ausnutzung beruhen, als widernatürlich, krank und illegal zu bewerten und diese entsprechend zu ahnden und/oder zu therapieren. In diese Kategorie fielen in Deutschland bis ins letzte Jahrhundert beispielsweise auch noch Selbstbefriedigung und Homosexualität, obwohl sie diese Kriterien eindeutig nicht erfüllen. Gerade in Bezug auf die Bewertung von Homosexualität stellt sich die Situation in etlichen Ländern aber heute noch anders dar. Vor allem in Afrika, wo homosexuelle Handlungen in 31 von 54 Ländern verboten sind, wehren sich nicht nur Bischöfe lautstark gegen Liberalisierungen [20]. Die Bewertung sexueller Präferenzen lässt sich für unsere Spezies also nicht verallgemeinern und ist über Kulturen oder Epochen betrachtet sehr dynamisch.

Die sexuelle Identität hat insofern Auswirkungen auf sexuelle Präferenzen, als dass es in diesem Kontext ausgeprägte Geschlechtsunterschiede gibt. So kommt Exhibitionismus praktisch nur bei Männern vor. Auch Voyeurismus, Fetischismus, Sadismus, Masochismus und Pädophilie treten bei Männern sehr viel häufiger auf. Die möglichen biologischen und gesellschaftlichen Ursachen dieser Unterschiede sind noch wenig verstanden [21]. Wie wir noch sehen werden (Abschn. 4.1), liegt auf Männer aus evolutionsbiologischer Sicht ein viel stärkerer Druck, sexuell möglichst aktiv zu sein, was dazu beitragen könnte, dass sie häufiger einschlägige prägende Erfahrungen machen. Die biologischen Grundlagen sexueller Vorlieben sind ebenfalls noch wenig verstanden; aber egal ob ihnen eine genetische Präferenz und/oder individuelles Lernen zugrunde liegt: Sie werden in jedem Fall vom stärksten Belohnungssystem des menschlichen Gehirns durch die Ausschüttung entsprechender „Glückshormone" (vor allem Dopamin) belohnt. Da diese körpereigenen Stoffe ähnlich starke Wirkungen haben wie Heroin oder Kokain, können gesellschaftliche Normen zwar definieren, was normal oder akzeptabel ist und was nicht, aber gegen das Belohnungssystem im Gehirn kommen sie genauso wie die sie unterstützenden Therapien in vielen Fällen nicht an. In jedem Fall liefern die sexuellen Vorlieben ein weiteres Beispiel dafür, wie sehr menschliches Sexualverhalten von Biologie und Kultur gleichermaßen geformt wird. Auf die dafür relevanten Theorien und Erklärungen [22] komme ich in einem späteren Kap. 9 genauer zu sprechen.

Literatur

1. https://georgewbush-whitehouse.archives.gov/news/releases/2004/02/20040224-2.html
2. Parker GA, Birkhead TR (2013) Polyandry: The history of a revolution. Philos Trans R Soc Lond B 368(1613):20120335
3. Vasey PL (2017) Homosexual behavior. The International Encyclopedia of Primatology. https://doi.org/10.1002/9781119179313.wbprim0180
4. Ben Mocha Y (2020) Why do human and non-human species conceal mating? The cooperation maintenance hypothesis. Proc R Soc B 287(1932):20201330
5. www.daliaresearch.com (nicht mehr aktiv; das Berliner Start-up-Unternehmen scheint bei der Drucklegung 2025 nicht mehr zu existieren)
6. Goethe VE, Angerer H, Dinkel A, Arsov C, Hadaschik B, Imkamp F, Gschwend JE, Herkommer K (2018) Concordance and discordance of sexual identity, sexual experience, and current sexual behavior in 45-year-old men: Results from the German male sex-study. Sex Med 6(4):282–290
7. Ward BW, Dahlhamer JM, Galinsky AM, Joestl SS (2014) Sexual orientation and health among U.S. adults: National health interview survey, 2013. Natl Health Stat Rep 77:1–10
8. Bailey JM, Dunne MP, Martin NG (2000) Genetic and environmental influences on sexual orientation and its correlates in an Australian twin sample. J Pers Soc Psychol 78(3):534–536
9. Ganna A, Verweij KJH, Nivard MG, Maier R, Wedow R, Busch AS, Abdellaoui A, Guo S, Sathirapongsasuti JF, Lichtenstein P, Lundström S, Långström N, Auton A, Harris KM, Beecham GW, Martin ER, Sanders AR, Perry JRB, Neale BM, Zietsch BP (2019) Large-scale GWAS reveals insights into the genetic architecture of same-sex sexual behavior. Science 365(6456):eaat7693
10. Jabbour J, Holmes L, Sylva D, Hsu KJ, Semon TL, Rosenthal AM, Safron A, Slettevold E, Watts-Overall TM, Savin-Williams RC, Sylla J, Rieger G, Bailey JM (2020) Robust evidence for bisexual orientation among men. Proc Natl Acad Sci USA 117(31):18369
11. Diamond LM (2016) Sexual fluidity in male and females. Curr Sex Health Rep 8(4):249–256
12. Diamond LM (2008) Sexual fluidity: Understanding women's love and desire. Harvard University Press, Cambridge, MA
13. Diamond LM (2008) Female bisexuality from adolescence to adulthood: Results from a 10-year longitudinal study. Dev Psychol 44(1):5–14
14. Kanazawa S (2017) Possible evolutionary origins of human female sexual fluidity. Biol Rev 92(3):1251–1274
15. Diamond LM (2007) The evolution of plasticity in female-female desire. J Psychol Hum Sex 18(4):245–274
16. Buss DM (1989) Sex differences in human mating systems: Evolutionary hypothesis tested in 37 cultures. Behav Brain Sci 12(1):1–14
17. Kulie T, Slattengren A, Redmer J, Counts H, Eglash A, Schrager S (2011) Obesity and women's health: An evidence-based review. J Am Board Fam Med 24(1):75–85
18. Conroy-Beam D, Buss DM, Pham MN, Shackelford TK (2015) How sexually dimorphic are human mate preferences? Pers Soc Psychol Bull 41(8):1082–1093
19. Ha T, van den Berg JE, Engels RC, Lichtwarck-Aschoff A (2012) Effects of attractiveness and status in dating desire in homosexual and heterosexual men and women. Arch Sex Behav 41(3):673–682

20. https://www.msn.com/de-ch/nachrichten/other/die-afrikaner-sind-ein-sonderfall-der-papst-bes%C3%A4nftigt-afrikas-bisch%C3%B6fe-die-gegen-die-segnung-homosexueller-paare-sturm-laufen/ar-BB1hJUjG
21. Möller-Leimkühler AM (2005) Geschlechtsrolle und psychische Erkrankung. J Neurol Neurochir Psychiatr 6(3):29–35
22. Savolainen V, Bailey NW, Diamond L, Swift-Gallant A, Gavrilets S, Raymond M, Verweij KJH (2024) A broader cultural view is necessary to study the evolution of sexual orientation. Nat Ecol Evol 8(2):181–183

# Warum unterscheiden sich die Geschlechter? 4

4.1 Geschlechterrollen aus evolutionsbiologischer Sicht

Welche Konsequenzen ergeben sich aus der Existenz von unterschiedlichen Geschlechtern für das Verhalten von weiblichen und männlichen Individuen bzw. für Männer und Frauen? Die entsprechenden biologisch relevanten geschlechtsspezifischen Verhaltenstendenzen werden in der Biologie als Geschlechterrollen [1] und in den Sozialwissenschaften als Geschlechtsstereotype bezeichnet [2]. Sie definieren ganz allgemein, wie Individuen mit Mitgliedern des eigenen Geschlechts umgehen, wie sie sich gegenüber Mitgliedern des anderen Geschlechts verhalten und welche Rollen die Mitglieder beider Geschlechter bei der Aufzucht des Nachwuchses einnehmen. Die Existenz von Geschlechterrollen impliziert also das Vorhandensein von Geschlechtsunterschieden in Bezug auf diese wichtigen Bereiche des Sozialverhaltens. Geschlechtsspezifisches Verhalten äußert sich vor allem darin, ob und wie Individuen mit Gleichgeschlechtlichen kooperieren und konkurrieren und wie weibliche und männliche Individuen miteinander interagieren. Im Mittelpunkt der Funktion dieser Umgangsformen steht aus evolutionärer Sicht letztendlich die erfolgreiche Fortpflanzung. Der Fortpflanzungserfolg, relativ zu anderen Artgenossen, definiert dabei zusammen mit der Fähigkeit, möglichst lange erfolgreich zu überleben, die biologische Fitness – die Grundwährung der Evolution.

4.1.1 Geschlechterrollen bei Tieren

Das geschlechtsspezifische Verhalten bei der Jungenfürsorge variiert bei Tieren mehr zwischen als innerhalb von Arten und wird sowohl durch die Notwendigkeit als auch die Möglichkeiten der elterlichen Fürsorge bestimmt. Diese Variation zwischen Arten ist vornehmlich darin begründet, ob Eier oder lebende Nachkommen produziert werden und welche Form der Fürsorge deren Überleben zuträglich ist. Viele wirbellose Tiere produzieren Eier, die einfach sich selbst überlassen bleiben; hier endet die elterliche Fürsorge bestenfalls mit der Wahl eines geeigneten Platzes für die Eiablage und es gibt dementsprechend kaum ausgeprägte Geschlechtsunterschiede im elterlichen Verhalten. Bei vielen Arten werden die Eier aber nach der Ablage auch noch beschützt oder bebrütet, bis die Nachkommen schlüpfen. Tiere, die lebende Nachkommen zur Welt bringen, können diese ebenfalls entweder sich selbst überlassen oder der Nachwuchs profitiert von zusätzlicher Fürsorge in Form von Schutz, Wärme und Futter. Bei nesthockenden Vögeln und Säugetieren ist diese zusätzliche Form der elterlichen Fürsorge obligat.

Für das Verständnis von Geschlechterrollen im Kontext der Jungenaufzucht ist entscheidend, ob eine bestimmte Form der elterlichen Fürsorge nur von einem oder prinzipiell von beiden Eltern übernommen werden kann. Bei Vögeln kann das Brüten der Eier und das Füttern der Jungen von beiden Eltern übernommen werden; dementsprechend gibt es Arten, bei denen diese Aufgaben nur von den Weibchen, nur von den Männchen oder von beiden wahrgenommen werden. Ähnliches gilt für diejenigen Fische, bei denen elterliche Fürsorge existiert. Bei Säugetieren ist es aufgrund der physiologischen Zwänge der Trächtigkeit bzw. Schwangerschaft und der anschließenden Laktation aber so, dass diese Funktionen obligat und exklusiv den Weibchen zufallen. Warum Milchdrüsen auf weibliche Säugetiere beschränkt sind, ist dabei nicht wirklich verstanden; zumindest zeigen zwei bekannte Ausnahmen (bei tropischen Fledermäusen [3]), dass es prinzipiell nicht unmöglich ist, Männchen mit funktionierenden Milchdrüsen auszustatten. Der grundlegende Bauplan einer Art steckt also den Rahmen der möglichen und notwendigen Form der Jungenfürsorge fest. Diese Zwänge haben aber auch wichtige Konsequenzen für Geschlechterrollen im Umgang mit Mitgliedern des eigenen und des anderen Geschlechts.

4.1.2 Theorie statt Praxis: Sexuelle Selektion

Die Theorie der sexuellen Selektion liefert das Rüstzeug für eine evolutionsbiologische Erklärung dieser Geschlechtsunterschiede im Sozialverhalten. In *Der Ursprung der Arten* präsentierte Charles Darwin 1859 seine Theorie der natürlichen Auslese, die sich mit der Frage beschäftigte, wie verschiedene Merkmale zum Überleben ihrer Träger beitragen. Ihm war dabei wohl bewusst, dass es im Tierreich zahlreiche Beispiele für Merkmale gibt, die bei Männchen und Weibchen unterschiedlich ausgeprägt sind und dem Überleben ihrer Träger nicht offensichtlich förderlich sind. Es handelt sich dabei vor allem um morphologische Merkmale, die entweder nur bei Männchen anzutreffen sind oder bei Männchen stärker, größer, bunter oder sonst wie auffälliger ausgeprägt sind. Um die Evolution dieser Merkmale zu erklären, erweiterte Darwin seine Theorie um den Mechanismus der sexuellen Selektion [4]. Ihm ging es dabei nicht um eine Erklärung von Geschlechtsunterschieden in den primären Geschlechtsmerkmalen, sprich den Genitalien und anderen Organen, die unmittelbar an der Fortpflanzung beteiligt sind, sondern um alle anderen erblichen Merkmale der Morphologie, Physiologie und des Verhaltens, die im Kontext der Fortpflanzung wirksam sind und dazu beitragen, dass manche Individuen einen größeren Fortpflanzungserfolg haben als andere Mitglieder desselben Geschlechts.

Darwin unterschied zwei grundlegende Prozesse der sexuellen Selektion. Zum einen *„der Kampf zwischen den Mitgliedern desselben Geschlechts, in der Regel den Männchen, mit dem Ziel, Rivalen zu verjagen oder zu töten, wobei die Weibchen passiv bleiben; zum anderen gibt es ebenfalls einen Wettbewerb zwischen den Mitgliedern desselben Geschlechts, der das Ziel hat, die Mitglieder des anderen Geschlechts zu erregen oder zu bezirzen, in der Regel die Weibchen, die daraufhin nicht länger passiv bleiben, sondern die gefälligen Partner wählen"* [5]. Diese heute „klassisch" genannten Geschlechterrollen schreiben den Männchen also eine sehr aktive Rolle dabei zu, Rivalen entweder auszustechen oder zu übertrumpfen, wohingegen Weibchen bestenfalls bestimmte Partner wählen. Selbst diese scheinbar eher passive Rolle der Weibchen im Kontext der Fortpflanzung stieß im viktorianischen Königreich auf heftige Empörung, da sie – auf den Menschen bezogen – den kulturellen Geschlechterrollen Englands dieser Epoche widersprach.

Die Theorie der sexuellen Selektion wurde erst in den 1930er-Jahren ernsthaft als Forschungsthema aufgegriffen, aber es dauerte bis 1948 bevor erstmals ein Experiment durchgeführt wurde, um die Grundlage der von Darwin postulierten Geschlechtsunterschiede zu untersuchen. Der britische Genetiker Angus Bateman brachte dazu jeweils vier männliche und vier weibliche Fruchtfliegen, die sich in äußerlich manifestierten, erblichen Merkmalen unterschieden, für ein paar Tage zusammen und zählte anschließend die Nachkommen jedes Individuums [6]. Dabei fand er heraus, dass der individuelle Fortpflanzungserfolg zwischen männlichen Fliegen sehr viel variabler war als der zwischen Weibchen. Das heißt die weiblichen Fruchtfliegen produzierten alle ungefähr gleich viele Nachkommen, aber bei den Männchen gab es sowohl welche, die kein einziges Ei befruchteten, als auch andere, die mit allen Weibchen in ihrer kleinen Versuchskammer Nachwuchs zeugten.

Der Fortpflanzungserfolg der Männchen wird demnach durch die Zahl der Weibchen limitiert, die sie befruchten können, wohingegen die Zahl der produzierten und befruchteten Eier der Weibchen nicht von der Zahl ihrer Paarungspartner abhängt. Männchen können ihren Fortpflanzungserfolg durch zusätzliche Paarungen immer weiter und viel schneller als Weibchen steigern, denen dagegen die Spermien aus einem Ejakulat reichen, um alle ihre Eier zu befruchten. Die Zahl der Nachkommen von Weibchen wird also primär durch die Zahl ihrer Eier begrenzt, wobei die Eiproduktion letztendlich durch den Zugang zu Nahrung bestimmt wird. Heute weiß man, dass Weibchen durchaus auch Vorteile aus Paarungen mit mehr als einem Männchen beziehen können. Sie können so beispielsweise die genetische Diversität unter ihren Jungen erhöhen oder deren Risiko, von einem nicht gewählten Männchen getötet zu werden, verringern, aber die Zahl der Nachkommen wird durch Mehrfachpaarungen nicht grundsätzlich erhöht. Obwohl es auch alternative Erklärungen für Geschlechtsunterschiede im Fortpflanzungserfolg gibt und aus heutiger Sicht das experimentelle Design von Bateman einige methodische Schwächen aufweist, wurde der Geschlechtsunterschied in der Beziehung zwischen der Anzahl der Paarungen und Anzahl der Nachkommen seither bei vielen anderen Arten gezeigt [7]. Dieses sogenannte Bateman'sche Prinzip stellt daher heutzutage einen der Grundpfeiler der sexuellen Selektionstheorie dar.

4.1.3 Elterliches Investment und 69 Kinder

Aber warum unterscheiden sich die Geschlechter gerade so? Warum gibt es diesen Unterschied überhaupt oder warum verläuft er nicht genau anders herum? Um diese Frage zu beantworten, bedurfte es der Einsicht des amerikanischen Evolutionsbiologen Robert Trivers, dass dieser Geschlechtsunterschied letztendlich auf das unterschiedliche elterliche Investment von Männchen und Weibchen zurückzuführen ist. Elterliches Investment definierte er als *„jegliches Investment in die Nachkommen, das deren Überlebenschancen vergrößert, aber gleichzeitig die Fähigkeit des Elters beschränkt in andere Nachkommen zu investieren"* [8]. Eltern müssen sich demnach entscheiden (nicht bewusst, sondern im Sinne einer evolutionären Strategie), ob sie ihre verfügbare Energie in ihren aktuellen oder zukünftigen Nachwuchs investieren. Wenn sich die Geschlechter in ihrem durchschnittlichen elterlichen Investment unterscheiden – und das fängt bekanntlich schon bei der Produktion von Eiern und Spermien an – sollten die Mitglieder des Geschlechts, das weniger in den Nachwuchs investiert, untereinander um Zugang zu Mitgliedern des anderen Geschlechts konkurrieren, da zu jedem Zeitpunkt statistisch gesehen mehr von ihnen für weitere Paarungen bereit sind.

Am Beispiel der uns vertrauten Säugetiere lässt sich dieses Prinzip gut veranschaulichen. In eine erfolgreiche Paarung investiert ein Männchen neben dem Ausstechen von Rivalen zunächst nur etwas Zeit und ein Ejakulat. Das Weibchen stellt die Eier zur Befruchtung bereit, aber diese entwickeln sich im Körper der Mutter für die kommenden Wochen, Monate oder gar Jahre bis zur Geburt weiter. Danach werden die Jungen nochmal für einen artspezifischen Zeitraum gestillt. Während dieser Zeit werden bei vielen Arten über einen physiologischen Mechanismus zudem weitere Eisprünge unterbunden. Im Extremfall – bei Orang-Utans – dauert diese Phase der obligaten mütterlichen Investition, in der sie kein weiteres Jungtier produzieren kann, mehr als 7 Jahre [9]! Und sie resultiert in einem einzigen Nachkommen für das Weibchen. In einer Population nimmt also immer ein Teil der Weibchen eine lange Auszeit vom Paarungsgeschehen. Die Männchen sind dagegen theoretisch schon mehr oder weniger rasch nach ihrer Ejakulation für die nächste Verpaarung bereit, und es gibt daher im Durchschnitt in Populationen mit gleich vielen Männchen und Weibchen zumeist mehr paarungsbereite Männchen als Weibchen. Das erklärt also, warum die Fortpflanzungskonkurrenz zwischen Männchen häufiger und intensiver ist.

Ein erfolgreiches Orang-Utan-Männchen könnte also in der Zeit, in der ein Weibchen ein Jungtier aufzieht, theoretisch Hunderte von weiteren Nachkommen zeugen; die tatsächliche Zahl wird aber letztendlich durch die sehr viele geringere

Zahl an fortpflanzungsbereiten Weibchen in seinem Territorium bestimmt. Aufgrund dieses Prinzips wird auch Ismael dem Schrecklichen zugeschrieben, in seinem Harem 888 Kinder gezeugt zu haben – so viel wie kein anderer Mann [10]. Die größte Zahl an Kindern, die eine Frau zur Welt gebracht haben soll, beträgt dagegen 69 – ja, neunundsechzig! Frau Vassilyev hat diesen mutmaßlichen Rekord mit 4 Vierlings-, 7 Drillings- und 16 Zwillingsgeburten aufgestellt [11]. Ob diese konkreten Zahlen tatsächlich stimmen, sei dahingestellt [10]. Männer geben übrigens auch an, im Laufe ihres Lebens im Durchschnitt mit doppelt so vielen Frauen Sex gehabt zu haben wie die Frauen (14,1 vs. 7,1), obwohl die Zahlen in derselben Befragung identisch sein sollten [12]. Wenn man 0,1 % der extremsten Angaben weglässt, reduziert sich der durchschnittliche Unterschied zwischen den Geschlechtern allerdings um die Hälfte – mit manchen Männern ist bei dieser Befragung also eindeutig die Fantasie durchgegangen.

Die Größenordnungen dieser Geschlechtsunterschiede reflektieren aber das Grundprinzip, dass der potenzielle Fortpflanzungserfolg bei Männern um ein Mehrfaches höher ist als bei Frauen. Dieses Grundprinzip lässt sich in dieser extremen Form natürlich nur dann verallgemeinern, wenn Männchen außer ihren Spermien nichts weiter zur Fortpflanzung beitragen. Es gibt aber auch Szenarien, bei denen Männchen durch zusätzliches väterliches Investment in den aktuellen Nachwuchs deren Überleben und damit ihren eigenen Fortpflanzungserfolg verbessern können. Solch intensives väterliches Investment findet sich bei etlichen Fischen, den allermeisten Vögeln und bei vielen monogamen Säugetieren; also in der Regel in Fällen, in denen die Männchen eine hohe Vaterschaftssicherheit haben.

Die klassischen Geschlechterrollen sind allerdings nicht am Geschlecht *per se* festgemacht, sondern scheinen sich tatsächlich am elterlichen Investment zu orientieren. Bei manchen Teichhühnern oder Seepferdchen investieren beispielsweise die Männchen mehr Zeit und Energie in das Wohlergehen der Nachkommen und bei ihnen sind die klassischen Geschlechterrollen auch im Paarungsverhalten tatsächlich vertauscht. Der grundlegende Unterschied in der Gametengröße verdammt die Geschlechter also nicht dazu, sich sklavisch an eine der klassischen Geschlechterrollen zu halten! Die Art der Fortpflanzung und die sich daraus ergebenden Möglichkeiten und Zwänge der geschlechtsspezifischen elterlichen Fürsorge sowie die Stärke des Geschlechtsunterschieds im Zusammenhang zwischen Paarungs- und Fortpflanzungserfolg sind in diesem Zusammenhang relativ bedeutsamer. Diese Faktoren variieren übrigens vor allem zwischen Arten und nicht zwischen Artgenossen, da die Mitglieder einer bestimmten Art alle mit derselben biologischen Grundausstattung versehen sind.

Die sexuelle Selektionstheorie hat historisch gesehen also die beiden klassischen Geschlechterrollen des wählerischen und eher zurückhaltenden Weibchens sowie des allzeit bereiten und kompetitiven Männchens hervorgebracht. Seither haben wir viel darüber gelernt, warum diese Geschlechterrollen existieren und warum es darin deutliche Unterschiede zwischen verschiedenen Arten gibt. Eine wichtige Erkenntnis der Forschung der vergangenen zwei Jahrzehnte besteht aber auch darin, dass Weibchen (natürlich!) auch untereinander um Fortpflanzungsgelegenheiten konkurrieren und Männchen (natürlich!) auch wählerisch sein können. Können wir mit diesen evolutionsbiologischen Grundlagen jetzt aber auch die Grundzüge von menschlichen Geschlechterrollen erklären oder gibt es dafür (bessere) Alternativen?

4.2 Geschlechterstereotype aus sozialwissenschaftlicher Sicht

Im Gegensatz zur Darwin'schen Evolutionstheorie gibt es keine alternative sozialwissenschaftliche Theorie zur Erklärung von Geschlechterrollen aus einem Guss oder einer Feder. Stattdessen lassen sich zwei grundsätzliche Erklärungsansätze unterscheiden, die entweder auf religiösen Legenden oder kulturellem Determinismus beruhen.

4.2.1 Gottgewollte Unterschiede

Die ältesten und einflussreichsten Erklärungen für menschliche Wesenszüge entstammen religiösen Schöpfungslegenden. So erklärt in unserem Kulturkreis die christliche Bibel, wie Adam und Eva in die Welt kamen. Hier (z. B. 1. Timotheus 2, 12-14) wurde eindeutig klargestellt, wie die Rollen verteilt zu sein haben: *„Einer Frau gestatte ich nicht, dass sie lehre, auch nicht, dass sie über den Mann Herr sei, sondern sie sei still. Denn Adam wurde zuerst gemacht, danach Eva. Und Adam wurde nicht verführt, die Frau aber hat sich zur Übertretung verführen lassen."* Diese Rollenverteilung ist also die Schuld der Frauen und Gottes Wille. Und für wen Stillsein noch etwas vage ist bekommt bei Paulus (Epheser 5, 21-14) eine klare Ansage: *„Ordnet euch einander unter, wie es die Furcht vor Christus verlangt: Die Frauen seien ihren Ehemännern untertan, als gälte es dem Herrn; denn der Mann ist das Haupt der Frau, ebenso wie Christus das Haupt der Gemeinde ist, er freilich ist (zugleich) der Retter seines Leibes; dennoch, wie die Gemeinde (dem Herrn) Christus untertan ist, so sollen es auch die Frauen ihren Männern in jeder Beziehung sein."*

Vergleichbare Stellen finden sich auch im Koran (z. B. Sure 4:34): *„Die Männer stehen über den Frauen, weil Gott sie ausgezeichnet hat und wegen der Ausgaben, die sie von ihrem Vermögen gemacht haben. ... Und wenn ihr fürchtet, dass Frauen sich auflehnen, dann vermahnt sie, meidet sie im Ehebett und schlagt sie! Wenn sie euch (daraufhin wieder) gehorchen, dann unternehmt (weiter) nichts gegen sie! Gott ist erhaben und groß."* In diesem Fall gibt es wenigstens Interpretationsspielräume bei der Übersetzung aus dem Arabischen [13], aber die heutige Wirklichkeit, vor allem in sunnitischen Staaten, weicht doch stark von der an anderer Stelle im Koran propagierten Gleichberechtigung von Mann und Frau ab. Aus dieser umstrittenen Sure leiten viele die Pflicht der Ehefrau zum Gehorsam gegenüber ihrem Ehemann ab. Diese Pflichten beinhalten die Führung des Haushalts, die Kindererziehung, aber auch das Ersuchen um Erlaubnis, falls sie arbeiten oder reisen möchte. Falls der Ehemann seinen Pflichten zum Unterhalt nicht nachkommt, kann die Frau ihm aber ihren Gehorsam verweigern.

Auch im Hinduismus sind Frauen ihren Männern untergeordnet und müssen von ihnen beschützt und kontrolliert werden. Lediglich im Buddhismus scheint die Gleichberechtigung der Geschlechter am wenigsten missachtet zu werden. In den großen Weltreligionen gibt es daher zumeist klare geschlechtsspezifische Rollenvorstellungen. Die sexistische Zweiklassengesellschaft der Religionen äußert sich nicht zuletzt darin, dass die religiösen Führungsämter allesamt und ausschließlich von Männern besetzt sind (die protestantischen Leser:innen mögen mir an dieser Stelle vergeben, dass ich sie mit in einen Topf werfe und die seit 1918 in der Schweiz und seit 1958 in Deutschland existierende diesbezügliche Fortschrittlichkeit der Frauenordination hier zugunsten einer Pauschalisierung unterschlage).

Unterschiede zwischen Mann und Frau sowie deren geschlechtsspezifische Rollen und Aufgaben sind demnach also letztendlich gottgewollt und daher eigentlich unverrückbar. Damit liefert der kulturelle Einfluss der Religion einen Erklärungsansatz für existierende Muster sexueller Diskriminierung – übrigens auch für die Verdammung sexueller Präferenzen und Praktiken, die von der heterosexuellen Norm abweichen. Das Problem mit dieser Erklärung ist nun nicht nur, dass damit von religiösen Mitmenschen die Rückkehr der Frau an den Herd oder Schlimmeres begründet wird, sondern auch, dass es bekanntlich mehrere Religionen gibt. Da sich Menschen trotz jahrtausendelanger Diskussionen, Kriege, Verfolgungen und Unterdrückungen bislang nicht darauf einigen konnten, welche Religion denn nun die einzige und wahre ist, bleibt es jedem selbst überlassen, sich eine auszusuchen und daran zu glauben. Für diejenigen, die in einem toleranten sozialen Umfeld diese Option überhaupt haben, mag das propagierte Geschlechterbild der verschiedenen Religionen dabei ein Kriterium bei der Auswahl sein. In Bezug auf objektive Erklärungen und Wahrheitsfindung kommen wir hier aber nicht weiter, da sich Religionen aufgrund ihrer existierenden Vielfalt der objektiven wissenschaftlichen Überprüfung der Rechtmäßigkeit ihrer jeweiligen Geschlechterbilder entziehen.

4.2.2 Zwei unbeschriebene Blätter

Wenn man nicht an eine der religiösen Legenden glaubt, richtet sich der Blick bei der Suche nach einer alternativen, säkularen Theorie auf die Sozialwissenschaften, die sich mit Untersuchungen des menschlichen Verhaltens (Psychologie) und gesellschaftlicher Prozesse (Soziologie) beschäftigen. Im interdisziplinären Ansatz der *Gender Studies,* der auch Elemente der Kultur- und Geisteswissenschaften berücksichtigt, werden im deutschsprachigen Raum seit Ende der 1990er-Jahre zudem gezielt Fragen nach Rollen, Stereotypen, Beziehungen und Unterschieden der Geschlechter untersucht. Die Gemeinsamkeit dieser Forschungsansätze besteht darin, dass sie das Geschlecht als überwiegend oder komplett sozial geprägtes Phänomen betrachten. Der diesem Ansatz zugrunde liegende vergleichsweise neue Erklärungsansatz eines kulturellen Determinismus geht dabei von der Annahme aus, dass Menschen sich insofern grundsätzlich von Tieren unterscheiden, als dass sie sich aufgrund ihrer Intelligenz und kulturellen Errungenschaften den Wirkkräften der Evolution weitestgehend entzogen haben. Es gibt unterschiedlich radikale Versionen dieser Idee und – je nachdem, wie extrem diese Position formuliert wird – basiert menschliches Verhalten auf keiner oder höchstens einer minimalen biologischen Grundlage. Stattdessen werden unser Wesen und unser Verhalten – also auch die geschlechtstypischen Verhaltensmuster – demnach weitestgehend durch Lernen und Erfahrung – und nicht durch biologische Anlagen – geformt.

Die wissenschaftliche Wurzel dieser Idee stammt ironischerweise von einem der Gründungsväter der Verhaltensbiologie. Der US-amerikanische Psychologe James Watson war einer der ersten Wissenschaftler, der die Lernfähigkeit von Tieren systematisch untersuchte. Er war offenbar so begeistert von seiner Fähigkeit, Ratten und Tauben darauf zu dressieren, alle möglichen Aufgaben zu lösen, dass er auch dem Menschen eine scheinbar unbegrenzte Lernfähigkeit zuschrieb. In seinen Worten klingt der Begründer des Behaviorismus so: *„Geben Sie mir ein Dutzend gesunde Kinder und eine eigene, von mir zu spezifizierende Umwelt, in der ich sie heranwachsen lassen kann, dann garantiere ich Ihnen, dass ich aus jedem zufällig ausgewählten Kind einen Spezialisten machen kann; Arzt, Anwalt, Händler, aber auch Bettler oder Dieb, unabhängig von den jeweiligen Talenten, Neigungen, Tendenzen, Fähigkeiten, Begabungen oder der Rasse seiner Vorfahren"* [14]. Nach der radikalsten Version des Behaviorismus wäre also unser Gehirn – bildlich gesprochen – bei der Geburt ein unbeschriebenes Blatt, auf das nur durch Umwelteinflüsse – vor allem durch individuelles und soziales Lernen – nach und nach Inhalte aufgetragen werden. Zudem spielen Emotionen und andere innere Faktoren bei der Steuerung von Verhaltensweisen für Behaviorist:innen keine Rolle. Eine radikale logische Schlussfolgerung daraus besagt daher, dass menschliches Verhalten in keiner Weise durch biologische Prozesse, wie zum Beispiel genetische Veranlagungen, „vorbelastet" sei.

Diese Annahme liegt auch der aktuellen sozial- und kulturwissenschaftlichen Geschlechterforschung zugrunde. Feministische Theoretiker:innen haben die Bedeutung der Sozialisierung bei der Ausbildung von Geschlechterunterschieden und sexuellen Präferenzen von Beginn an in den Mittelpunkt ihrer Überlegungen gestellt. Als theoretischer Impulsgeber der Gender Studies gilt das Werk von Simone de Beauvoir, die postulierte: *„man kommt nicht als Frau zur Welt, sondern man wird es"* [15]. Trotzdem kam es interessanterweise zu keiner Verschmelzung behavioristischer und feministischer Theorien, obwohl beide grundsätzlich die Erlernbarkeit und Veränderbarkeit von Geschlechtlichkeit und sexueller Orientierung postulierten [16]. So hatte Watson zwar auch verkündet, dass *„Dadurch, dass ich ihn (den Hund) nur mit männlichen Hunden spielen ließ und ihn bestrafte, wenn er versuchte, ein Weibchen zu besteigen, machte ich ihn homosexuell"* [14], aber für ihn war Heterosexualität die Grundeinstellung, die nicht erklärungsbedürftig sei. Auch andere einflussreiche Begründer des Behaviorismus, wie Edward Thorndike und Burrhus Skinner, sparten verwandte Themen, wie geschlechtsspezifisches Sexualverhalten, Fürsorge und Aggression, willkürlich aus den Verhaltensbereichen aus, die durch Veränderlichkeit charakterisiert sind [16].

4.2.3 Was sagt die Psychologie?

In der aktuellen (Persönlichkeits-)Psychologie gibt es daher mehrere theoretische Erklärungsansätze für geschlechtsspezifisches Verhalten. Die klassische Erklärung von Sigmund Freund, wonach Ödipuskomplex bzw. Penisneid die Entwicklung von Geschlechterrollen antreiben, ist inzwischen widerlegt und spielt in der praktischen Forschung keine Rolle mehr [17]. Lerntheoretische Erklärungsansätze postulieren, dass geschlechtsspezifische Verhaltensweisen von Mädchen und Jungen durch elterliche Bekräftigung und kindliche Imitation der elterlichen Vorbilder geformt und bestärkt werden, aber für diese Mechanismen gibt es nur schwache empirische Unterstützung [17]. Daher ist der Einfluss von Eltern und Pädagog:innen auf die Entwicklung geschlechtstypischer Verhaltensweisen wohl relativ gering. Die auf Imitation und Bekräftigung basierenden Erklärungen können außerdem nicht erklären, warum Geschlechtsunterschiede überhaupt existieren; sie erklären nur, wie sie weitergegeben werden könnten. Kognitive Erklärungsansätze, welche die Wahrnehmung der eigenen Geschlechtskonstanz – also „ich gehöre einem Geschlecht an und daran ändert sich nichts" – als treibende Kraft der sich stetig verstärkenden Auskristallisierung geschlechtsspezifischer Verhaltensmuster betrachten, sind ebenfalls empirisch nur wenig belegt [17]. Außerdem hat dieser Ansatz auch keine Erklärung für den Ursprung der Geschlechterstereotype anzubieten.

Kulturpsychologische Erklärungsansätze suchen über verschiedene Kulturen hinweg nach ähnlich ausgeprägten Geschlechtsunterschieden und setzten diese zu den jeweiligen ökologischen Bedingungen in Beziehung. Hierbei spielen existierende körperliche Unterschiede eine wichtige Rolle, da diese unterschiedlichen, ökologisch angepassten Geschlechtsunterschiede in der Arbeitsteilung bei der Nahrungsbeschaffung bedingen. Je nach Kultur entstehen daraus weitere kulturelle Regeln, die unter anderem die Hierarchie der Geschlechter betreffen. Biologische Faktoren spielen hier nur in Bezug auf körperliche Merkmale eine Rolle; soziale und psychologische Geschlechtsunterschiede werden dagegen letztendlich durch lerntheoretische Ansätze erklärt. Der vielversprechendste Ansatz zur Erklärung von Geschlechterunterschieden besteht daher darin, diese Ansätze mit dem evolutionsbiologischen Ansatz zu einem integrativen Modell zu verbinden [18], das hormonelle und neuronale Prozesse mitberücksichtigt. Für einfache und eindimensionale Erklärungen sieht es also nicht gut aus.

4.2.4 Gender Studies: It's complicated

Was sagen die Sozialwissenschaften? Im Unterschied zu den anderen Disziplinen fanden in der sozialwissenschaftlichen Geschlechterforschung feministische Theorien nachhaltig Anklang; nicht zuletzt wegen der eingangs angesprochenen politischen Dimensionen und Konsequenzen von Geschlechteridentitäten. Hier ist es allerdings deutlich schwieriger (zumindest für mich), einen kohärenten und umfassenden theoretischen Erklärungsansatz zu erkennen. Im Mittelpunkt vieler Überlegungen und Publikationen aus diesem Bereich liegen die Konstruktion des Genderbegriffs sowie seine politischen und sozialen Konsequenzen. Zentral ist dabei die Abgrenzung von biologischen Phänomenen und Erklärungen. Zwei deutsche Expertinnen – Mechthild Bereswill und Gudrun Ehlert – haben diesen Ansatz in einem aktuellen Artikel auf den Punkt gebracht, aus dem ich ausführlich zitieren möchte [19].

Demnach sind *„Verhaltensweisen, Persönlichkeitseigenschaften und Identitätsentwürfe von Menschen nicht das Resultat einer ganz bestimmten biologischen Ausstattung, sondern Ausdruck ihrer fortlaufenden Vergesellschaftung, die auch Vergeschlechtlichung bedeutet"*.

„Diese Perspektive auf Sozialisationsprozesse steht in scharfem Kontrast zu Auffassungen, die den Menschen als biologisch und evolutionär determiniertes, wenngleich lernfähiges Wesen konzipieren, soziales Verhalten in letzter Konsequenz aus dessen ‚biologischer Natur' ableiten und von einem ‚Anlage-Umwelt-Verhältnis' ausgehen."

„Für die sozialwissenschaftliche Geschlechterforschung handelt es sich bei solchen Argumentationen um die Naturalisierung sozialer Phänomene, deren Komplexität auf einen Kausalzusammenhang reduziert wird".

„Die unterkomplexe Argumentation, gesellschaftliche Phänomene naturwissenschaftlich zu begründen, unterläuft zudem generelle sozialwissenschaftliche Auffassungen von Vergesellschaftung".

Bis hierher können wir also festhalten, dass biologische Erklärungen unangebracht und vereinfachend seien sowie die Komplexitäten der menschlichen Vergesellschaftung nicht hinreichend erklären können.

Wie sieht also die alternative Erklärung aus? *„Geschlecht ist demnach keine persönliche Eigenschaft, sondern ein gesellschaftlicher Strukturgeber, eine Ordnungskategorie und eine konflikthafte Identitätskategorie."* Okay – das hört sich in der Tat komplex an. Wie kommt es also dazu; was passiert bei der Vergesellschaftung? Die Geschlechterforschung geht demnach nicht davon aus, dass *„diese Unterschiede ... über einen spezifischen Erziehungs- oder Interaktionsstil unmittelbar ‚in das Kind' (gelangen). Diese Differenzierung (es gibt keine eindeutigen Unterschiede zwischen den Geschlechtern) ist bis heute von großer Bedeutung, um unterkomplexe Vorstellungen der Übernahme von Rollen oder der Identifikation mit gleichgeschlechtlichen Vorbildern zu vermeiden"*. Es passiert also scheinbar mehr, als von den Bekräftigungs- und Imitationstheorien der Psychologinnen postuliert wird, aber worum handelt es sich dabei genau?

„Eine subjekttheoretische Fundierung von Sozialisation fokussiert hingegen die Qualität und den Verlauf von Aneignungs- und Verarbeitungsprozessen in konkreten gesellschaftlichen Zusammenhängen, sowohl intersubjektiv als auch intrasubjektiv. Solche Prozesse lassen sich nicht messen und können auch nicht in experimentellen Forschungssettings untersucht werden. Sie bedürfen eines rekonstruktiven Theorieverständnisses. Das ist mit einem verstehenden Zugang zu den eigensinnigen und brüchigen Dimensionen von Geschlechtersozialisation verbunden."

Das heißt also vereinfacht, dass alles sehr komplex und individuell ist und daher nicht untersucht und schon gar nicht widerlegt werden kann.

Abgesehen davon, dass ich zahlreiche Kolleg:innen habe, welche die soziale Komplexität tierischer Gesellschaften und die Prozesse des sozialen Lernens sehr wohl erfolgreich empirisch untersuchen können [20], und dass dies in anderen Bereichen der Soziologie und Psychologie ebenfalls möglich ist, halte ich es für grundsätzlich problematisch, sich auf willkürliche ideologische Positionen zurückzuziehen, die sich einer ansonsten allgemein akzeptierten wissenschaftlichen Vorgehensweise verweigern. Letztere ist unter anderem dadurch charakterisiert, dass alle Komponenten eines Erklärungsparadigmas vollständig und widerspruchsfrei dargelegt werden, dass es möglichst sparsam und zudem prinzipiell falsifizierbar ist. Von daher werde ich mich im Folgenden auf objektiv und quantitativ messbare Faktoren sowie auf die Erklärungskraft überprüfbarer Theorien konzentrieren. Im letzten einführenden Abschnitt erläutere ich daher diese Herangehensweisen ausführlich; Leser:innen mit einem wissenschaftlichen Hintergrund können diesen Teil aber auch gerne überspringen.

Literatur

1. Kappeler PM, Benhaiem S, Fichtel C, Fromhage L, Höner OP, Jennions MD, Kaiser S, Krüger O, Schneider JM, Tuni C, van Schaik J, Goymann W (2023) Sex roles and sex ratios in animals. Biol Rev 98(2):462–480
2. Eckes T (2008) Geschlechterstereotype: Von Rollen, Identitäten und Vorurteilen. In: Becker R, Kortendiek B (Hrsg) Handbuch Frauen- und Geschlechterforschung. VS Verlag, Wiesbaden, S 171–181
3. Kunz TH, Hosken DJ (2009) Male lactation: Why, why not and is it care? Trends Ecol Evol 24(2):80–85
4. Clutton-Brock TH (2017) Reproductive competition and sexual selection. Philos Trans R Soc Lond B 372(1729):20160310
5. Darwin C (1871) The descent of man and selection in relation to sex. Murray, London
6. Bateman AJ (1948) Intrasexual selection in *Drosophila*. Heredity 2:349–368
7. Janicke T, Häderer IK, Lajeunesse MJ, Anthes N (2016) Darwinian sex roles confirmed across the animal kingdom. Sci Adv 2(2):e1500983
8. Trivers RL (1972) Parental investment and sexual selection. In: Campbell B (Hrsg) Sexual selection and the descent of man. Aldine, Chicago, S 136–179
9. van Noordwijk MA, Willems EP, Utami SS, Kuzawa CW, van Schaik CP (2013) Multi-year lactation and its consequences in Bornean orangutans (*Pongo pygmaeus wurmbii*). Behav Ecol Sociobiol 67(5):805–814
10. Oberzaucher E, Grammer K (2014) The case of Moulay Ismael – fact or fancy? PLoS ONE 9(2):e85292
11. https://en.wikipedia.org/wiki/List_of_people_with_the_most_children
12. Mitchell KR, Mercer CH, Prah P, Clifton S, Tanton C, Wellings K, Copas A (2019) Why do men report more opposite-sex sexual partners than women? Analysis of the gender discrepancy in a British National Probability Survey. J Sex Res 56(1):1–8
13. https://de.wikipedia.org/wiki/Sure_4:34
14. Watson JB (1930) Behaviorism. University of Chicago Press, Chicago
15. De Beauvoir S (1949/2007) Das andere Geschlecht. Sitte und Sexus der Frau. Rowohlt, Hamburg

16. Sieben A (2010) Zur Konstruktion von Geschlecht und Sexualität in behavioristischen Lerntheorien. Ein wissenschaftshistorischer Beitrag. J Psychol 18:1–23
17. Neyer FJ, Asendorpf JB (2018) Psychologie der Persönlichkeit, 6. Aufl. Springer, Heidelberg
18. Eagly AH, Wood W (1999) The origins of sex differences in human behavior. Evolved dispositions versus social roles. Am Psychol 54(6):408–423
19. Bereswill M, Ehlert G (2020) Sozialisation und Geschlecht – strittige Positionen. In: Gesellschaft – Individuum – Sozialisation (GISo). Z Sozialisationsforschung 1(1). https://doi.org/10.26043/GISo.2020.1.1
20. Kappeler PM (2019) A framework for studying social complexity. Behav Ecol Sociobiol 73(1):13

Gibt es einen Unterschied, und wenn ja, warum? 5

5.1 Finde den Unterschied!

Wenn wir uns seriös mit der Beschreibung, Erklärung und Veränderung von Unterschieden zwischen Jungen und Mädchen sowie zwischen Frauen und Männern beschäftigen wollen, benötigen wir zunächst ein objektives Verfahren, um festzustellen, ob es systematische Unterschiede in Bezug auf ein bestimmtes Merkmal gibt oder nicht. Nehmen wir zur Illustration des Problems und des Vorgehens ein Beispiel, das sich einfach und unkontrovers messen lässt: Körpergröße. Die Frage ist dann klar und einfach: „Gibt es bei Menschen einen Unterschied in der durchschnittlichen Körpergröße zwischen den Geschlechtern?"

Wie können wir diese Frage objektiv beantworten? Wenn ich mich mit meiner Frau oder Tochter vergleiche, bin ich ein paar Zentimeter größer. Das ist schon mal ein Zugewinn an Information, aber niemand würde diese Frage mit diesen drei Datenpunkten abschließend beantworten wollen. Diese Zögerlichkeit hat zwei Gründe. Zum einen sollte die Anzahl der Messwerte, also die Stichprobengröße, so groß sein, dass sie möglichst alle oder viele der Individuen umfasst, für die wir eine Aussage treffen wollen. Damit verbunden ist andererseits die Intuition, dass es mehr an Variation gibt, als die zwischen mir und meiner Frau. Denn: Wenn ich zu einem Spiel der Göttinger Basketballmannschaft der Damen gehe, wird es zumindest auf dem Spielfeld viele Frauen geben, die größer sind als ich. Was also tun?

In Bezug auf die Stichprobengröße müssen wir bei der Beurteilung von Studienergebnissen das Kleingedruckte lesen. Zunächst muss die Grundgesamtheit derjenigen, über die wir eine Aussage treffen wollen, klar benannt werden. So allgemein wie meine Frage oben formuliert ist, umfasst sie alle 8 Mrd. Menschen. Durch Präzisierung der Frage kann ich den Kreis derjenigen eingrenzen, die mich wirklich interessieren; also beispielsweise „die Deutschen", „die Volljährigen in Ostwestfalen" oder „die Fünftklässler in Berlin". Jede dieser Gruppen hat eine andere, unterschiedlich große Grundgesamtheit. Um eine exakte Aussage über mögliche Geschlechtsunterschiede in der Körpergröße der Deutschen oder der Berliner Schüler:innen zu treffen, müsste ich nun theoretisch alle von ihnen vermessen. Das wäre allerdings ein ziemlicher Aufwand. Falls ich mich dagegen für einen Unterschied zwischen deutschen Nobelpreisträger:innen oder Bundesminister:innen interessieren würde, wäre das durchaus in ein paar Tagen machbar. In diesem Fall würde die erhobene Stichprobe auch mit der sogenannten Grundgesamtheit übereinstimmen; d. h. es ist möglich, alle Mitglieder einer definierten Klasse zu untersuchen.

Meistens ist dieses Vorgehen aber aus praktischen Gründen nicht möglich, und die Stichprobe enthält nur einen Teil der Grundgesamtheit. Diese Stichprobe kann nun entweder zufällig ausgewählt werden oder so, dass sie die Mitglieder der Grundgesamtheit in wesentlichen Merkmalen repräsentiert. Eine repräsentative Stichprobe, die beispielsweise der wöchentlichen Sonntagsfrage zugrunde liegt, berücksichtigt also unter anderem die Altersstruktur der Bevölkerung, den Anteil der Stadt- und Landbewohner:innen, deren Verteilung auf die Bundesländer sowie andere Kriterien. Sie enthält dann beispielsweise anteilig X 40-jährige katholische Dorfbewohner aus Schleswig-Holstein. Die Größe einer repräsentativen Stichprobe hängt dabei neben der korrespondierenden Grundgesamtheit von der Anzahl an Variablen ab, die berücksichtigt werden sollen.

Offensichtlich sind Rückschlüsse immer nur in Bezug auf die untersuchte Stichprobe statthaft. Viele Stichproben sind zwar zufällig, aber nicht repräsentativ; zum Beispiel, wenn anhand von Befragungen von (ein paar Dutzend) US-amerikanischen Bachelorstudierenden auf das Sexual- oder Kooperationsverhalten von *Homo sapiens* im Allgemeinen geschlossen wird [1]. Schließlich gibt es auch Stichproben, die vermutlich weder zufällig noch repräsentativ sind. Wenn es beispielsweise in der Werbung tönt, dass „98 % der Frauen mit dieser Hautcreme zufrieden sind", kann es gut sein, dass nur 20 Mitarbeiterinnen des dazu gehörenden Kosmetikkonzerns befragt wurden. Es lohnt sich also immer, die einer Behauptung oder Studie zugrunde liegende Stichprobe genau und kritisch zu betrachten.

Damit haben wir jetzt Kriterien für eine seriöse, repräsentative Stichprobe. Wie gehen wir aber mit der darin enthaltenen Variation um? Für unsere Frage nach einem möglichen Unterschied in der Körpergröße trennen wir die Stichprobe zunächst auf in eine mit Messwerten für alle Frauen bzw. Männer. Nehmen wir an, wir hätten jeweils 100 Individuen vermessen. Die erste Aufgabe besteht nun darin, die Messungen pro Stichprobe zusammenzufassen; niemand will sich ja 200 Zahlen anschauen und daraus selbst eine Antwort auf die Frage ableiten. Dazu bietet sich in diesem Fall zum einen der (arithmetische) Mittelwert an, welcher einen aussagekräftigen Durchschnittswert für jede Stichprobe angibt. Wie weit die einzelnen Messwerte um den Mittelpunkt herum streuen, wird zusätzlich durch die sogenannte Standardabweichung beschrieben (Abb. 5.1a und 5.1b).

Damit ist eine von drei grundsätzlichen Situationen gegeben. Erstens können die beiden Häufigkeitsverteilungen der Messwerte so weit auseinanderliegen,

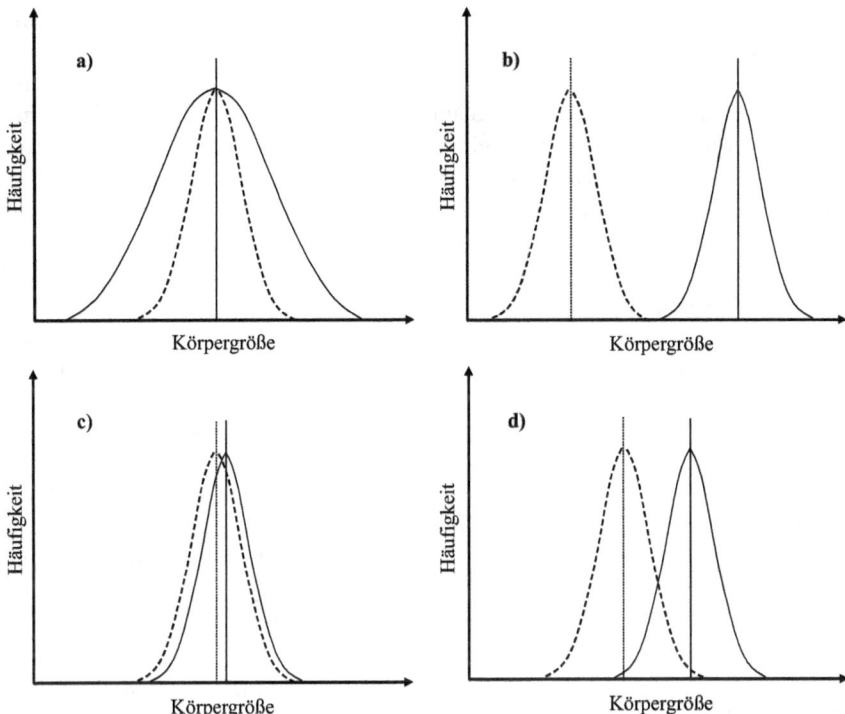

Abb. 5.1 Hypothetische Häufigkeitsverteilungen von Messwerten der Körpergröße in zwei Stichproben (z. B. Männer und Frauen). **a)** Zwei Stichproben mit identischem Mittelwert, aber unterschiedlicher Streuung (Standardabweichung); **b)** Zwei Stichproben mit identischer Standardabweichung, aber unterschiedlichen Mittelwerten; **c)** Die Stichproben haben fast identische Mittelwerte; **d)** Die Stichproben haben unterschiedliche Mittelwerte, aber die Häufigkeitsverteilungen überlappen sich teilweise

dass sie sich nicht überlappen (Abb. 5.1b). In diesem Fall wäre der kleinste Mann immer noch größer als die größte Frau und man könnte zurecht einen Geschlechtsunterschied konstatieren, den niemand anzweifelt. Die allermeisten Frauen und Männer könnten aufgrund ihrer Messwerte zweifelsfrei der korrekten Kategorie zugeordnet werden. Zweitens könnten die beiden Häufigkeitsverteilungen praktisch identisch in ihrer Lage und Form sein (Abb. 5.1c). In diesem Fall gäbe es ganz offensichtlich keinen Unterschied zwischen den Geschlechtern, und das Geschlecht erlaubt keinerlei Vorhersage über die Körpergröße. Der dritte Fall ist in der Praxis allerdings der häufigste: Die beiden Häufigkeitsverteilungen überlappen sich mehr oder weniger stark (Abb. 5.1d). Die meisten, aber bei weitem nicht alle, Männer können größer sein als selbst die größte Frau, aber es gibt aber auch Männer, die kleiner sind als viele Frauen. In diesem Fall lässt sich kein einfaches Pauschalurteil fällen. Hier kommt die schließende Statistik als objektives Werkzeug ins Spiel.

Deren Prinzip lässt sich folgendermaßen erklären. Wir gehen zunächst grundsätzlich davon aus, dass es keinen Unterschied zwischen den Geschlechtern gibt; diese Annahme (Nullhypothese) gilt es zu widerlegen. Man könnte dann je einen zufällig aus der weiblichen und männlichen Stichprobe gezogenen Wert miteinander vergleichen. Die Wahrscheinlichkeit, dass die beiden Werte zufällig exakt identisch sind, ist sehr gering. Nehmen wir also an, in diesem Fall sei der Mann größer. Die Wahrscheinlichkeit für diesen Ausgang beträgt 50 %, denn es könnte ja auch der Fall eintreten, dass die Frau größer ist. Dann ziehen wir ein zweites Paar an Werten. Wieder ist der Wert für den Mann größer. Die Wahrscheinlichkeit für diesen Ausgang (zweimal „Mann größer als Frau") beträgt nun nur noch 25 %, da er einer der vier möglichen Ausgänge (also auch noch „zweimal Frau größer", oder „erst Mann größer und dann Frau größer", oder umgekehrt) darstellt. Jetzt ziehen wir zum dritten Mal, und der Wert für Mann ist wieder größer. Die Wahrscheinlichkeit, diesen Ausgang dreimal hinter einander zu bekommen, beträgt noch 12,5 %, usw.

Sie erinnern sich vielleicht langsam vage an eine lange zurückliegende Mathestunde zum Thema Münzenwerfen und erinnern sich möglicherweise, dass die Wahrscheinlichkeit, x-mal hintereinander Kopf oder Zahl zu werfen immer kleiner wird. Den Ausgang der Ziehung „5-mal Mann größer als Frau" erwarten wir allein durch Zufall mit einer Wahrscheinlichkeit von 3,1 %, wenn wir – wie gesagt – davon ausgehen, dass es eigentlich keinen Unterschied zwischen den beiden Stichproben gibt. Für den Fall, dass diese sogenannte Irrtumswahrscheinlichkeit kleiner als 5 % ist, haben Wissenschaftler:innen festgelegt, diese Grundannahme nicht länger als wahrscheinliche Möglichkeit in Betracht zu ziehen. Sie sprechen dann von einem statistisch signifikanten Unterschied und die Nullhypothese wird als plausible Erklärung der Daten verworfen. Diese Irrtumswahrscheinlichkeit kann noch viel kleiner werden, aber sie erreicht niemals 0. Das heißt es gibt immer einen kleinen Restzweifel darüber, dass ein Unterschied nicht doch nur durch Zufall zustande kommt.

Wenn man beispielsweise eine Irrtumswahrscheinlichkeit von 1 % anlegt, bedeutet dies, dass man – statistisch gesehen – nur in 1 von 100 Fällen mit seiner Entscheidung, die Nullhypothese zu verwerfen, falsch liegt. Da würde ich schon 20 € drauf wetten, dass dieser Unterschied tatsächlich existiert! In der Wirklichkeit kann es natürlich sein, dass dieses eine, sehr unwahrscheinliche Ereignis genau hier und heute eintritt. Ungefähr so, wie mit der angeblich so geringen Wahrscheinlichkeit, dass es jemals einen Atom-GAU geben wird – siehe Tschernobyl und Fukushima! In der Praxis muss man nun nicht unzählige Werte zufällig aus zwei Stichproben ziehen (obwohl es dafür inzwischen schnelle Computerprogramme gibt), um zu ermitteln, mit welcher Irrtumswahrscheinlichkeit man davon ausgehen kann, dass es einen Unterschied gibt. In der sogenannten schließenden Statistik gibt es zum Glück Verfahren, mit denen diese Irrtumswahrscheinlichkeit mit einem Mausklick berechnet wird und die zudem die Stärke des Unterschieds beschreiben.

Die Angabe der Stärke des Effekts ist insofern wichtig, da bei sehr großen Stichproben schon ein kleiner Unterschied genügt, um statistische Signifikanz zu erzielen. Beim Vermessen von 100 Mio. Menschen wäre daher selbst ein durchschnittlicher Unterschied von 0,1 cm statistisch signifikant, aber er wäre biologisch sicherlich bedeutungslos. Bei der Bewertung von Aussagen und Studien über Geschlechtsunterschiede ist es also ratsam, neben der Stichprobengröße und -zusammensetzung und der statistischen Signifikanz auch die Effektgröße des Vergleichs zu berücksichtigen [2]. Eine einfache Möglichkeit, die Effektgröße zu berechnen, besteht darin, die Differenz zwischen den beiden Mittelwerten durch die durchschnittliche Standardabweichung (also die durchschnittliche Abweichung der einzelnen Messwerte vom Mittelwert) zu teilen. Der so ermittelte Wert (Cohen's d) ist dimensionslos und kann direkt zwischen verschiedenen Variablen verglichen werden, wobei Werte nahe bei 0 keinen, unter 0,5 einen schwachen und solche über 0,7 einen starken Effekt reflektieren. Auf diese Weise lässt sich also beispielsweise abschätzen, wie stark ein Geschlechtsunterschied in der Körpergröße und in einem psychologischen Test ist und welcher der Effekte stärker ist. Cohen's d lässt sich auch in sogenannten Metaanalysen bestimmen, bei denen zahlreiche Studien zum selben Thema zusammen betrachtet und ausgewertet werden. In einer beeindruckenden Arbeit hat Jon Archer [3] die Effektgrößen aller Metaanalysen über psychologische Geschlechtsunterschiede zusammengetragen und in einer langen Tabelle zusammengefasst, welche die Spannbreite dieser Unterschiede anschaulich darstellt. Dazu später mehr (Kap. 7). Soviel erst mal zur trockenen Theorie und Methodik – aber das musste sein.

5.2 Warum? Vier richtige Antworten auf eine einfache Frage

Wenn wir ein Phänomen, wie einen Unterschied zwischen den Geschlechtern in einem bestimmten Merkmal, beschrieben haben, stellt sich in der Regel bei der Suche nach der Ursache als erstes die Frage nach dem „Warum?". An der Art und Weise, wie diese Frage beantwortet wird, entzünden sich viele Missverständnisse im öffentlichen Diskurs; von daher ist es an dieser Stelle sinnvoll, auch hierzu noch ein paar grundsätzliche Dinge klar zu stellen. Wir haben gerade schon gesehen, dass es zwei scheinbar unversöhnlich unterschiedliche Erklärungsansätze für Geschlechtsunterschiede in den Natur- und Sozialwissenschaften gibt. Diese beiden Erklärungen lassen sich aber leicht in ein Erklärungsschema einfügen, dass noch andere Antworten parat hat – insgesamt vier, um genau zu sein.

Der niederländische Nobelpreisträger und Pionier der Verhaltensforschung Niko Tinbergen hat schon vor mehr als 50 Jahren darauf hingewiesen, dass es zur Erklärung von Verhaltensweisen oder anderen biologischen Phänomenen vier sich ergänzende Antwortmöglichkeiten gibt, welche unterschiedliche biologische Aspekte eines Merkmals beleuchten [4]. Zum einen kann sich eine Antwort auf die Art der Erklärung beziehen. Diese kann entweder auf die unmittelbaren (proximaten) physiologischen Mechanismen oder auf evolutionäre Prozesse abzielen. Zum anderen kann eine Antwort auf unterschiedliche Objekte der Erklärung abheben und dabei entweder eine zeitliche Abfolge der Merkmalsentwicklung oder die Merkmalsausprägung im hier und heute im Fokus haben. Aus der Kombination dieser Faktoren ergeben sich die vier komplementären Erklärungsmöglichkeiten (Tab. 5.1).

Dieses Schema eignet sich meiner Meinung nach auch sehr gut dafür, Geschlechtsunterschiede umfassend zu analysieren und zu erklären. Dafür sind aber zunächst zwei Dinge klarzustellen. Erstens handelt es sich bei einem Unterschied zwischen den Geschlechtern in einem beliebigen Merkmal nicht um ein Merkmal wie individuelle Körpergröße, Haarfarbe oder Blutgruppe, welche direkt der Selektion unterliegen. Die Evolution hat also keinen bestimmten Geschlechtsunterschied im Auge. Vielmehr optimieren natürliche und sexuelle Selektion erbliche Eigenschaften und Merkmale von individuellen Männchen und Weibchen bzw. von Frauen und Männern für ihre primäre Funktion. Ein Geschlechtsunterschied entsteht daher nur dann, wenn die optimalen Merkmalsausprägungen der Geschlechter voneinander abweichen; der Unterschied ist sozusagen nur ein Nebenprodukt. Diese Unterschiede faszinieren mich persönlich, weil sie zeigen, wie differenziert Evolution auf feinste Variation in den optimalen Merkmalsausprägungen zwischen Individuen mit unterschiedlichen Fortpflanzungsstrategien derselben Art reagiert und diese aufeinander abstimmt.

Zweitens lassen sich auch sozialwissenschaftliche Erklärungsansätze problemlos in dieses übergeordnete, biologische Schema einfügen. Wenn das Verhalten von Individuen durch gesellschaftliche, kulturelle oder andere äußere Faktoren beeinflusst wird, kann dies nur über zwei Prozesse erfolgen. Entweder werden als Reaktion auf äußere Einflüsse schon im Mutterleib bestimmte Regulationsgene abgeschaltet, die sich auch in Verhaltensmodifikationen niederschlagen können (sogenannte epigenetische Effekte) oder es findet eine anhaltende Verhaltensmodifikation durch Lernen statt, dem letztendlich ein neurobiologischer Prozess zugrunde liegt. Das heißt gerade weil wir ein so großes und komplexes Gehirn und deshalb eine erstaunliche Lernfähigkeit besitzen, müssen Erfahrungen, Präferenzen etc. letztendlich als neurobiologische Vorgänge darstellbar sein. Schon diese wenigen Überlegungen zeigen, dass die jahrzehntelang geführte „Biologie-oder-Kultur-Debatte" komplette Zeitverschwendung war [5], da das eine ohne das andere ganz offensichtlich nicht möglich ist. Insofern lassen sich

Tab. 5.1 Die vier komplementären Erklärungsansätze der Biologie

4 Erklärungsansätze		Objekt der Erklärung	
		Zeitliche Abfolge	Hier & heute
Art der Erklärung	Proximat	**Individualentwicklung** Wie entwickelt sich ein Merkmal in Individuen über aufeinanderfolgende Lebensabschnitte?	**Mechanismus** Wie wird ein Merkmal physiologisch erzeugt und reguliert?
	Evolutionär	**Stammesgeschichte** Wie entwickelte sich ein Merkmal in lebenden und ausgestorbenen nah verwandten Arten?	**Aktuelle Funktion** Welche Konsequenzen hat Variation in der Merkmalsausprägung für Überleben und Fortpflanzungserfolg?

Verhaltensmodifikationen durch individuelles und soziales Lernen oder durch Unterrichten problemlos als interessante Fragen nach der proximaten Entwicklung und Kontrolle des Verhaltens untersuchen. Diese Einsicht breitet sich aber leider nur stockwerksweise in den Elfenbeintürmen der verschiedenen akademischen Fakultäten aus, und die Öffentlichkeit bleibt zu häufig vereinfachenden und diesbezüglich ignoranten Medienberichten ausgeliefert.

Wie stellen sich vor diesem Hintergrund nun potenzielle Fragen und Antworten zu Geschlechtsunterschieden konkret dar? Nehmen wir wieder unser Beispiel für einen Geschlechtsunterschied in der Körpergröße, der auch als Sexualdimorphismus bezeichnet wird, da die Geschlechter sich in einem Aspekt ihrer Morphologie unterscheiden. In Bezug auf die Individualentwicklung stellt sich also die Frage, wie Sexualdimorphismus im Laufe der Individualentwicklung entsteht. Mögliche Antworten auf diese Fragen lauten „weil die Mitglieder eines Geschlechts im Durchschnitt schneller oder länger (oder beides) wachsen als die Mitglieder des anderen Geschlechts". Damit haben wir auf eine Art erklärt, warum die Geschlechter sich diesbezüglich unterscheiden. Aber es gibt noch drei weitere richtige Antworten.

Zur nächsten Frage: „Durch welche Prozesse entsteht Sexualdimorphismus?". Antworten auf diese Frage nach den proximaten Mechanismen können Details darüber enthalten, wie sich Gene, Hormone und Stoffwechselprozesse bei beiden Geschlechtern in ihrer Aktivität unterscheiden und dadurch unterschiedliche Wachstumsraten erzeugen. Hier ist also Expertise in der Genetik, Entwicklungsbiologie und Physiologie gefragt, um so letztendlich auch eine mechanistische Erklärung für die unterschiedlichen Entwicklungsprozesse zu liefern. Zudem spielt hier die Umwelt eine wichtige Rolle, da die Nahrungsverfügbarkeit und -qualität das Wachstum mitbeeinflussen.

Die dritte Frage zielt auf die stammesgeschichtliche Entwicklung von Sexualdimorphismus ab. Falls es einen Unterschied in der Körpergröße zwischen Ihnen und Ihrer Partner:in gibt, können Sie sich fragen, ob der auch schon bei Ihren Eltern, Großeltern, Urgroßeltern usw. existiert hat. Wenn Sie sich das vorstellen können, dann klettern Sie bitte auch gedanklich mal 1000, 100.000 oder sogar 5 oder 10 Mio. Generationen den Stammbaum Ihrer Familie hinab. Findet sich auf jeder dieser Stufen dasselbe durchschnittliche Maß an Sexualdimorphismus oder hat es sich im Laufe der Zeit verändert? Sicherlich wird dieses Merkmal nicht von Generation zu Generation zwischen „Männern/Männchen doppelt so groß", „kein Unterschied" und „Frauen/Weibchen doppelt so groß" hin und her springen. Das heißt die Kenntnis des Sexualdimorphismus bei ausgestorbenen Vorfahren und/oder bei nah verwandten Arten, mit denen eine Art zu unterschiedlichen Zeiten gemeinsame Vorfahren hatte, erlauben es, das aktuelle Maß an Sexualdimorphismus zu einem Teil vorherzusagen. Diese tiefe historische Perspektive kann daher auch einen Teil der Erklärung beitragen, warum Körpergröße heute sich wie stark zwischen den Geschlechtern unterscheidet.

Schließlich bleibt noch die Frage nach den Fitnesskonsequenzen von Variation in der Merkmalsausprägung, deren Wirkkräfte auch ultimate Faktoren genannt werden. Wenn Sie gerade im Zug oder der S-Bahn dieses Buch lesen, genügt ein

Blick über den Buchrand, um festzustellen, dass die erwachsenen männlichen und weiblichen Vertreter unserer Art in Ihrem Abteil nicht alle exakt gleich groß sind. Diese Variation um einen Durchschnittswert existiert, weil es sowohl als Mann als auch als Frau verschiedene Vor- und Nachteile mit sich bringt, eine bestimmte Körpergröße zu haben. Dabei geht es nicht darum, dass heutzutage eigentlich niemand mehr bequem auf einem Flugzeugsitz reisen kann oder Schuhe in einer bestimmten Größe schwierig zu bekommen sind. Vielmehr es geht darum, dass man oder frau mit einer bestimmten Körpergröße beispielsweise mehr Kalorien verbraucht als andere, später geschlechtsreif wird, für bestimmte Krankheiten oder Risiken anfälliger ist oder bei der Partnerwahl schlechtere Karten hat. Für solche Konsequenzen hat die Evolution ein feines Gespür und sorgt über die Generationen dafür, dass sich optimale Mittelwerte für jedes Geschlecht herausbilden. Je nach Lage dieser Mittelwerte verändert sich das durchschnittliche Maß an Sexualdimorphismus (siehe auch Abb. 5.1). Da unterschiedliche Faktoren zum Teil gegensätzliche Konsequenzen haben, bleibt die Variation um die jeweiligen Mittelwerte in der Population enthalten. Schließlich können Sie beruhigt sein, dass nicht jedes Individuum mit 1,50 m oder 1,90 m alle potenziellen Vor- und Nachteile dieser Körpergröße zu erwarten oder zu befürchten hat; hier geht es nur um die Populationsdurchschnitte über lange Zeiträume. Und wenn die Evolution etwas hat, dann ist es ein langer Atem.

5.3 Fazit & Ausblick

Die wichtigsten Grundlagen und Zusammenhänge zum Thema Geschlecht, die im ersten Abschnitt besprochen wurden, lassen sich wie folgt zusammenfassen: Weit über 95 % der Menschen lassen sich eindeutig dem weiblichen oder männlichen biologischen Geschlecht zuordnen bzw. sie tun dies in entsprechenden Abfragen selbst. Die dieser Klassifizierung zugrunde liegenden Merkmale dienen unmittelbar der Reproduktion durch sexuelle Fortpflanzung. Die Geschlechtsbestimmung erfolgt chromosomal. In vergleichsweise wenigen Fällen ist das biologische Geschlecht phänotypisch nicht eindeutig ausgeprägt oder wird als nicht dem subjektiv empfundenen Geschlecht entsprechend wahrgenommen. In diesen Fällen erlaubt das Konzept Gender eine (bessere) Klassifizierung der betreffenden Individuen. Da die Grundlagen der Geschlechtsklassifizierung einen direkten Bezug zu Sexualität und Fortpflanzung besitzen, haben sie auch Konsequenzen für die sexuelle Orientierung sowie für sexuelle Präferenzen, die in großer Vielfalt der Kombinationen existieren. Obwohl diese drei Aspekte in wesentlichen Aspekten unabhängig voneinander sind, werden sie im gesellschaftlichen Diskurs häufig miteinander vermengt (Stichwort LGBTQIA-Bewegung).

Ich habe sexuelle Orientierung und sexuelle Präferenzen hier mit angesprochen, um die konzeptionelle Abgrenzung zur Geschlechtsbestimmung deutlich zu machen sowie um darauf hinzuweisen, dass Menschen auch aufgrund dieser persönlichen Merkmale diskriminiert werden. Primär geht es mir hier aber darum, zu verstehen, warum Frauen aufgrund ihres Geschlechts diskriminiert werden. Meine

Strategie dafür besteht darin, zu einem besseren Verständnis der Ursachen und Konsequenzen von Unterschieden zwischen den Geschlechtern beizutragen, da die Diskriminierung letztendlich anhand dieser Merkmale festgemacht wird. Mit den unterschiedlichen biologischen Funktionen der Geschlechter sind Unterschiede in bestimmten Verhaltenstendenzen und sekundären Merkmalen verbunden, für die es scheinbar unvereinbare Erklärungen gibt. Sofern es sich um messbare Merkmale geht, lassen sich damit verbundene Geschlechtsunterschiede aber mit wissenschaftlichen Methoden untersuchen. Die möglichen Erklärungen diskutiere ich dann im dritten Teil dieses Buches.

Im zweiten Teil werde ich daher an ausgesuchten Beispielen aus verschiedenen Bereichen (unter anderem Morphologie, Physiologie, Gesundheit, Psychologie, Kultur) darstellen, in welchen Merkmalen Geschlechtsunterschiede existieren und wie stark sie sind. Da es zehn- wenn nicht hunderttausende publizierte wissenschaftliche Artikel zum Thema menschliche Geschlechtsunterschiede gibt, kann ich unmöglich einen repräsentativen Anteil davon vorstellen. Meine Auswahl an Beispielen ist daher völlig subjektiv, aber komplett von meiner Neugier und biologischen Expertise getrieben und nicht von der einen oder anderen ideologischen Agenda. Ich konzentriere mich dabei auf Merkmale, denen ich als Biologe und Anthropologe eine grundlegende Bedeutung zuschreibe. Da es extrem wenige systematische wissenschaftliche Untersuchungen gibt, die neben Frauen und Männern auch Intersexuelle und Transgender explizit miteinander vergleichen, konzentriere ich mich auf den „klassischen" Vergleich von Männlein und Weiblein. Ich hoffe, dass es für mögliche Neuauflagen dieses Buches viele solcher umfassenderen Untersuchungen gibt, um die komplette Spannbreite der diesbezüglichen menschlichen Variation darzustellen.

Literatur

1. Henrich J, Heine SJ, Norenzayan A (2010) The weirdest people in the world? Behav Brain Sci 33(2–3):61–83
2. Del Giudice M (2022) Measuring sex differences and similarities. In: VanderLaan DP, Wong WI (Hrsg) Gender and sexuality development: contemporary theory and research. Springer International Publishing, Cham, S 1–38
3. Archer J (2019) The reality and evolutionary significance of human psychological sex differences. Biol Rev 94(4):1381–1415
4. Tinbergen N (1963) On aims and methods of ethology. Z Tierpsychol 20:410–433
5. Zuk M, Spencer HG (2020) Killing the behavioral zombie: genes, evolution, and why behavior isn't special. Bioscience 70(6):515–520

Teil II
Geschlechtliche Diversität: Biologie, Evolution und Kultur

Da das Geschlecht für uns selbst sowie für unsere Mitmenschen ein so überragend wichtiges Merkmal darstellt, sollten sich Menschen diesbezüglich eigentlich in vielfältiger und bedeutsamer Weise unterscheiden. Wenn dem nicht so wäre, gäbe es keine Grundlage für Sexismus, und Feminismus wäre überflüssig. Natürlich tragen auch Menschen mit einer anderen Genderidentität zur Vielfalt in zahlreichen Merkmalen bei, aber sie spielen in der aktuellen empirischen Forschung bislang praktisch keine Rolle. Von daher konzentriere ich mich im Folgenden auf grundlegende physische und psychische Eigenschaften und frage, ob es darin Unterschiede zwischen Frauen und Männern bzw. Jungen und Mädchen gibt. Manche der offensichtlichen Unterschiede sind anatomischer oder biologischer Natur, aber nur wenige davon sind umfassend erklärt. Weit verbreitete Genderstereotype – also, dass beispielsweise Männer vom Mars, kompetitiv, dominant, stoisch und eher ruhig seien, wohingegen Frauen von der Venus, kooperativ, submissiv, emotional und gesprächig seien – implizieren, dass es auch ähnlich starke psychologische Unterschiede gibt, aber die korrespondierenden Studien sind zu sehr unterschiedlichen Schlussfolgerungen gelangt. Es lohnt sich daher, einen genaueren Blick auf die aktuelle Forschung zu diesen Themenbereichen zu werfen.

Zunächst eine wichtige Vorbemerkung: Unser aller tägliche Lebenserfahrung zeigt, dass sich Jungen und Mädchen sowie Frauen und Männer augenscheinlich in Aspekten ihrer Biologie – aber auch in ihrem Verhalten – unterscheiden. In Bezug auf Merkmale der sexuellen Identität sind also nicht alle Menschen gleich – obwohl sie selbstverständlich gleichwertig sind! Diese feine, aber wichtige Unterscheidung scheint mir auf das zentrale Missverständnis in der aktuellen Diskussion von Geschlechterfragen hinzuweisen: die drei Fragen, also ob (1) Geschlechtsunterschiede in einem Merkmal existieren, (2) wie sie erklärt werden können, und (3) wie wir sie als aufgeklärte Individuen moralisch und gesellschaftlich bewerten und möglicherweise verändern können, sind logisch eindeutig voneinander unabhängig. Wer bestimmte gesellschaftliche Strukturen und die ihnen zugrunde liegenden Verhaltensweisen ändern möchte, sollte daher zunächst einmal wissen, in welchen Merkmalen es welche Unterschiede gibt und durch welche der vier möglichen Antworten sie erklärt werden können.

Ich befürworte grundsätzlich eine offene Herangehensweise an diese Thematik. Darzustellen, in welchen Bereichen Geschlechtsunterschiede existieren und in welchen nicht und ob die existierenden Unterschiede in einer schlüssigen Art und Weise zusammenhängen, erlaubt ein umfassenderes Verständnis darüber, wie Variabilität in Geschlechtsunterschieden entsteht und erklärt werden kann; also wann sie in der Individualentwicklung auftreten, wie sehr sie sich innerhalb und zwischen Kulturen unterscheiden und ob sie humanspezifisch sind oder in mehr oder weniger ausgeprägter Form auch bei anderen Arten auftreten. Es geht dabei weder darum, zu zeigen, dass es naturgegebene unveränderliche Unterschiede gibt, noch darum, zu wissen, wer besser einparken kann. Ähnlich wie in der Naturschutzbiologie, wo man nur schützen kann, was man kennt, erscheint es mir hilfreich, das Phänomen, das man verändern möchte, zunächst genau zu charakterisieren. Nur mit diesem Wissen kann man vorhandene Mittel und Ressourcen effektiv einsetzen und neue Ansätze entwickeln, um Sexismus zurückzudrängen – und sich dabei auf die Schrauben zu fokussieren, an denen man drehen kann oder am besten drehen sollte. Dass neue Perspektiven und Maßnahmen notwendig sind, zeigt ja gerade auch die Tatsache, dass auch in offenen Gesellschaften viele dieser Probleme trotz jahrzehntelanger Bemühungen mit den aktuellen Maßnahmen und Ansätzen bislang bei weitem nicht gelöst sind.

Ich behaupte nicht, eine umfassende Kenntnis, die alleinige Wahrheit oder den Schlüssel der Weisen zu haben, den viel schlauere Menschen bislang nur noch nicht gefunden haben. Dafür ist das Thema viel zu komplex und erfordert Expertisen und Kompetenzen aus zahlreichen Bereichen; von der Medizin über vergleichende Kulturwissenschaften bis hin zu den Erziehungswissenschaften. Als Anthropologe und Zoologe kann ich meine bescheidene, limitierte Kompetenz zu den beiden ersten hier aufgeworfenen Fragen beitragen. Ich will aber auch nicht verhehlen, dass es für mich als Verhaltens- und Evolutionsbiologe faszinierend ist, dass fein abgestimmte Zusammenspiel von biologischen und kulturellen Faktoren in diesem Zusammenhang zu analysieren. Wenn ich einige Mitmenschen, die sich beruflich und letztendlich in der Politik mit der dritten Frage beschäftigen, dazu anregen kann, über diese offene und systematische Herangehensweise ernsthaft nachzudenken, hoffe ich damit aber auch etwas für meine Kinder und Enkel zu bewirken. Also schauen wir in diesem Teil doch zunächst auf verschiedene Facetten des menschlichen Wesens, um biologische Ähnlichkeiten und Unterschiede zwischen den Geschlechtern genauer zu beleuchten.

Vom Mutterleib bis ins Grab: Zwei Lebenswege?

6

Aus biologischer Perspektive ist es naheliegend, zunächst die sogenannte Lebensgeschichte zu betrachten, da sie die wesentlichen biologischen Kenngrößen einer Art definiert. Sie beschreibt unter anderem, wie lange ein Organismus wächst, wann die Geschlechtsreife einsetzt, wie oft danach wie viele Nachkommen welcher Größe produziert werden und wie lange ein Individuum lebt. Abgesehen davon, dass bei den meisten getrenntgeschlechtlichen Arten die Fortpflanzung hauptsächlich oder exklusiv von den weiblichen Individuen geleistet wird, gibt es zunächst scheinbar keine offensichtlichen Gründe für Geschlechtsunterschiede in diesen Merkmalen. Oder doch?

6.1 5 % mehr Jungs, die 5 % schwerer sind

Bei der Befruchtung wird durch die chromosomale Ausstattung des erfolgreichen Spermiums das biologische Geschlecht eines neuen Menschen festgelegt. In 98,2 % der Lebendgeburten in Deutschland der letzten Jahre entwickelte sich der neue Mitmensch übrigens alleine [1]; Mehrlingsgeburten sind bei unserer Spezies also relativ selten. Die Wahrscheinlichkeit, dass bei der Befruchtung ein Junge oder ein Mädchen entsteht, sollte bei der Zahl der übertragenen Spermien (stolze 20–60 Mio. pro Ejakulat) eigentlich 50:50 sein. Bei viele Erhebungen in verschiedenen Ländern findet sich aber ein leichter Überhang an Knaben: pro 100 Mädchen werden im Durchschnitt 106 Jungen geboren. In diesem Verhältnis gibt es auch kleinere regionale Unterschiede in die eine oder andere Richtung. In manchen Ländern gab es in den letzten Jahrzehnten aber sehr starke Abweichungen von diesem Durchschnittswert, die zudem alle zugunsten von Jungen ausfielen und auf selektive Abtreibungen von weiblichen Föten zurückgeführt werden. Allein in China und Indien sind aus diesem Grund zwischen 1970 und 2017 geschätzt zusammen mehr als 23 Mio. Mädchen nicht geboren worden! [2] Von allen Diskriminierungen, Benachteiligungen und Misshandlungen am weiblichen Geschlecht ist dies vielleicht die monströseste und verabscheuungswürdigste, weil sie weibliches Leben nicht einmal für lebenswürdig erachtet.

In Deutschland wurden zwischen 2016 und 2019 durchschnittlich 105,2 Jungen pro 100 Mädchen geboren [1]; ein Wert, der also nahe am langjährigen weltweiten Mittelwert liegt. Wie kommt dieser kleine, aber robuste Unterschied zustande? Zum einen ist es möglich, dass die mit einem X- oder Y-Chromosom beladenen Spermien doch eine unterschiedliche Befruchtungswahrscheinlichkeit haben. Dies könnte beispielsweise daran liegen, dass mehr Spermien mit einem Y-Chromosom produziert werden, dass sie schneller schwimmen oder länger leben. Obwohl es immer wieder entsprechende Berichte gibt – zum Beispiel basierend auf Vergleichen von Vätern, die nur Töchter bzw. nur Söhne gezeugt haben – ergab die neueste Analyse aller einschlägigen Studien, dass sich die beiden Spermientypen tatsächlich nur in ihrem DNA-Inhalt und in keinem der anderen Merkmale unterscheiden [3]. An den Spermien liegt das verschobene Geschlechterverhältnis bei der Geburt also nicht.

Zum anderen könnte dieser Überhang an Jungen also nur dadurch zustande kommen, dass weibliche Embryonen und Föten eine höhere Sterbewahrscheinlichkeit während der Schwangerschaft haben. Durch schwerwiegende Chromosomen-Anomalien oder andere zumeist genetisch bedingte Entwicklungsschwierigkeiten kommt es bekanntlich immer wieder zu vorzeitig beendeten Schwangerschaften. Eine Querschnittsuntersuchung des Geschlechterverhältnisses von fast 100.000 solcher Schwangerschaften hat eine sehr interessante Dynamik zutage gefördert [4], die komplexer ist als ein einfacher Geschlechtsunterschied. Dazu wurde das Geschlecht nach spontanen und induzierten Abtreibungen bestimmt und mit entsprechenden Daten aus Plazenta- und Fruchtwasseruntersuchungen kombiniert. Die Querschnittsdaten über das Verhältnis von weiblichen und männlichen Embryonen und Föten über die gesamte Schwangerschaftsdauer zeigten, dass das Geschlechterverhältnis bei der Befruchtung tatsächlich ausgeglichen ist. In der ersten Woche der Schwangerschaft sterben dann aber zunächst mehr männliche Embryonen; in den restlichen Wochen des ersten Trimesters sind es aber die weiblichen Embryonen, die vermehrt vorzeitig absterben. Zwischen der 28. und 35. Woche der Schwangerschaft sterben nochmal mehr männliche Föten, aber die absolute Zahl der vorgeburtlichen Todesfälle ist bei weiblichen Embryonen bzw. Föten über den gesamten Zeitraum der Schwangerschaft höher; daher werden letztendlich ein paar Jungen mehr lebend geboren. Warum die kleinen Mädchen statistisch gesehen während der Schwangerschaft anfälliger für tödlich endende Komplikationen sind, ist noch nicht wirklich verstanden; es könnte mit Komplikationen bei der Stilllegung eines der X-Chromosomen in jeder Zelle zu tun haben [4]. Jedoch lässt sich bereits an diesem Beispiel eine wichtige Einsicht ableiten: Geschlechtsunterschiede müssen nicht in jedem Fall durch einen evolutionären Vorteil für das eine oder andere Geschlecht erklärbar sein; sie können – wie in diesem Fall – einfach auch auf unvermeidliche Nebenwirkungen physiologischer Prozesse zurückzuführen sein.

Auch zum Zeitpunkt um die Geburt herum gibt es kleine, aber robuste Geschlechtsunterschiede. So hängt das Geburtsgewicht von zahlreichen Faktoren ab: unter anderem vom Land in dem die Mutter lebt, ihrem Alter, ihrer Größe, ob sie schon ein Kind hatte oder nicht, wie lange die Schwangerschaft dauerte – aber eben auch vom Geschlecht des Kindes. Wenn man die Effekte all dieser Faktoren bei über 1300 Geburten in 10 Ländern auf der Nord- und Südhalbkugel mittelt, sind Knaben bei der Geburt im Durchschnitt etwa 180 g (das entspricht 5,7 %) schwerer [5]. Neugeborene Jungs haben auch einen größeren Kopfumfang [6]. Beides wird letztendlich auf deren höhere Stoffwechselaktivität und die damit verbundenen Wachstumsraten zurückgeführt, deren genetische oder physiologische Ursachen aber noch wenig verstanden sind. Bei zweieiigen Zwillingen sind übrigens Jungs bei der Geburt im Durchschnitt etwa 30 g schwerer, wenn sie mit einer Schwester anstatt mit einem Bruder heranwachsen, aber für Mädchen hat das Geschlecht des Geschwisters keinen Effekt auf das Geburtsgewicht [7]. Direkt nach der Geburt wird bekanntlich auch der APGAR-Test durchgeführt, bei dem unter anderem Atmung, Puls und Reflexe des Neugeborenen bewertet werden. Bei diesem Test schneiden die neugeborenen Mädchen im Durchschnitt etwas besser ab [6]. In all diesen Messungen direkt nach der Geburt gibt es aber große Streuungen und Überlappungen der Messwerte von Jungs und Mädchen, sodass die biologische Bedeutung dieser Unterschiede vermutlich vernachlässigbar ist.

6.2 Im Mutterleib: Unterschiede ohne soziale Einflüsse

Die Differenzierung der Gonaden beginnt um die 7. Schwangerschaftswoche herum, sodass die danach beginnende Produktion von Geschlechtshormonen theoretisch Einfluss auf die körperliche Entwicklung und das Verhalten des Fötus nehmen kann. Eine wichtige biologische Funktion von Hormonen besteht generell in solchen organisierenden Effekten, wobei den weiblichen und männlichen Geschlechtshormonen bzw. deren Verhältnis dabei eine zentrale Rolle zukommt [8]. Empirisch sehr gut belegt ist vor allem die Maskulinisierung des sich entwickelnden Gehirns durch Testosteron, dessen Konzentration um die 16. Schwangerschaftswoche herum bei Jungen stark ansteigt und ungefähr 2,5-mal so hoch ist wie bei Mädchen [9]. Die männlichen Föten scheiden das Testosteron beim Pinkeln mit aus, sodass es sich auch im Fruchtwasser befindet.

Langzeituntersuchungen, bei denen diese Testosteronkonzentration *in utero* gemessen und mit den Ergebnissen von etablierten psychologischen Tests derselben Kinder im Alter von bis zu 10 Jahren kombiniert wurden, ergaben deutliche Hinweise auf zunehmende Maskulinisierung verschiedener Verhaltensweisen mit höheren vorgeburtlichen Testosteronkonzentrationen. Diese Geschlechtsunterschiede zeigen sich unter anderem in einem größeren Vokabular bei Mädchen in den ersten 2 Jahren, im „geschlechtstypischen" Spielverhalten zwischen 6 und 9 Jahren und stärker ausgeprägter Empathie bei Mädchen im selben Alter [9]. Viele Studien haben auch gezeigt, dass Jungen im Kindesalter aggressiver und aktiver sind als Mädchen, aber diese Verhaltensunterschiede zwischen den Geschlechtern ließen sich nicht durch unterschiedliche Konzentrationen an Testosteron im Fruchtwasser erklären [10]. Schließlich hat eine Studie an 13.800 norwegischen Zwillingen gezeigt, dass weibliche zweieiige Zwillinge mit Bruder im Alter von mindestens 32 Jahren unter anderem seltener einen Schul- oder Studienabschluss gemacht haben, seltener heirateten und eine reduzierte Fruchtbarkeit aufwiesen als solche mit einem weiblichen Geschwister [11]. Diese Effekte wurden auch bei Mädchen gefunden, deren Zwillingsbruder im ersten Lebensjahr gestorben ist, was darauf hindeutet, dass die Entwicklung mit einem Bruder vor der Geburt, und nicht die Sozialisierung mit einem Bruder nach der Geburt, für diese Effekte verantwortlich ist. Die Wirkung von Geschlechtshormonen ist also komplexer als ein einfacher Schalter für Geschlechtsunterschiede oder dosisabhängige Reaktionen.

Während der gesamten Schwangerschaft ist das heranwachsende Kind außerdem über die Plazenta eng mit der Mutter verbunden. Über diese Verbindung werden Nährstoffe und Sauerstoff in die eine und Exkretionsprodukte in die andere Richtung transportiert. Aber auch Botenstoffe aus dem mütterlichen Blut können zum Kind gelangen und dessen weitere Entwicklung nachhaltig beeinflussen. So gibt es zahlreiche Belege dafür, dass mütterliche Gesundheit und Verhalten während der Schwangerschaft nachhaltige Effekte auf die weitere Entwicklung, die Gesundheit und das spätere Verhalten der Kinder haben [12]. Es gibt also in der Tat viele und gute Gründe für die Warnhinweise, während der Schwangerschaft nicht zu rauchen oder keinen Alkohol zu trinken, aber auch die Ernährung und das Ausmaß an Stress der werdenden Mutter haben nachhaltige Effekte auf das Kindeswohl. Für manche dieser Effekte gibt es Hinweise dafür, dass Mädchen und Jungen von bestimmten vorgeburtlichen mütterlichen Faktoren unterschiedlich beeinflusst werden und sich deren Gehirnanatomie und Verhalten schon im Kindergartenalter unterscheiden [13]. Im späteren Leben ist ein Teil der beobachtbaren Geschlechtsunterschiede darin, wie häufig, in welchem Alter und mit welcher Schwere bestimmte Krankheiten auftreten auch auf Einflüsse vor der Geburt zurückzuführen [14]. Doch dazu später mehr. In allgemeiner Hinsicht sind diese Effekte insofern interessant, als dass sie gewichtige Hinweise dafür liefern, dass genetische Information praktisch von Beginn des Lebens an mit der Umwelt interagiert – schon lange bevor die ersten sozialen Einflüsse auf ein Kind einwirken.

6.3 Warum Jungs später geschlechtsreif werden als Mädchen

Die Geschlechtsreife stellt in vielfacher Hinsicht einen wichtigen Meilenstein der Lebensgeschichte dar. Aus biologischer Sicht ist mit Eintritt der Geschlechtsreife ein neuer Lebensabschnitt mit der Option der eigenen Fortpflanzung definiert; aus Sicht des betroffenen Menschen ändert sich deren Physiologie, Anatomie, Verhalten sowie ihre Wahrnehmung durch sich selbst und andere. Mit dem Beginn der zentralnervös und hormonell gesteuerten erhöhten Produktion von Östrogenen (vor allem Östradiol) bzw. Androgenen (vor allem Testosteron) werden Reifung und Wachstum der Gonaden und Genitalien angeregt. Damit verbunden ist auch ein Anstieg an Wachstumshormonen, die einen Wachstumsschub während der Pubertät auslösen. Außerdem entwickeln sich in dieser Zeit sekundäre Geschlechtsmerkmale. Dazu zählt bei Mädchen und Jungen das Wachstum von Scham- und Achselbehaarung. Während bei Mädchen zudem das Brustwachstum einsetzt und die erste Menstruation erfolgt, kommt es bei den Jungs im weiteren Verlauf zum Stimmbruch und Wachstum von Bart- und Brusthaaren. Bei Menschen mit anderen Geschlechtsausprägungen verläuft die Pubertät teilweise anders, unvollständig oder sie findet gar nicht statt [15]. Das sind soweit keine überraschenden Geschlechtsunterschiede, da sie in direktem Zusammenhang mit den jeweiligen dominierenden Geschlechtshormonen stehen. Aber gibt es noch weiter Geschlechtsunterschiede in der Pubertät, und wenn ja, warum?

Viele wissenschaftliche Untersuchungen zu diesem Thema befassen sich mit Schätzungen des Beginns der Pubertät. Da die Pubertät einen Prozess darstellt, kann man deren Einsetzen nicht dem 19. April oder irgendeinem anderen spezifischen Datum zuordnen. Daher werden Daten zu einem oder mehreren Meilensteinen der Entwicklung, wie Brustwachstum, erste Regelblutung, Stimmbruch, erster Samenerguss oder Stadien der Schambehaarung beschrieben; zumeist in Form von Selbstberichten. Aus diesen Daten lassen sich auch Kategorien auf der sogenannten Tanner-Skala bilden, die gut mit der Erhöhung der Östradiol- bzw. Testosteronkonzentrationen korrelieren [16]. Obwohl die erste Menstruation (d. h. die Menarche) ein dramatischeres und genauer zu benennendes Ereignis darstellt als jeder der männlichen Meilensteine, kann man durch die Wahl einer entsprechenden Skala (Monate oder Jahre) vergleichbare Daten generieren. Diese Angaben zum Beginn der Pubertät sind mit einer gewissen Messungenauigkeit behaftet, aber es gibt keine Hinweise darauf, dass diese Daten systematisch zwischen den Geschlechtern oder zwischen Studien variieren. Der Vergleich dieser Daten zeigt interessante Variation zwischen und innerhalb der Geschlechter.

Obwohl es zwischen den Geschlechtern kein identisches Maß für den Beginn der Pubertät gibt, existiert in den relevanten funktionalen Maßen ein Unterschied zwischen Mädchen und Jungs. Typischerweise beginnt die Pubertät bei Mädchen heute etwa im 11. und bei Jungen im 13. Lebensjahr [17]. Obwohl die Streubreite im Alter bei Beginn der Pubertät innerhalb der Geschlechter sehr hoch ist, haben Mädchen einen geringen, aber robusten Vorsprung von bis zu 18 Monaten [18]. Warum gibt es diesen Unterschied und warum in diese Richtung?

Antworten auf diese Frage, die auf Aspekte der physiologischen Kontrolle (also proximate Faktoren) oder auf entwicklungsbiologische Prozesse abheben, beschreiben zwar das Muster des Geschlechtsunterschieds, liefern aber in diesem Fall keine tiefere Erklärung, da sie nicht erklären können, warum die hormonelle Steuerung bei Mädchen früher einsetzt. Dafür muss es also ultimate Ursachen geben. In diesem Fall könnte es sich um eine Anpassung an das menschliche Paarungssystem handeln.

Obwohl Monogamie weit verbreitet ist, war sie im Laufe der Menschheitsgeschichte nicht die alleinige Fortpflanzungsstrategie. Genauer gesagt, gibt es in der Mehrzahl der vorindustriellen zeitgenössischen Gesellschaften einen Anteil von Männern, die mit zwei oder mehr Frauen verheiratet sind; dazu im folgenden

Abschnitt mehr. Auch aus dem Vergleich der relativen Hodengröße mit unseren nächsten lebenden Primatenverwandten sowie durch Analysen von Geschlechtsunterschieden in Skelettmerkmalen unserer ausgestorbenen Vorfahren lässt sich schließen, dass *Homo sapiens* immer eine leichte Neigung zur Polygynie hatte [19]. Bei diesem Paarungssystem konkurrieren männliche Individuen um den Zugang zu fortpflanzungsbereiten weiblichen Artgenossinnen mit dem Ergebnis, dass manche Konkurrenten leer ausgehen und andere sich dafür mit mehr als einer Partnerin fortpflanzen können. Vor der Verwendung von Waffen bei handgreiflichen Auseinandersetzungen zwischen liebestollen Männern waren letztendlich allein körperliche Kraft, Ausdauer und Geschicklichkeit im Zweikampf ausschlaggebend. Da junge Halbstarke bei dieser Form der Konkurrenz kaum eine Chance haben, hatten diejenigen Individuen aus evolutionärer Sicht einen Vorteil, die später – und damit mit einer besseren Physis – in den Wettbewerb eintraten. Diese Kombination von morphologischen Geschlechtsunterschieden und verzögerter Geschlechtsreife findet sich bei zahlreichen anderen polygynen Säugetieren [20] und weist darauf hin, dass wir eigentlich nicht erklären müssen, warum Mädchen früher geschlechtsreif werden, sondern dass die vergleichsweise verzögerte Entwicklung der Jungen den entscheidenden Punkt darstellt!

Mehrere Faktoren erklären die Variation im Alter beim Einsetzen der Pubertät innerhalb der Geschlechter. Zum einen gibt es geografische Variation, die Unterschiede im durchschnittlichen Zugang zu Nahrung und medizinischer Versorgung reflektieren. So haben Mädchen in Griechenland ihre erste Menstruation fast 12 Monate früher als Mädchen in Kamerun [21]. Die Tatsache, dass der Zeitpunkt der ersten Menstruation in den letzten 100 Jahren jedes Jahrzehnt im Durchschnitt 3,6 Monate früher einsetzte [16], ist vermutlich ebenfalls auf die zunehmend bessere Gesundheits- und Nahrungsversorgung zurückzuführen. Neben diesen Umweltfaktoren wurde lange Zeit auch die Abwesenheit des Vaters (z. B. nach Scheidung) als wichtigster sozialer Faktor diskutiert, der die Geschlechtsreife von Mädchen beschleunigt. Neuere Untersuchungen, die auch Daten von nichtindustrialisierten Staaten mitberücksichtigen, zeigten aber, dass andere Faktoren diesen Effekt verstärken oder abpuffern können [22]. Zudem weiß man aus Vergleichen von ein- und zweieiigen Zwillingen [23], von Eltern und Kindern [24] sowie von US-amerikanischen Mädchen unterschiedlicher ethnischer Herkunft [25], dass genetische Faktoren den Beginn der Pubertät ebenfalls beeinflussen. Außerdem erklären der Fettanteil an der Körpermasse (BMI) und damit letztendlich der Ernährungszustand sowie sozioökonomische Unterschiede einen Teil der Variation im Beginn der Pubertät [26]. Zwischen dem Alter zu Beginn der Geschlechtsreife und der späteren sexuellen Orientierung gibt es aber keinen Zusammenhang [27]. Der Beginn der Pubertät ist also ein Merkmal, dass von zahlreichen genetischen und Umweltfaktoren beeinflusst wird, aber trotzdem einen stabilen Geschlechtsunterschied aufweist.

6.4 Wer hat mehr Sex und Kinder?

Die biologische Funktion der Geschlechter nach Erreichen der Geschlechtsreife betrifft die Fortpflanzung. Gibt es in diesem zentralen Aspekt unseres Daseins ebenfalls Geschlechtsunterschiede? Um Spermien für eine Befruchtung mit einer Eizelle zusammenzubringen, ist bekanntlich die Kooperation zwischen einer Frau und einem Mann vonnöten. Von daher hat jedes Kind genau eine Mutter und einen Vater. Wieso sollten sich Männer und Frauen also in ihrem Fortpflanzungserfolg unterscheiden? Neben individueller Variation – manche wollen oder können keine Kinder haben, andere nur eine bestimmte Zahl, wieder andere haben keinen Zugang zu Verhütungsmittel – spielt hier vor allem das Paarungssystem eine Rolle. Es geht also zunächst um die Fragen, wer sich wann mit wie vielen Partner:innen fortpflanzen kann, darf oder will und wieviel Variation es diesbezüglich in Raum und Zeit gibt, um dann zu untersuchen, ob und wie sich der durchschnittliche Fortpflanzungserfolg zwischen den Geschlechtern unterscheidet.

Werfen wir für eine evolutionäre Perspektive zunächst einen vergleichenden Blick auf die anderen Menschenaffen; genauer gesagt auf deren Paarungssysteme [28]. Schimpansen und Bonobos leben in Gemeinschaften aus mehreren erwachsenen Männchen und Weibchen, die sich im Laufe ihres Lebens mit zahlreichen, wenn nicht allen Gruppenmitgliedern verpaaren (Promiskuität). Bei Gorillas bestehen die meisten Gruppen dagegen aus einem Silberrücken und mehreren Weibchen, die zusammen auch eine Fortpflanzungseinheit bilden (Polygynie). Bei Gibbons bestehen die meisten Gruppen dagegen aus je einem erwachsenen Weibchen und Männchen, die sich zumeist exklusiv (Monogamie), aber manchmal eben auch mit einem Mitglied einer Nachbargruppe verpaaren [29]. Für jede der mit uns am nächsten verwandten Arten können wir also ein typisches Paarungssystem benennen, das die Mehrzahl der sozialen Einheiten charakterisiert. Das gilt auch für Makaken und Mäuse, Möwen und Meisen sowie viele andere von Verhaltensbiolog:innen untersuchte Arten. Aber was ist „das Paarungssystem des Menschen"?

Eigentlich eine einfache Frage, die aber gar nicht so einfach zu beantworten ist. Neben dem schon erwähnten Problem, dass Sex zumeist im Verborgenen stattfindet, zeigt der Blick auf unsere nächsten Primatenverwandten vier zusätzliche Aspekte auf, die bei der Charakterisierung des typisch menschlichen Paarungssystems berücksichtigt werden müssen. Erstens scheint dieses Merkmal nicht durch evolutionäre Faktoren eingeschränkt zu sein, da nahverwandte Arten sehr unterschiedliche Paarungssysteme aufweisen; wir werden also beispielsweise durch unsere promiske Bonobo-Verwandtschaft, bei denen erwachsene und selbst juvenile Weibchen und Männchen Sex mit allen anderen Gruppenmitgliedern haben [30], nicht zu obligaten Swingern vorbestimmt.

Zweitens gibt es mehr oder weniger Variabilität in der Zusammensetzung sozialer Einheiten, welche ihrerseits Paarungsoptionen innerhalb gewisser Grenzen festlegen bzw. eröffnen. So gibt es zwar keine paarlebenden Schimpansen, aber Gruppen von Gorillas oder Gibbons können durchaus gelegentlich ein zusätzliches Männchen bzw. Weibchen enthalten; d. h. es gibt innerartliche demografische Variabilität mit Konsequenzen für Fortpflanzungsoptionen. Drittens zeigen Gibbons, dass Paarungen auch außerhalb etablierter sozialer Einheiten auftreten können. Information darüber, wer mit wem zusammenlebt, ist also nicht notwendigerweise ausreichend, um ein Paarungssystem zu charakterisieren, insbesondere wenn Paarungen nicht öffentlich sind. Und schließlich ist es oft nicht möglich, allein aus der Beobachtung von Paarungen darauf zu schließen, wer letztendlich bei der Befruchtung erfolgreich war; Schimpansenweibchen verpaaren sich beispielsweise mehrere hunderte Male pro Befruchtung [31], aber letztendlich vollzieht nur ein Spermium von einem Männchen die Befruchtung. Dies sind nur die wichtigsten biologischen Probleme, die bei der Erforschung unseres Paarungssystems zu berücksichtigen sind und die nur durch eine vergleichende evolutionäre Betrachtung deutlich werden. Hinzu kommen bei unserer Spezies noch unzählige kulturelle Varianten, Vorlieben und Vorschriften, die ein eigenes Buch verdienen und daher den aktuellen Rahmen sprengen.

6.4.1 So trieben es unsere Vorfahren

Bei all dieser Diversität verschafft ein Blick in den Rückspiegel der Menschheitsgeschichte etwas Durchblick, da das Sozialsystem von *Homo sapiens* in den ersten 200.000 Jahren seiner Existenz mutmaßlich sehr viel einheitlicher war. Bis zum Beginn der Sesshaftigkeit vor 10.000–12.000 Jahren lebten nämlich alle unsere Vorfahren in Gesellschaften, die nach ihrer vorwiegenden Überlebensstrategie als Jäger und Sammler bezeichnet werden. Bis auf Europa hat sich diese Lebensweise auf allen Kontinenten bei jeweils mehreren Ethnien erhalten [32]. Natürlich handelt es sich bei diesen Mitmenschen nicht um isolierte Relikte aus dem Pleistozän, sondern in den allermeisten Fällen um Gesellschaften mit Kontakten zu anderen Sozietäten mit modernen Formen der Existenzsicherung, aber sie sind nun mal unser wichtigstes Fenster in unsere tiefe Vergangenheit; gerade in Bezug auf Merkmale des Sozialsystems. Trotz regionaler Unterschiede infolge von Anpassungen an lokale ökologische Gegebenheiten weisen die Sozialsysteme heute lebender Jäger-und-Sammler-Gesellschaften wichtige Gemeinsamkeiten auf. In Bezug auf unser Anliegen ist zunächst bedeutsam, dass die kleinsten sozialen Einheiten aus ca. 30 Personen bestehen [33], die sich jedoch durch ständige Wanderbewegungen zwischen benachbarten Einheiten in ihrer Größe und Zusammensetzung ändern [34]. Mehrere benachbarte Gruppen, die in dieser Weise interagieren, sind auf einer übergeordneten Ebene als Stamm miteinander verbunden.

Das stabile Element in praktisch allen diesen Gesellschaften sind heterosexuelle Paare, die auch für einen Großteil des Fortpflanzungsgeschehens verantwortlich sind. Eine durch Heirat öffentlich demonstrierte Bindung zwischen Mann und Frau findet sich in allen dahingehend untersuchten Jäger-und-Sammler-Gesellschaften. Insofern unterscheiden sich diese Gesellschaften fundamental von Schimpansen und Bonobos, die in ähnlich großen Gemeinschaften leben, aber keine permanenten Paarbeziehungen aufweisen. In 16,7 % von 186 vorindustriellen Gesellschaften weltweit existieren nur Paarbeziehungen (Abb. 6.1); in 82,3 % dieser Gesellschaften tritt aber auch Polygynie auf. Das heißt in polygynen Gesellschaften gibt es auch ein paar Männer, genauer gesagt im Durchschnitt 12 % der verheirateten Männer [35], die mit zwei oder mehr Frauen liiert sind. Da dieses Maß allerdings nichts darüber aussagt, ob die betroffenen Männer mit 2 oder 20 Frauen zusammen sind, ist der Anteil der polygyn verheirateten Frauen aussagekräftiger. Dieser Anteil liegt im Durchschnitt bei 20 % [35]. In diesen Zahlen gibt es sehr große Variation zwischen Gesellschaften, aber Polygynie erscheint insbesondere bei australischen Aborigines weit verbreitet [32]. Die umgekehrte Konstellation, dass eine Frau mit zwei oder mehr Männern verheiratet ist (Polyandrie), ist dagegen vergleichsweise selten (1,1 % der untersuchten Gesellschaften).

Interessanterweise sind die allermeisten Ehen (85,8 %) von den Eltern – seltener auch von anderen Verwandten – arrangiert; eine uneingeschränkt autonome Partnerwahl findet sich dagegen nur in 4,2 % dieser Gesellschaften [32]. Arrangierte Ehen charakterisieren das menschliche Paarungssystem schon mindestens seit der Besiedlung Australiens, also seit wenigstens 50.000 Jahren [36], und sind daher ursprünglich kein Resultat ökonomischer Überlegungen in modernen Gesellschaften nach der Sesshaftigkeit, aber die Ursachen dieser menschlichen Besonderheit sind nicht bekannt. Da die betroffenen Paare also in der Regel bei der Partnerwahl keine Mitsprache haben, ist es auch nicht verwunderlich, dass manche Ehen nicht dauerhaft sind. Scheidungen sind durchaus verbreitet, wobei Fremdgehen den häufigsten Grund dafür darstellt [37]. In moderneren vorindustriellen Gesellschaften sind zudem materielle Investitionen in arrangierte Ehen ein wichtiger Prädiktor für deren Stabilität [38]. Schließlich ist es wichtig zu bedenken, dass Mortalitätsraten in vorindustriellen Gesellschaften sehr hoch sein können [39],

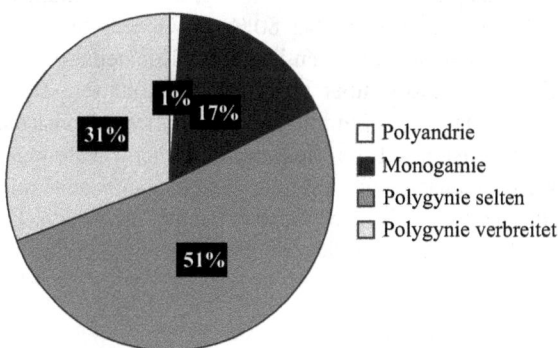

Abb. 6.1 Paarungssysteme von 186 vorindustriellen Gesellschaften. Polyandrie: Eine Frau ist mit mehreren Männern verheiratet; Monogamie: alle Frauen sind mit je einem Mann verheiratet; Polygynie „selten": < 20 % der Männer sind mit mehreren Frauen verheiratet; Polygynie „verbreitet": > 20 % der Männer sind mit mehreren Frauen verheiratet

und es daher aufgrund des Todes eines Partners zu weiteren Eheschließungen kommt. Monogame Paarbeziehungen können in diesen Gesellschaften also häufig seriell sein und beinhalten mehrere Partner im Laufe eines Lebens.

Über das Vorkommen von Homosexualität bei Jäger-und-Sammler-Gesellschaften gibt es dagegen nur sehr wenige Daten. Die Existenz von Androphilie, also eine generelle Anziehung und Erregung durch Männer, wird in ethnologischen Berichten viel häufiger erwähnt als die von sexuellen Handlungen zwischen Gleichgeschlechtlichen, aber die Mehrzahl der Beispiele von Androphilie betrifft das Vorkommen von Transvestismus [40]. Bei 8,9 % von 135 Gesellschaften gibt es bislang keine Hinweise auf das Vorkommen von Homosexualität; bei den Aka und Ngandu in der Zentralafrikanischen Republik existiert scheinbar nicht einmal ein Wort dafür [41]. Die Abwesenheit von Evidenz ist natürlich keine Evidenz für Abwesenheit, zumal dieser Aspekt der Sexualität für Ethnolog:innen sicher besonders schwierig zu untersuchen ist. Trotzdem scheinen tolerierte oder sogar offene homosexuelle Beziehungen bei vorindustriellen Gesellschaften sehr selten zu sein, was die Frage aufwirft, wie Menschen mit homosexueller Orientierung, die dort sicherlich auch existieren, sich damit arrangieren.

6.4.2 Treue und Untreue

Wie lässt sich das menschliche Paarungssystem also charakterisieren? Am auffälligsten ist die überwältigende innerartliche Variation, die sehr viel ausgeprägter ist als bei den allermeisten anderen Arten. Trotz dieser Variabilität sind institutionalisierte heterosexuelle Paarbeziehungen in allen Gesellschaften am weitesten verbreitet, und diese Paarbeziehungen beinhalten meistens, aber nicht immer, sexuelle Exklusivität. Im Laufe individueller Lebensgeschichten können mehrere Paarbeziehungen aufeinander folgen. Auch wenn in einer gegebenen Gesellschaft die meisten Individuen in Paarbeziehungen leben, ist Vielweiberei durchaus verbreitet und akzeptiert. Es ist also wichtig, die Betrachtungsebene genau zu spezifizieren; Polygynie kommt in über 80 % der Gesellschaften vor, aber in den meisten dieser Gesellschaften repräsentiert diese Konstellation nur eine Minderheit ihrer Mitglieder. Variation über historische Zeiträume – so wie wir sie aus der Studie aktueller Jäger-und-Sammler-Gesellschaften rekonstruieren – eröffnet eine zusätzliche Dimension auf die Vielfalt menschlicher Paarungssysteme. Wenn man das häufigste menschliche Paarungssystem benennen müsste, erscheint „Monogamie mit leichter Polygynie" daher am angebrachtesten. Dass diese Kategorisierung keinerlei normative Bedeutung hat, muss ich an dieser Stelle hoffentlich nicht extra betonen.

6.4.3 Der Hundertjährige, der noch Vater wurde

Das letztendliche Ziel all dieser Verbindungen ist die Fortpflanzung. In diesem Kontext stellt das Alter bei der ersten Geburt ein herausragendes Merkmal der biologischen Lebensgeschichte dar, weil es die Dauer der Zeitspanne, in der Frauen Kinder gebären können, maßgeblich bestimmt und das Ende sehr viel weniger variabel ist. Das Alter bei der ersten Geburt lag in Deutschland 2019 im Durchschnitt bei 30,1 Jahren [42]; das durchschnittliche Alter der Väter bei der ersten Geburt war 3 Jahre höher. Diese Altersdifferenz zwischen Frauen und Männern findet sich auch in verschiedenen historischen Populationen [43]. Bis zum Alter von ca. 34 Jahren ist der Anteil der Mütter an den Eltern eines Geburtsjahrgangs auch höher als der Anteil der Väter (Abb. 6.2a). Bekanntlich endet bei Frauen mit Eintritt der Menopause die Fertilität. Dementsprechend wurden in 2019 in Deutschland 94,1 % aller Kinder von Frauen zwischen 18 und 40 Jahren geboren; nur 3,5 % der Kinder hatten eine Mutter, die 40 Jahre oder älter war. Die älteste bekannte Mutter, die jemals ohne künstliche Befruchtung ein Kind gebar, war übrigens die 65-jährige Chinesin Xinju Tian [44]. Bei den 2019 in Deutschland lebend geborenen Kindern, von denen das Alter des Vaters bekannt war, reichte die Altersspannweite dagegen über mehr als 50 Jahre, wobei die 18–40-jährigen Männer nur 85,8 % aller Kinder zeugten; der Rest der

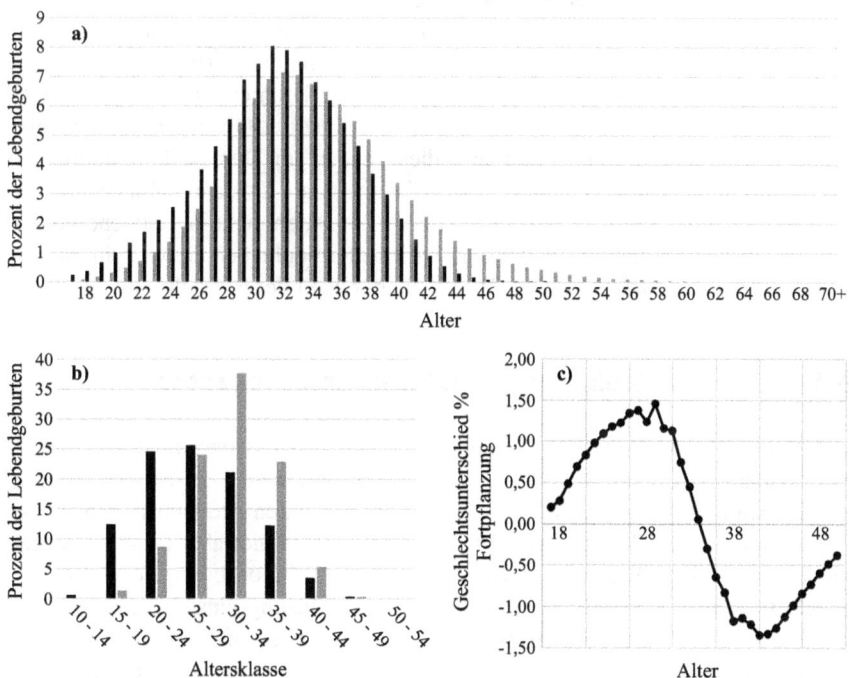

Abb. 6.2 Fortpflanzungsaktivität nach Alter und Geschlecht; **a)** Anteil der Lebendgeburten (N = 732.526) in Deutschland in 2019, getrennt nach Alter der Mütter (*schwarz*) und Väter (*grau*) [46]; **b)** Verteilung der Lebendgeburten in Südafrika (*schwarz*) und Deutschland (*grau*) in 2019, getrennt nach Altersklassen [46, 47]; **c)** Differenz (Frauen – Männer) der altersabhängigen Fortpflanzungsaktivität in Deutschland 2019 [46]

Vaterschaften entfiel auf bis zu mehr als 70 Jahre alte Männer (Abb. 6.2a). Der älteste dokumentierte Vater weltweit ist der 101-jährige US-Amerikaner James Smith [45].

Diese Altersunterschiede zwischen Eltern finden sich in dieser Größenordnung auch in anderen zeitgenössischen Gesellschaften; allerdings gibt es keine verlässlichen Daten über die Altersverteilung der Väter in nichtindustrialisierten Ländern [48]. Dort beginnen Frauen sehr viel früher mit dem Kinderkriegen: So bekamen beispielsweise in Madagaskar und Mali in 2018 gut 36 % der Frauen ihr erstes Kind schon bevor sie 18 Jahre alt waren [49], und in Südafrika – eines der wenigen afrikanischen Länder mit verlässlichen Bevölkerungsdaten – entfielen 2019 mehr als 60 % aller Lebendgeburten auf unter 30-Jährige (Abb. 6.2b). In Jäger- und-Sammler-Gesellschaften haben Frauen ihr erstes Kind im Durchschnitt ebenfalls schon mit 18–20 Jahren [50]. Die Fortpflanzung beginnt und endet bei Frauen also durchschnittlich früher als bei Männern, obwohl die verfügbaren absoluten Zahlen beim Vergleich von Populationen in Raum und Zeit stark variieren.

Wie lassen sich diese Unterschiede zwischen den Geschlechtern in ihren Fortpflanzungsmustern erklären? Der prozentuale Anteil am Reproduktionsgeschehen aller Frauen ist für Mütter bis zum Alter von ca. 34 Jahre höher als der korrespondierende Anteil in derselben Altersklasse der Männer (Abb. 6.2c). Da Frauen – wie schon erwähnt – eine generelle Präferenz für ältere Partner haben, könnte diese Differenz letztendlich ein Artefakt der Partnerwahl darstellen. So waren deutsche Frauen bei der Eheschließung 2019 mit 32,1 Jahren im Durchschnitt tatsächlich 2,5 Jahre jünger als ihre Ehemänner. Ab Mitte 30 werden dagegen überproportional mehr Männer Vater und diese haben im Durchschnitt mutmaßlich überproportional häufiger Partnerinnen, die mehr als 2,5 Jahre jünger sind. Für eine Überprüfung dieser Interpretation liegen die Daten nicht im notwendigen Detail vor, aber wir können festhalten, dass das Alter bei beiden Geschlechtern einen unterschiedlichen Einfluss auf die Wahrscheinlichkeit der Reproduktion hat.

6.4.4 Sind die Großmütter schuld an der Menopause?

Ein sehr viel grundlegender Geschlechtsunterschied existiert in der Dauer der Fortpflanzungsaktivität. Männer zeugen noch bis ins hohe Alter Kinder, wohingegen Frauen über 45 praktisch keine Kinder mehr gebären und wenige Jahre später ihre Fortpflanzungsaktivität beenden. Die Männer sind hier aber (ausnahmsweise) nicht das Problem. Vielmehr stellt sich hier aus evolutionsbiologischer Sicht die Frage, warum Frauen im besten Alter die Fortpflanzung einstellen, obwohl ihre durchschnittliche Lebenserwartung noch Jahrzehnte beträgt und sogar die der Männer übersteigt (s. Abschnitt 6.6). Sollten Individuen nach der evolutionsbiologischen Logik nicht ihren Lebensfortpflanzungserfolg maximieren?

Die Erklärung der Menopause stellt für Evolutionsbiolog:innen in der Tat eine harte Nuss dar. Die Tinbergen'sche Perspektive liefert auch hier komplementäre Einsichten für eine Erklärung. Zunächst zeigt die Verteilung der wenigen anderen Arten mit Menopause über den Stammbaum der Säugetiere, dass deren

Vorkommen nicht durch eine gemeinsame evolutionäre Geschichte erklärt wird. So gibt es bei keiner anderen Primatenart eine Menopause [51], sondern nur bei Asiatischen Elefanten und einer Handvoll Wale [52]. Die Menopause hat also nichts mit Merkmalen der Lebensgeschichte der Menschenaffen zu tun. Proximat kann das Ausbleiben von Ovulationen jenseits der 50 dadurch erklärt werden, dass die Anzahl funktionsfähiger Follikel (Eibläschen im Eierstock, in denen je eine Eizelle heranreift) durch Absterben in jungen Jahren rasch abnimmt und irgendwann aufgebraucht sind. Das heißt der Nachschub an Eizellen versiegt lange vor dem Lebensende, aber das erklärt nicht, warum diese physiologische Anpassung entstanden ist seit wir einen letzten gemeinsamen Vorfahren mit Schimpansen und Bonobos hatten.

Warum die Evolution den Verzicht auf eigene Fortpflanzung bei verbleibender Lebenserwartung von mehreren Jahrzehnten positiv bewertet hat, versucht die sogenannte „Großmutter-Hypothese" zu erklären [53]. Vereinfacht gesagt können ältere Frauen demnach im Durchschnitt mehr Kopien ihrer Gene in die nächste Generation bringen, wenn sie ihre Schwiegertöchter bei der Aufzucht von deren Kindern unterstützen anstatt sich selbst weiter fortzupflanzen. Diese Erklärung basiert auf zwei Annahmen über das ursprüngliche menschliche Sozialsystem, die sich in dieser Form unter anderem bei heutigen Jäger-und-Sammler-Gesellschaften bestätigt finden. Zum einen findet die Fürsorge für Kinder kooperativ zwischen mehreren Gruppenmitgliedern statt [54], wobei es aber zu Engpässen und damit Konkurrenz um diese Hilfe kommt, wenn zu viele Kinder gleichzeitig versorgt werden müssen. Zum anderen verlassen Frauen ihre Geburtsgruppe häufiger als Männer und heiraten in eine Sippe ein, in der sie mit niemandem genetisch verwandt sind. Wenn unter diesen Bedingungen ältere und jüngere Frauen um Unterstützung bei der Kinderaufzucht konkurrieren, haben Ältere vergleichsweise weniger durch die Einstellung ihrer Reproduktion zu verlieren, da sie über ihre Söhne mit ihren Enkeln verwandt sind, die Schwiegertöchter aber nicht leiblich mit den Kindern der Schwiegermutter verwandt sind. Ältere Frauen können also durch ihren nicht durch eigene Fortpflanzung eingeschränkten Beitrag zur Fürsorge ihrer Enkel auf diesem indirekten Weg letztendlich mehr Kopien ihrer Gene weitergeben als dies durch eigene, direkte Fortpflanzung im fortgeschrittenen Alter möglich wäre. Da das Einsetzen der Menopause zudem kaum zwischen Frauen in Gesellschaften mit unterschiedlichen Lebensbedingungen variiert, ist sie also kein Artefakt einer modernen Lebensweise, sondern sie kann mit evolutionsbiologischen Prinzipien schlüssig erklärt werden.

6.4.5 Wieso (manche) Männer mehr Kinder haben als Frauen

Bleibt also abschließend noch zu klären, ob sich die Geschlechter im durchschnittlichen Fortpflanzungserfolg unterscheiden. Wir haben ja schon gesehen, dass Männer in einem polygynen Paarungssystem eine größere Varianz im potenziellen Fortpflanzungspotenzial aufweisen, dass Fremdgehen für Männer in monogamen Paarungssystemen mit größeren evolutionären Vorteilen als Risiken verbunden ist und dass Frauen eine kürzere Fortpflanzungskarriere haben. Haben Männer daher im Durchschnitt auch mehr Kinder als Frauen? Es kommt darauf an. Genauer gesagt, bestimmt die Art der zur Verfügung stehenden Daten und die Betrachtungsebene mögliche Antworten.

Betrachten wir zunächst die Geburtsstatistiken für Deutschland aus 2019. Demnach hatte jeder Mann zwischen 15 und 69 Jahren durchschnittlich 1,45 Kinder; Frauen dagegen 1,54 [55] Diese standardisierten Geburtenziffern sind aber auf die Gesamtbevölkerung bezogen und unterscheiden sich daher zwischen den Geschlechtern, weil die geborenen Kinder zwar ebenfalls nur Frauen im gebärfähigen Alter (15–49) zugeordnet werden, dieses Zeitfenster aber 20 Jahre kürzer ist als das der Männer. Außerdem gibt es insgesamt in jedem Jahrgang mehr Männer. Wenn man berücksichtigt, dass Väter im Durchschnitt 2–3 Jahre älter sind als die Mütter, kommen beispielsweise 122 potenzielle 28-jährige Väter auf 100 25-jährige potenzielle Mütter [55]. Von daher ist es nicht verwunderlich, dass Frauen statistisch betrachtet einen etwas größeren durchschnittlichen individuellen Fortpflanzungserfolg haben, aber diese Daten erlauben keine differenzierte Analyse.

Wenn zusätzliche Daten vorliegen, kann der Einfluss weiterer Faktoren auf den Fortpflanzungserfolg untersucht werden. So haben beispielsweise Männer in den skandinavischen Ländern ebenfalls geringere Geburtsziffern als Frauen. Diese variieren aber auch als Funktion des Alters und Bildungsstandes: Männer mit geringer Bildung haben die geringste Fertilität; Frauen mit geringer Bildung dagegen die Höchste, wobei sich der Unterschied zwischen den Geschlechtern in den letzten Jahrzehnten aber verringert hat [56]. Ein Blick auf Daten aus 163 Ländern fördert zusätzliche Faktoren zutage, die sowohl Variation in absoluten Geburtsziffern als auch im Verhältnis der männlichen und weiblichen Zahlen erklären. So variiert die durchschnittliche Kinderzahl von Frauen zwischen 1 und 8; die von Männern reicht dagegen bis 13 Kinder [57] – durchschnittlich wohl gemerkt! Der vernachlässigbare geringe Unterschied in der durchschnittlichen Geburtsziffer zwischen den Geschlechtern in Deutschland findet sich auch in vielen anderen industrialisierten Ländern. In circa zwei Drittel der Nationen ist der Wert für Männer aber deutlich höher; in 30 Ländern sogar um mehr als 50 %. Dieser Ungleichheit lässt sich, wie in Deutschland, auf altersabhängige Geschlechtsunterschiede im Fortpflanzungsalter sowie die Form der Alterspyramide der Bevölkerung zurückführen, wobei es in nichtindustrialisierten Ländern durch erhöhte Mortalität und Abwanderung zu ausgeprägten Überhängen an Frauen im gebärfähigen Alter kommt.

Schließlich nimmt das Verhältnis der durchschnittlichen männlichen und weiblichen Geburtsziffern mit dem Anteil der polygyn verheirateten Frauen in einem Land zu [57]. Diese Gesellschaften haben auch die größte Varianz im durchschnittlichen männlichen Fortpflanzungserfolg; also in der durchschnittlichen Abweichung vom Mittelwert. Das heißt in polygynen Gesellschaften gibt es für jeden Mann mit vielen Kindern mehrere andere mit wenigen oder gar keinen Kindern.

6.4 Wer hat mehr Sex und Kinder?

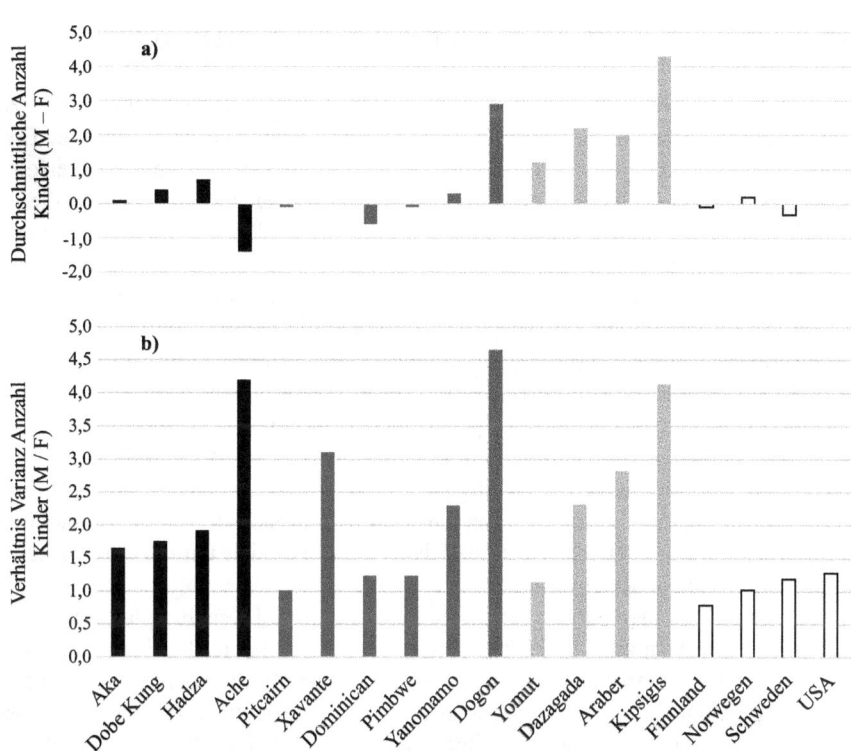

Abb. 6.3 Variation im Fortpflanzungserfolg in verschiedenen Gesellschaften [59]; **a)** Geschlechtsunterschiede in der durchschnittlichen Anzahl von Kindern (Männer – Frauen); **b)** Verhältnis der Varianz in der Anzahl der Kinder zwischen den Geschlechtern (Männer/Frauen). *Schwarz*: Jäger & Sammler, *dunkelgrau*: vorwiegend bäuerliche, *hellgrau*: vorwiegend viehhaltende, *weiß*: industrialisierte Gesellschaften

Bei einem Vergleich von 11 traditionellen Gesellschaften mit entsprechend detaillierten Daten war die größte Varianz im durchschnittlichen weiblichen Fortpflanzungserfolg geringer als die kleinste männliche [58]. Zudem vergrößert sich dieser Unterschied durch eine Zunahme der Varianz des Fortpflanzungserfolgs der Männer noch, wenn man Jäger-und-Sammler-Gesellschaften mit niedergelassenen Bauern-und-Hirten-Gesellschaften vergleicht. In industrialisierten Gesellschaften ist der Geschlechtsunterschied sowohl im Mittelwert (Abb. 6.3a) als auch in der Varianz (Abb. 6.3b) im durchschnittlichen Fortpflanzungserfolg vergleichsweise geringer. Diese Kenngrößen variieren also mindestens mit dem Alter, sozialer Stellung, Paarungssystem, Kultur und Subsistenztyp, wobei die Unterschiede zwischen Frauen und Männern unterschiedlich stark ausgeprägt sind. Wenn sie statistisch signifikant sind, fallen sie aber immer zugunsten der Männer aus.

6.5 Who cares? Wer kümmert sich um den Nachwuchs?

Die Produktion von Nachkommen ist in vielen Arten nicht hinreichend, um zu gewährleisten, dass der Nachwuchs das fortpflanzungsfähige Alter erreicht. Erst dann ist nämlich aus evolutionsbiologischer Sicht ein Fortpflanzungszyklus erfolgreich abgeschlossen. Bei vielen Tieren kommen die Nachkommen nicht alleine zurecht, nachdem sie das Licht der Welt erblicken, sondern ihr Überlebenserfolg ist maßgeblich von elterlicher Fürsorge abhängig. Diese kann sehr unterschiedliche Formen annehmen; je nach den spezifischen Bedürfnissen einer Art helfen Eltern, indem sie ihre Jungen beispielsweise bebrüten, füttern, wärmen, bewachen oder verteidigen. In den meisten Fällen können beide Eltern diese Aufgaben prinzipiell wahrnehmen und tun dies dann auch oft. Immer dann, wenn es anderswo weitere potenzielle Fortpflanzungsgelegenheiten gibt und das Wohlergehen der aktuellen Nachkommen dadurch nicht kompromittiert wird, belohnt die Evolution aber Eltern, die ihre aktuellen abhängigen Nachkommen verlassen, weil sie ihren Fortpflanzungserfolg so erhöhen können. Damit stellt sich die Frage, ob das Geschlecht einen systematischen Einfluss darauf hat, wer sich um die Jungen kümmert und wer den anderen verlässt?

Das kommt wieder darauf an; diesmal vor allem auf den Bauplan einer Art, also auf deren Anatomie und Physiologie. Manche Aspekte der Jungenfürsorge sind nämlich bei manchen Tieren an geschlechtsspezifische Merkmale der Fortpflanzung gebunden. Wenn beispielsweise die Befruchtung extern stattfindet (z. B. bei vielen Fischen und Amphibien) können sich beide Eltern prinzipiell danach um die befruchteten Eier kümmern; bei interner Befruchtung sind dagegen zunächst die Weibchen dazu verdonnert. Einen vergleichbaren nachhaltigen Einfluss hat die einmalige, namensgebende Form der obligaten Ernährung der Nachkommen bei Säugetieren: das Stillen. Das weibliche Monopol auf die Milchproduktion ist tatsächlich der bedeutsamste beschränkende Faktor im Bereich der Jungenfürsorge im Tierreich. Bei allen Wirbellosen und Wirbeltieren gibt es nämliche Beispiele für Arten mit elterlicher Fürsorge, bei denen sich entweder nur die Weibchen, nur die Männchen oder beide um den Nachwuchs kümmern. Die einzige Ausnahme stellt die fehlende rein väterliche Fürsorge bei Säugetieren dar [60]. Bei Reptilien gibt es zwar auch keine lebende Art, bei der sich nur die Väter um die Nachkommen kümmern, aber es gab möglicherweise Dinosaurier, bei denen dies der Fall war [61].

Die Zwänge der internen Befruchtung, gefolgt von Trächtigkeit und anschließender obligaten Laktation, machen es männlichen Säugetieren aus den genannten evolutionsbiologischen Gründen leichter, die Mütter ihrer aktuellen Nachkommen zu verlassen. Dementsprechend sind die Mütter bei den allermeisten Säugetieren auch alleinerziehend. Bei circa 10 % der Säugetierarten gibt es in dieser Hinsicht aber interessante Variation. Zum einen gibt es Arten, so wie zum Beispiel Springaffen oder manche Füchse, bei denen sich die Väter ebenfalls an der Jungenfürsorge beteiligen, indem sie Jungtiere tragen, beschützen oder – wenn sie älter sind – füttern. Bei anderen Arten, darunter ebenfalls hauptsächlich Raubtiere und Primaten, beteiligen sich entweder zusätzlich oder exklusiv andere

Gruppenmitglieder an der Jungenfürsorge [62]. Die meisten Arten mit einer Form der nicht exklusiven mütterlichen Jungenfürsorge sind paarlebend oder die Fortpflanzung ist auf ein Paar pro Gruppe beschränkt, wodurch der durchschnittliche Verwandtschaftsgrad der Gruppenmitglieder, und damit letztendlich die Netto-Vorteile des Helfens, erhöht werden [63].

6.5.1 *Mother's little helpers:* Kooperative Kinderaufzucht

Bei Menschen sind Kinder zunächst auch darauf angewiesen, dass sie sich mithilfe mütterlicher Energie entwickeln und nach der Geburt durch Milch ernährt werden. In der Tat sind Kinder bei der Geburt absolut hilflos und werden trotzdem anschließend sehr viel früher entwöhnt als die Jungtiere ähnlich großer anderer Primaten. Dafür folgen danach noch viele Jahre der materiellen Abhängigkeit und des sozialen Lernens, in denen Kinder auf die Hilfe und Fürsorge anderer Personen angewiesen sind, und sie erreichen die Geschlechtsreife vergleichsweise viel später als andere Menschenaffen [54]. Dadurch, dass unsere Spezies aber auch vergleichsweise viel kürzere Abstände zwischen aufeinanderfolgenden Geburten hat, müssen sich Mütter um mehrere Kinder mit unterschiedlichen Bedürfnissen gleichzeitig kümmern; dieses Problem teilen wir exklusiv mit Kängurus & Co., aber keiner anderen Primatenart. Die dadurch notwendige komplexe Fürsorge wird neben den Vätern auch von anderen, zum Teil nicht mit dem Kind verwandten Gruppenmitgliedern geleistet; die wichtige Rolle von Großmüttern habe ich ja schon angesprochen. Im Unterschied zu anderen Säugetieren mit dieser sogenannten kooperativen Jungenaufzucht reproduziert sich in menschlichen Gesellschaften mit natürlichen Fertilitätsraten (also ohne Geburtenkontrolle) aber nicht nur eine oder wenige Frauen, und die Helfer:innen sind nicht ausschließlich ältere Geschwister der jüngsten Nachkommen [54].

Der Anteil der Mütter an der Versorgung ihrer Kinder ist über alle untersuchten Jäger-und-Sammler-Gesellschaften hinweg bei circa 50 % (aus Sicht der Kinder), wobei allein dem Stillen ein fester Zeitanteil gewidmet ist. Die anderen empirisch gemessenen Aspekte der Fürsorge umfassen Tragen, Halten, Füttern und Pflegen (Waschen, Anziehen etc.). Der zweithöchste Anteil der Kinderbetreuung wird von älteren Geschwistern geleistet; in den allermeisten Fällen vor allem von Schwestern [54]. Mit ganz wenigen Ausnahmen leisten Männer den geringsten (< 10 %) Beitrag zu diesen direkten Formen der Kinderbetreuung, aber sie sind maßgeblich für die Versorgung mit Nahrung verantwortlich, die mit allen Gruppenmitgliedern geteilt wird. Grundsätzlich leisten Mädchen und Frauen in traditionellen Gesellschaften also den Großteil der Kinderbetreuung und -versorgung.

Auch in modernen Kleinfamilien in industrialisierten Gesellschaften, in denen meist nur noch zwei Generationen unter einem Dach leben und die Kinderzahl im Vergleich zu früheren Großfamilien reduziert ist, tragen Frauen mehr zum Gesamtaufwand an elterlicher Fürsorge bei. In 2017 lebten in Deutschland 12,3 Mio. minderjährige Kinder zusammen mit zwei Elternteilen in einem Haushalt; 2,4 Mio. Kinder lebten dagegen nur mit einem Elternteil [64]. In 88 % der

Haushalte mit nur einem Elter lebten die Kinder mit ihrer Mutter. Von daher gibt es insgesamt mehr Mütter, die sich gemeinsam oder alleine um ihre Kinder kümmern. Wenn man die Zeit, die innerhalb der Haushalte für Kindererziehung, aber auch für Pflege und andere Hausarbeiten aufgebracht wird, vergleicht, wenden deutsche Frauen im Durchschnitt 43 % mehr Zeit für diese häuslichen Aufgaben auf als Männer [65]. Für den größeren Anteil der weiblichen Alleinerziehenden gibt es aber keine offensichtliche biologische Erklärung.

6.6 Leben Frauen länger oder sterben Männer früher?

Das Ende der (Lebens-)geschichte ist allen bekannt. Das Leben ist endlich und der Tod unvermeidlich. Aber gibt es Hinweise dafür, dass ein Geschlecht anfälliger für Krankheiten und Unfälle ist? Die Kindersterblichkeit in Deutschland ist im ersten Jahr nach der Geburt inzwischen glücklicherweise sehr gering: Im Jahr 2018 überlebten nur 0,3 % der Neugeborenen das erste Lebensjahr nicht. Davon starben mehr als die Hälfte bereits in der ersten Woche und 55,8 % der Verstorbenen waren Jungen [1]. Das Geschlecht hat also scheinbar tatsächlich vom ersten Tag an einen Einfluss auf die Überlebenswahrscheinlichkeit eines Menschen.

In 2019 – also noch vor Corona – sind in Deutschland insgesamt 939.520 Menschen gestorben. Mit den Daten über deren Alter und Geschlecht sowie den entsprechenden Daten der letzten 100 Jahre lassen sich mithilfe einer sogenannten Sterbetafel alters- und geschlechtsspezifische Sterbewahrscheinlichkeiten und durchschnittliche Lebenserwartungen berechnen. Diese Daten sind nicht nur von wissenschaftlichem Interesse, sondern auch für Lebensversicherungen und Rentenprognosen essenziell, und sie geben einen Anhaltspunkt für die durchschnittliche individuelle Überlebensperspektive, die natürlich von den jeweiligen Lebensverhältnissen, der Lebensführung, gesundheitlichen Belastungen und anderem mehr abhängen. Dazu gleich noch mehr. Zunächst ein Blick auf die aktuellen Zahlen; durch Corona sind ja alle Leser:innen mit Inzidenzwerten pro 100.000 Einwohner ja bestens vertraut.

Um den für unsere Zwecke wichtigsten Punkt vorweg zu nehmen: In allen Altersklassen haben Männer eine höhere Sterbewahrscheinlichkeit als Frauen. Auch die durchschnittliche Lebenserwartung für Neugeborene unterscheidet sich – und zwar um fast 5 Jahre! Die Lebenserwartung neugeborener Mädchen betrug 2019 83,6 Jahre; die der Knaben nur 78,6 Jahre [66]. Das erste Lebensjahr ist durch hohe Sterbewahrscheinlichkeiten charakterisiert, die erst wieder jenseits der 50 übertroffen werden: 348 Jungen und 292 Mädchen von jeweils 100.000 sterben vor ihrem ersten Geburtstag (Abb. 6.4a). Die geringste Sterbewahrscheinlichkeit erreichen beide Geschlechter mit ungefähr 10 Jahren. Danach steigt sie stetig an, wobei es für junge Männer um die 20 ein auffällig höheres Risiko gibt, in diesem Alter zu sterben. Mit Erreichen des 70. Lebensjahres werden die Inzidenzzahlen für beide Geschlechter vierstellig. Wenn wir die weibliche Sterbewahrscheinlichkeit = 100 setzen, liegt die männliche im ersten Lebensjahr über 20 % darüber. Bei

6.6 Leben Frauen länger oder sterben Männer früher?

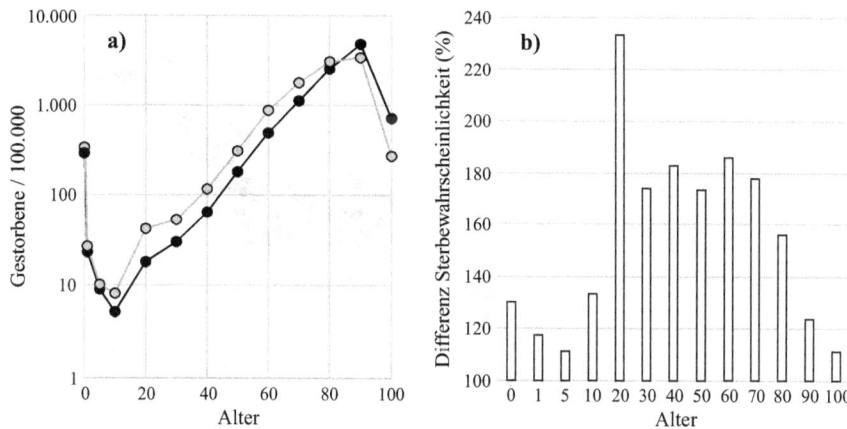

Abb. 6.4 a) Altersabhängige Sterbewahrscheinlichkeit von deutschen Frauen (*schwarz*) und Männern (*grau*); b) Prozentualer Unterschied in der Sterbewahrscheinlichkeit von deutschen Männern und Frauen als Funktion des Alters (Frauen = 100 %) [66]

den 20-Jährigen ist der Geschlechtsunterschied aber mehr als doppelt so groß, und erst bei den 90-Jährigen geht er wieder auf circa 20 % zurück (Abb. 6.4b).

Wie robust und repräsentativ ist diese Momentaufnahme aus Deutschland in 2019? Die vergleichende Betrachtung in Zeit und Raum zeigt eindrücklich, dass die absoluten Zahlen für beide Geschlechter massiv variieren, der Geschlechtsunterschied dabei zwar im Ausmaß, aber nicht in der Richtung schwankte. So hat sich die durchschnittliche Lebenserwartung in Deutschland in den letzten 150 Jahren für Männer und Frauen mehr als verdoppelt! Allein zwischen den 1870er- und 1950er-Jahren – also innerhalb einer Lebensspanne – erhöhte sich die Lebenserwartung um 30 Jahre. In anderen europäischen Ländern erfolgten vergleichbare drastische Änderungen in relativ kurzer Zeit. In der Größenordnung der historischen Änderungen der Lebenserwartung in den industrialisierten Ländern bewegt sich auch die Variation, die heute zwischen verschiedenen Ländern existiert [67]: So betrug die durchschnittliche Lebenserwartung in Hongkong, Japan und Singapur in 2018 um die 84 Jahre; in Tschad, Lesotho und der Zentralafrikanischen Republik genau 30 Jahre weniger! In allen 184 Nationen, für die geschlechtsspezifische Daten vorliegen, genießen Frauen eine höhere Lebenserwartung (Abb. 6.5). Die Größe des Geschlechtsunterschiedes in der durchschnittlichen Lebenserwartung ist dabei unabhängig von der absoluten Lebenserwartung und wird auch nicht von der geografischen Lage oder vom Bruttoinlandsprodukt vorhergesagt: In Bhutan, Guinea und Mali ist der Unterschied mit circa 1 Jahr am geringsten; in Syrien, Litauen und Russland beträgt er über 10 Jahre. Allerdings weist dieser *Gender Gap* auch eine zeitliche Dynamik auf: Der Geschlechtsunterschied in der verbleibenden Lebenserwartung von 65-jährigen in 17 entwickelten Nationen war über Jahrhunderte < 1 Jahr, stieg dann im 20. Jahrhundert auf das etwa Vierfache

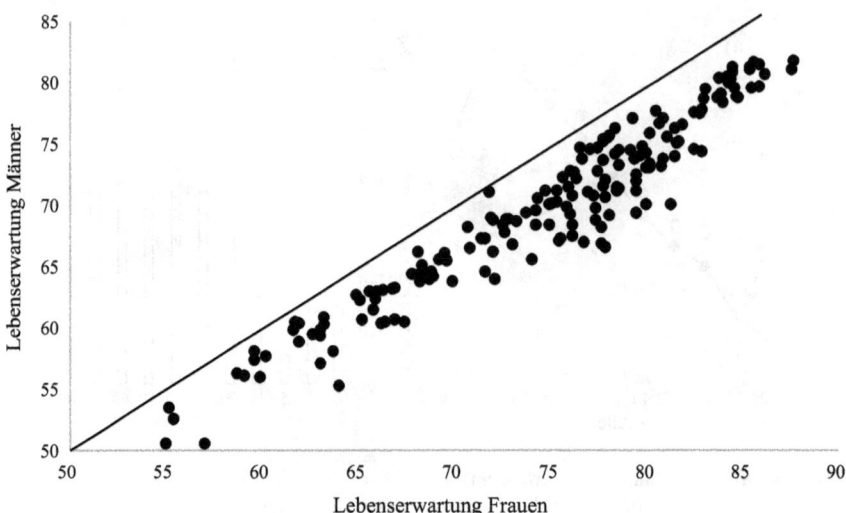

Abb. 6.5 Durchschnittliche Lebenserwartung von Frauen und Männern in 184 Nationen, die durch jeweils einen Punkt repräsentiert sind. Die Gerade zeigt die identische Lebenserwartung für beide Geschlechter an [67]. Überall auf der Welt leben Frauen im Durchschnitt länger

an, bevor er in den letzten 30 Jahren wieder geringer wurde [68]. Es ist plausibel, dass diese Dynamik dadurch zu erklären ist, dass mit der zunehmenden Verfügbarkeit von Zigaretten im 20. Jahrhundert zunächst die Mortalität der Raucher massiv anstieg und erst mit der Zunahme an Raucherinnen in den letzten Jahrzehnten wieder teilweise ausgeglichen wurde. Rauchen alleine ist heutzutage nämlich für 40–60 % des *Gender Gaps* in der Lebenserwartung verantwortlich [69]!

Bleibt noch zu klären, ob sich Geschlechtsunterschiede in der Sterblichkeit bzw. Lebenserwartung auch bei anderen Arten wiederfinden. Ein Vergleich von 50 Säugetierarten, für die Langzeitdaten vorlagen, förderte zutage, dass deren Weibchen im Durchschnitt 20,3 % länger leben als die dazugehörenden Männchen [70]. Außerdem ist dieser Geschlechtsunterschied bei zwei Drittel der untersuchten Populationen absolut größer als der Durchschnittswert (Median) menschlicher Populationen. Offensichtlich haben Männchen dieser Säugetiere ihr ganzes Leben lang auch eine höhere Sterbewahrscheinlichkeit als Weibchen. Vielleicht ist ja Lebensgeschichte der Säugetiere, die bekanntlich mit geschlechtsspezifischen Zwängen behaftet ist, für die einheitliche Richtung des Geschlechtsunterschieds verantwortlich? Wenn man den Vergleich der durchschnittlichen Lebenserwartung auf alle Wirbeltiergruppen und etliche Wirbellose ausdehnt, ergibt sich ein etwas differenzierteres Bild: Hier zeigte sich nämlich, dass das homogametische Geschlecht, also das mit zwei identischen Geschlechtschromosomen, im Durchschnitt 17,6 % länger lebt [71]. Allerdings hat das Geschlecht einen zusätzlichen Effekt: Bei Arten, in denen Weibchen zwei unterschiedliche Geschlechtschromosomen haben, leben die Männchen 7,6 % länger; wenn die Männchen die unterschiedlichen Geschlechtschromosomen haben, leben die Weibchen sehr viel mehr (20,9 %) länger. Also auch hier: *sex matters*!

Diese Studien leiten direkt zur entscheidenden Frage nach den Ursachen des Geschlechtsunterschieds in der Sterblichkeit bzw. Lebenserwartung über. Kommen diese Unterschiede beim Menschen also dadurch zustande, dass Frauen länger leben oder Männer früher sterben? Letztendlich ist entscheidend, ob sich bestimmte Todesursachen systematisch zwischen den Geschlechtern unterscheiden. Hier ist es sinnvoll, zwischen sogenannten intrinsischen (inneren) und extrinsischen (äußeren) Ursachen zu unterscheiden. Intrinsische Todesursachen beschreiben genetische und physiologische Faktoren, wohingegen extrinsische Ursachen Umwelteinflüsse und Verhaltenskonsequenzen beinhalten. Die schwierige Aufgabe von Demograf:innen besteht also darin, Geschlechtsunterschiede in den Effekten zahlreicher Faktoren und deren Interaktionen zu untersuchen und zu trennen. Das Spektrum der Faktoren reicht von genetischen Prädispositionen für bestimmte Krankheiten über den Alkoholkonsum hin bis zum sozioökonomischen Status, was es in diesem Rahmen unmöglich macht, alle möglichen Faktoren zu beleuchten. Im nächsten Abschnitt werde ich Geschlechtsunterschiede in einigen Determinanten intrinsischer Mortalität etwas ausführlicher besprechen. Insgesamt werden aber extrinsischen Faktoren eine größere Rolle (bis zu 75 %) bei der Ausbildung des *Gender Gaps* in der Sterblichkeit zugeschrieben. Wir haben also vieles an unserem Schicksal selbst in der Hand.

Die im Vergleich zu Frauen höhere Wahrscheinlichkeit, ein bestimmtes Alter nicht zu erleben, wird im Wesentlichen durch ein paar Faktoren erklärt: Männer konsumieren häufiger Tabak, Alkohol und anderen Drogen [69], und sie werden häufiger Opfer von Morden, Selbstmorden und Verkehrsunfällen. Diese Todesursachen sind allerdings nicht gleichmäßig über Männer aller Altersklassen verteilt. Vielmehr scheinen bestimmte Untergruppen ein besonders riskantes Leben zu führen. Diese (statistischen) Untergruppen sind vor allem durch die Kombination von Tabak- und Alkoholgenuss, schlechter Ernährung, erhöhter Gewalt und geringe Bildung charakterisiert [72]. Der massive Anstieg der geschlechtsspezifischen Mortalität zwischen 15 und 25 (Abb. 6.4b) hat zur Prägung des Begriffs *young male syndrome* geführt [73], der dieses Phänomen prägnant zusammenfasst. Die Bereitschaft, bei ganz verschiedenen Aktivitäten mehr Risiken in Kauf zu nehmen, ist bei Männern generell höher [74]. Im evolutionären Kontext sind diese Merkmale mit der Konkurrenz mit Gleichgeschlechtlichen und der beeindruckenden Wirkung auf das andere Geschlecht assoziiert. Der daraus resultierende höhere individuelle oder soziale Status wird von der Evolution mit der Aussicht auf einen erhöhten Fortpflanzungserfolg der Überlebenden belohnt [75]. Also: Wer nicht wagt, der nicht gewinnt – aber der Einsatz ist hoch. Männer sterben daher statistisch gesehen früher.

Zusammenfassend lässt sich also festhalten, dass es in all diesen Merkmalen der Lebensgeschichte Geschlechtsunterschiede gibt. Diese Unterschiede finden sich in ähnlicher Ausprägung auch bei anderen Arten und können in Bezug auf ihre Richtung hinreichend erklärt werden, wobei evolutionäre geschlechtsspezifische Fortpflanzungsstrategien eine dominierende Rolle spielen. Etliche dieser

Geschlechtsunterschiede sind in der Stärke – aber nicht in ihrer Richtung – zwischen menschlichen Populationen variabel. Biologische Unterschiede zwischen den Geschlechtern in Merkmalen der Lebensgeschichte sind also evolutionär vorteilhaft, aber teilweise durch kulturelle und ökologische Faktoren modulierbar.

Literatur

1. https://www.destatis.de/DE/Themen/Gesellschaft-Umwelt/Bevoelkerung/_inhalt.html
2. Chao F, Gerland P, Cook AR, Alkema L (2019) Systematic assessment of the sex ratio at birth for all countries and estimation of national imbalances and regional reference levels. Proc Natl Acad Sci USA 116(19):9303–9311
3. Rahman MS, Pang M-G (2020) New biological insights on X and Y chromosome-bearing spermatozoa. Front Cell Dev Biol 7:388
4. Orzack SH, Stubblefield JW, Akmaev VR, Colls P, Munné S, Scholl T, Steinsaltz D, Zuckerman JE (2015) The human sex ratio from conception to birth. Proc Natl Acad Sci USA 112(16):E2102–E2111
5. Kiserud T, Piaggio G, Carroli G, Widmer M, Carvalho J, Neerup Jensen L, Giordano D, Cecatti JG, Abdel Aleem H, Talegawkar SA, Benachi A, Diemert A, Tshefu Kitoto A, Thinkhamrop J, Lumbiganon P, Tabor A, Kriplani A, Gonzalez Perez R, Hecher K, Hanson MA, Gülmezoglu AM, Platt LD (2017) The World Health Organization fetal growth charts: a multinational longitudinal study of ultrasound biometric measurements and estimated fetal weight. PLoS Med 14(1):e1002220
6. Fausto-Sterling A (2016) How else can we study sex differences in early infancy? Dev Psychobiol 58(1):5–16
7. Jelenkovic A, Sund R, Yokoyama Y, Hur YM, Ullemar V, Almqvist C, Magnusson PK, Willemsen G, Bartels M, Beijsterveldt CEV, Bogl LH, Pietiläinen KH, Vuoksimaa E, Ji F, Ning F, Pang Z, Nelson TL, Whitfield KE, Rebato E, Llewellyn CH, Fisher A, Bayasgalan G, Narandalai D, Bjerregaard-Andersen M, Beck-Nielsen H, Sodemann M, Tarnoki AD, Tarnoki DL, Ooki S, Stazi MA, Fagnani C, Brescianini S, Dubois L, Boivin M, Brendgen M, Dionne G, Vitaro F, Cutler TL, Hopper JL, Krueger RF, McGue M, Pahlen S, Craig JM, Saffery R, Haworth CM, Plomin R, Knafo-Noam A, Mankuta D, Abramson L, Burt SA, Klump KL, Vlietinck RF, Derom CA, Loos RJ, Boomsma DI, Sørensen TIA, Kaprio J, Silventoinen K (2018) Birth size and gestational age in opposite-sex twins as compared to same-sex twins: an individual-based pooled analysis of 21 cohorts. Sci Rep 8(1):6300
8. Arnold AP (2009) The organizational-activational hypothesis as the foundation for a unified theory of sexual differentiation of all mammalian tissues. Horm Behav 55(5):570–578
9. Auyeung B, Lombardo MV, Baron-Cohen S (2013) Prenatal and postnatal hormone effects on the human brain and cognition. Pflügers Arch – Eur J Physiol 465(5):557–571
10. Spencer D, Pasterski V, Neufeld S, Glover V, O'Connor TG, Hindmarsh PC, Hughes IA, Acerini CL, Hines M (2017) Prenatal androgen exposure and children's aggressive behavior and activity level. Horm Behav 96:156–165
11. Bütikofer A, Figlio DN, Karbownik K, Kuzawa CW, Salvanes KG (2019) Evidence that prenatal testosterone transfer from male twins reduces the fertility and socioeconomic success of their female co-twins. Proc Natl Acad Sci USA 116(14):6749
12. Wadhwa PD, Buss C, Entringer S, Swanson JM (2009) Developmental origins of health and disease: brief history of the approach and current focus on epigenetic mechanisms. Semin Reprod Med 27(5):358–368
13. Acosta H, Tuulari JJ, Scheinin NM, Hashempour N, Rajasilta O, Lavonius TI, Pelto J, Saunavaara V, Parkkola R, Lähdesmäki T, Karlsson L, Karlsson H (2019) Maternal pregnancy-related anxiety is associated with sexually dimorphic alterations in amygdala volume in 4-year-old children. Front Behav Neurosci 13:175

14. Goldstein JM, Hale T, Foster SL, Tobet SA, Handa RJ (2019) Sex differences in major depression and comorbidity of cardiometabolic disorders: impact of prenatal stress and immune exposures. Neuropsychopharmacology 44(1):59–70
15. Nordenström A (2020) Puberty in individuals with a disorder of sex development. Curr Opin Endocr Metab Res 14:42–51
16. Ong KK, Ahmed ML, Dunger DB (2006) Lessons from large population studies on timing and tempo of puberty (secular trends and relation to body size): the European trend. Mol Cell Endocrinol 254–255:8–12
17. Brix N, Ernst A, Lauridsen LLB, Parner E, Støvring H, Olsen J, Henriksen TB, Ramlau-Hansen CH (2019) Timing of puberty in boys and girls: a population-based study. Paediatr Perinat Epidemiol 33(1):70–78
18. Aksglaede L, Olsen LW, Sørensen TI, Juul A (2008) Forty years trends in timing of pubertal growth spurt in 157,000 Danish school children. PLoS ONE 3(7):e2728
19. Schacht R, Kramer KL (2019) Are we monogamous? A review of the evolution of pair-bonding in humans and its contemporary variation cross-culturally. Front Ecol Evol 7:230
20. Badyaev AV (2002) Growing apart: an ontogenetic perspective on the evolution of sexual size dimorphism. Trends Ecol Evol 17(8):369–378
21. Parent AS, Teilmann G, Juul A, Skakkebaek NE, Toppari J, Bourguignon J-P (2003) The timing of normal puberty and the age limits of sexual precocity: variations around the world, secular trends, and changes after migration. Endocr Rev 24(5):668–693
22. Sear R, Sheppard P, Coall DA (2019) Cross-cultural evidence does not support universal acceleration of puberty in father-absent households. Philos Trans R Soc Lond B 374(1770):20180124
23. Fischbein S (1977) Onset of puberty in MZ and DZ twins. Acta Genet Med Gemellol 26(2):151–157
24. Wohlfahrt-Veje C, Mouritsen A, Hagen CP, Tinggaard J, Mieritz MG, Boas M, Petersen JH, Skakkebæk NE, Main KM (2016) Pubertal onset in boys and girls is influenced by pubertal timing of both parents. J Clin Endocrinol Metab 101(7):2667–2674
25. Wu T, Mendola P, Buck GM (2002) Ethnic differences in the presence of secondary sex characteristics and menarche among US girls: the third national health and nutrition examination survey, 1988–1994. Pediatrics 110(4):752–757
26. Eckert-Lind C, Busch AS, Bräuner EV, Juul A (2019) Secular changes in puberty. In: Huhtaniemi J, Martini L (Hrsg) Encyclopedia of endocrine disease, 2 edition, volume 5. Academic Press, Oxford, S 144–152
27. Savin-Williams RC, Ream GL (2006) Pubertal onset and sexual orientation in an adolescent national probability sample. Arch Sex Behav 35(3):279–286
28. Watts DP (2012) The Apes: Taxonomy, biogeography, life history, and behavioral ecology. In: Mitani JC, Call J, Kappeler PM, Palombit R, Silk JB (Hrsg) The evolution of primate societies. University of Chicago Press, Chicago, S 113–142
29. Reichard U (1995) Extra-pair copulations in a monogamous gibbon (*Hylobates lar*). Ethology 100(2):99–112
30. Manson JH, Perry S, Parish AR (1997) Nonconceptive sexual behavior in bonobos and capuchins. Int J Primatol 18(5):767–786
31. Tutin CEG (1979) Mating patterns and reproductive strategies in a community of wild chimpanzees (*Pan troglodytes schweinfurthii*). Behav Ecol Sociobiol 6:29–38
32. Apostolou M (2007) Sexual selection under parental choice: the role of parents in the evolution of human mating. Evol Hum Behav 28(6):403–409
33. Hill KR, Walker RS, Bozicević M, Eder J, Headland T, Hewlett B, Hurtado AM, Marlowe F, Wiessner P, Wood B (2011) Co-residence patterns in hunter-gatherer societies show unique human social structure. Science 331(6022):1286–1289
34. Marlowe FW (2004) Marital residence among foragers. Curr Anthropol 45(2):277–284
35. Marlowe FW (2003) The mating system of foragers in the standard cross-cultural sample. Cross Cult Res 37(3):282–306

36. Walker RS, Hill KR, Flinn MV, Ellsworth RM (2011) Evolutionary history of hunter-gatherer marriage practices. PLoS ONE 6(4):e19066
37. Blurton Jones NG, Marlowe FW, Hawkes K, O'Connell JF (2000) Parental investment and hunter-gatherer divorce rates. In: Cronk L, Chagnon NA, Irons W (Hrsg) Adaptation and human behavior: an anthropological perspective. Aldine De Gruyter, New York, S 69–90
38. Du J, Mace R (2019) Marriage stability in a pastoralist society. Behav Ecol 30(6):1567–1574
39. Hill K, Hurtado AM, Walker RS (2007) High adult mortality among Hiwi hunter-gatherers: implications for human evolution. J Hum Evol 52(4):443–454
40. Hames R, Garfield Z, Garfield M (2017) Is male androphilia a context-dependent cross-cultural universal? Arch Sex Behav 46(1):63–71
41. Hewlett BS, Hewlett BL (2010) Sex and searching for children among Aka foragers and Ngandu farmers of Central Africa. Afr Study Monogr 31(3):107–125
42. https://www.destatis.de/DE/Themen/Gesellschaft-Umwelt/Bevoelkerung/Geburten/_inhalt.html
43. Störmer C, Lummaa V (2014) Increased mortality exposure within the family rather than individual mortality experiences triggers faster life-history strategies in historic human populations. PLoS ONE 9(1):e83633
44. https://en.wikipedia.org/wiki/Pregnancy_over_age_50#Cases_of_pregnancy_over_age_50
45. https://en.wikipedia.org/wiki/List_of_oldest_fathers
46. https://www.destatis.de/DE/Home/_inhalt.html
47. http://www.statssa.gov.za
48. Richter L, Chikovore J, Makusha T (2010) The status of fatherhood and fathering in South Africa. Child Educ 86(6):360–365
49. https://data.unicef.org/resources/data_explorer/unicef_f/?ag=UNICEF&df=GLOBAL_DATAFLOW&ver=1.0&dq=.MNCH_BIRTH18..&startPeriod=2015&endPeriod=2020
50. Hill K, Kaplan H (1999) Life history traits in humans: theory and empirical studies. Annu Rev Anthropol 28:397–430
51. Alberts SC, Altmann J, Brockman DK, Cords M, Fedigan LM, Pusey A, Stoinski TS, Strier KB, Morris WF, Bronikowski AM (2013) Reproductive aging patterns in primates reveal that humans are distinct. Proc Natl Acad Sci USA 110(33):13440–13445
52. Nichols HJ, Arbuckle K, Fullard K, Amos W (2020) Why don't long-finned pilot whales have a widespread post reproductive lifespan? Insights from genetic data. Behav Ecol 31(2):508–518
53. Johnstone RA, Cant MA (2019) Evolution of menopause. Curr Biol 29(4):R112–R115
54. Kramer KL (2010) Cooperative breeding and its significance to the demographic success of humans. Annu Rev Anthropol 39(1):417–436
55. Pötzsch O, Klüsener S, Dudel C (2020) Wie hoch ist die Kinderzahl von Männern? Stat Bundesamt WISTA 72(5):59–77
56. Jalovaara M, Neyer G, Andersson G, Dahlberg J, Dommermuth L, Fallesen P, Lappegård T (2019) Education, gender, and cohort fertility in the Nordic countries. Eur J Popul 35(3):563–586
57. Schoumaker B (2019) Male fertility around the world and over time: how different is it from female fertility? Popul Dev Rev 45(3):459–487
58. Betzig L (2012) Means, variances and ranges in reproductive success: comparative evidence. Evol Hum Behav 33(4):309–317
59. Marlowe FW (2012) The socioecology of human reproduction. In: Mitani JC, Call J, Kappeler PM, Palombit R, Silk JB (Hrsg) The evolution of primate societies. University of Chicago Press, Chicago, S 469–486
60. Dulac C, O'Connell LA, Wu Z (2014) Neural control of maternal and paternal behaviors. Science 345(6198):765–770
61. Varricchio DJ, Moore JR, Erickson GM, Norell MA, Jackson FD, Borkowski JJ (2008) Avian paternal care had dinosaur origin. Science 322(5909):1826–1828

62. Heldstab SA, Isler K, Burkart JM, van Schaik CP (2019) Allomaternal care, brains and fertility in mammals: who cares matters. Behav Ecol Sociobiol 73(6):71
63. Lukas D, Clutton-Brock TH (2012) Cooperative breeding and monogamy in mammalian societies. Proc R Soc Lond B 279(1736):2151–2156
64. https://www.destatis.de/DE/Presse/Pressekonferenzen/2018/Alleinerziehende/pressebroschuere-alleinerziehende.pdf?__blob=publicationFile
65. https://www.bmfsfj.de/bmfsfj/themen/gleichstellung/gender-care-gap/indikator-fuer-die-gleichstellung/gender-care-gap-ein-indikator-fuer-die-gleichstellung-137294
66. https://www.destatis.de/DE/Themen/Querschnitt/Jahrbuch/statistisches-jahrbuch-2019-dl.html
67. https://en.wikipedia.org/wiki/List_of_countries_by_life_expectancy
68. Thorslund M, Wastesson JW, Agahi N, Lagergren M, Parker MG (2013) The rise and fall of women's advantage: A comparison of national trends in life expectancy at age 65 years. Eur J Ageing 10(4):271–277
69. McCartney G, Mahmood L, Leyland AH, Batty GD, Hunt K (2011) Contribution of smoking-related and alcohol-related deaths to the gender gap in mortality: evidence from 30 European countries. Tob Control 20(2):166–168
70. Lemaître JF, Ronget V, Tidière M, Allainé D, Berger V, Cohas A, Colchero F, Conde DA, Garratt M, Liker A, Marais GAB, Scheuerlein A, Székely T, Gaillard JM (2020) Sex differences in adult lifespan and aging rates of mortality across wild mammals. Proc Natl Acad Sci USA 117(15):8546–8553
71. Xirocostas ZA, Everingham SE, Moles AT (2020) The sex with the reduced sex chromosome dies earlier: a comparison across the tree of life. Biol Lett 16(3):20190867
72. Luy M, Gast K (2014) Do women live longer or do men die earlier? Reflections on the causes of sex differences in life expectancy. Gerontology 60(2):143–153
73. Wilson M, Daly M (1985) Competitiveness, risk taking, and violence: the young male syndrome. Ethol Sociobiol 6(1):59–73
74. Byrnes JP, Miller DC, Schafer WD (1999) Gender differences in risk taking: a meta-analysis. Psychol Bull 125(3):367–383
75. von Rueden CR, Jaeggi AV (2016) Men's status and reproductive success in 33 nonindustrial societies: effects of subsistence, marriage system, and reproductive strategy. Proc Natl Acad Sci USA 113(39):10824–10829

Eine Spezies – zwei Körper 7

Falls Sie dieses Buch gerade im Café oder Zug lesen, schauen Sie sich doch bitte mal um und betrachten Sie Ihre Mitmenschen genauer. Wie gut und wie schnell können Sie jeder Person ein Geschlecht zuordnen? Können Sie auch sagen, anhand welcher Merkmale Sie diese Unterscheidung treffen können? Die Körper von Frauen und Männern unterscheiden sich bekanntlich in grundlegenden Aspekten ihrer Geschlechtsorgane. Aber gibt es darüber hinaus physische Merkmale, in denen ein Geschlechtsunterschied zu finden oder gar zu erwarten ist? In Bezug auf unsere intersexuellen und Transgender-Mitmenschen ist dies natürlich nicht so einfach möglich, aber tatsächlich sind Sie vermutlich sehr gut darin, innerhalb von Millisekunden zu erkennen, welches Geschlecht andere Menschen haben, ohne dass Sie dafür deren Genitalien inspizieren müssen [1]. Falls es relevante anatomische und morphologische Merkmale gibt – Spoileralarm: Es gibt sie! –, stellt sich aber umgehend die Frage nach deren Ursachen. In diesem Abschnitt bespreche ich die im wörtlichen Sinne offensichtlichsten dieser Merkmale und konzentriere mich – der empirischen Datenlage folgend – ebenfalls auf Untersuchungen von Unterschieden zwischen Frauen und Männern.

In den allermeisten Fällen haben die in diesem Abschnitt zu besprechenden Geschlechtsunterschiede eine genetische Grundlage, aber wie wir sehen werden, können diese biologischen Informationen häufig durch Umwelteinflüsse modifiziert werden. Noch interessanter sind in diesem Zusammenhang Fragen nach möglichen funktionalen Konsequenzen, zum Beispiel für die körperliche Leistungsfähigkeit und andere physiologische Merkmale. Warum würden sonst beispielsweise beim Sport Männer und Frauen in getrennten Wettkämpfen antreten? Schließlich haben physische Geschlechtsunterschiede auch eine herausragend wichtige Bedeutung in Bezug auf die Anfälligkeit für verschiedene Krankheiten bzw. die Wiederherstellung unserer Gesundheit durch medizinische Behandlungen. Dieser praktisch immens bedeutsame Aspekt wurde lange ignoriert, weil das männliche Geschlecht in diesem Bereich das Maß aller Dinge war. Heute wird dem Geschlecht im Gesundheitssystem zum Glück eine angemessene Rolle zuerkannt. Schauen wir uns diese interessanten Themen doch der Reihe nach an.

7.1 Mehr als X und Y: DNA und Geschlechtsunterschiede

Geschlechtsunterschiede in Anatomie, Morphologie, Physiologie oder Verhalten werden ganz allgemein als Sexualdimorphismus bezeichnet. Im Altgriechischen bezeichnet *dimorphos* eine Zweigestaltigkeit, die es nicht nur in Bezug auf das Geschlecht, sondern auch aufgrund anderer Faktoren geben kann. So sind Königinnen und Arbeiterinnen von Honigbienen sehr unterschiedlich gestaltete Weibchen, die anschaulich illustrieren, was man sich unter Gestaltunterschieden vorstellen kann. Königinnen sind unter anderem wesentlich größer und produzieren über mehrere Jahre unentwegt Eier, aber beide sind genetisch betrachtet Weibchen; auch wenn die meisten Arbeiterinnen keine Eier produzieren können. Sie können sich aber auch gerne an die Gorillas bei Ihrem letzten Zoobesuch erinnern, bei denen sich die Silberrücken und Weibchen ganz frappierend in ihrem Äußeren unterscheiden und die ausgewachsenen Männchen mehr als doppelt so groß und schwer sind als die Gorilla-Weibchen. Bei neueren Untersuchungen an >50.000 Hausmäusen wurden 234 subtilere phänotypische (also äußerlich erkennbare) Merkmale zwischen den Geschlechtern verglichen und dabei Geschlechtsunterschiede in 65,5 % der Datensätze aus 10 verschiedenen Forschungszentren gefunden [2]. Weibliche und männliche Säugetiere haben also im Allgemeinen recht unterschiedliche Gestalten, wobei – bei Mäusen – ca. ein Viertel der Unterschiede in 363 äußerlichen Merkmalen nicht einfach als Konsequenz des Größenunterschieds erklärbar sind [3].

Diese Unterschiede in der äußeren Gestalt von Männchen und Weibchen oder Frauen und Männern wurden traditionell der Wirkung von Geschlechtshormonen zugeschrieben. Sie haben im letzten Abschnitt schon erfahren, wie die Differenzierung der Geschlechter früh in der menschlichen Individualentwicklung angestoßen wird. Schon um die 8. Schwangerschaftswoche wird bei Jungen die Entwicklung der Hoden und damit die Produktion von eigenem Testosteron angeregt, wodurch die weitere Entwicklung nachhaltig beeinflusst wird und genetisch angelegte Jungs letztendlich zu Männern werden. Alle Föten sind im Mutterleib aber auch hohen Konzentrationen an mütterlichen Östrogenen ausgesetzt. Die eigene Produktion dieses Hormones endet bei Frauen mit Beginn der Menopause ziemlich schlagartig, wohingegen die Testosteron-Produktion bei gleich alten Männern nur ganz allmählich zurückgeht. Frauen und Männer sind zwischen Wiege und Grab also sehr unterschiedlichen Kombinationen und Konzentrationen an Geschlechtshormonen ausgesetzt, die für manche Geschlechtsunterschiede in der Gestalt unmittelbar mitverantwortlich sind.

Die entscheidende Weiche für diese Differenzierung wird aber schon früh in der Entwicklung von den Geschlechtschromosomen gestellt. Je nachdem, ob diese Träger von Erbinformation als XY- oder XX-Kombination vorliegen, wird die Hodenentwicklung und damit die embryonale Testosteronproduktion angeregt – oder eben nicht. Die unterschiedliche Gestaltung männlicher und weiblicher Körper hat also in letzter Instanz genetische Ursachen. In Bezug auf die Geschlechtschromosomen lassen sich dabei zwei Prozesse unterscheiden [4]. Erstens kommen die auf dem X-Chromosom befindlichen Gene bei Frauen insgesamt doppelt vor, sodass deren Aktivität kontrolliert werden muss. Dazu wird in jeder Zelle eines der X-Chromosomen zufällig stillgelegt. Dies führt aber dazu, dass bei Männern, die ihr X-Chromosom bekanntlich von der Mutter und das Y-Chromosom vom Vater bekommen, in 100 % der Zellen die mütterlichen Allele auf dem X-Chromosom abgelesen werden, wohingegen dies bei Frauen nur in 50 % der Zellen der Fall ist, da das zweite X-Chromosom ja vom Vater stammt. Zudem klappt die Stilllegung eines X-Chromosoms in >20 % der Zellen nicht [5]. Da das X-Chromosomen über 700 Gene mehr als das Y-Chromosom enthält, könnten diese letzten Endes auf die chromosomale Geschlechtsbestimmung zurückzuführenden genetischen Unterschiede daher manchen äußerlich erkennbaren Geschlechtsunterschieden zugrunde liegen. Über diese möglichen genetischen Effekte ist aber bislang kaum etwas bekannt [4].

Zweitens gibt es Dominanzunterschiede zwischen den Allelen eines Gens, welche auch die Geschlechtschromosomen betreffen. Seit Gregor Mendels Auswertung von Kreuzungsversuchen mit Erbsen mit unterschiedlichen Merkmalen ist bekannt, dass bei vielen Genen aus Gründen, die immer noch wenig verstanden sind, das sogenannte dominante Allel abgelesen wird, wohingegen das korrespondierende rezessive Allel überdeckt wird und äußerlich nicht in Erscheinung tritt. Wenn ein rezessives Allel für die Träger:in nachteilige Merkmale kodiert, können diese Nachteile daher nur dann zutage treten, wenn jemand entweder zwei dieser Allele geerbt hat oder wenn es auf dem X-Chromosom liegt und es auf dem Y-Chromosom kein Pendant gibt, das es dominieren könnte. Genetisch bedingte Geschlechtsunterschiede können also auch dadurch entstehen, dass ein rezessives Allel für ein nachteiliges Merkmal auf dem X-Chromosom der Männer blank liegt, wohingegen diese nachteiligen Effekte bei Frauen durch das entsprechende Allel auf dem zweiten X-Chromosom dominiert werden können. So erklärt man sich, dass Männer unter anderem häufiger farbenblind [6] oder von Muskeldystrophie [7] betroffen sind.

Die restlichen 22 Chromosomenpaare des Menschen unterscheiden sich nicht zwischen Frauen und Männern. Genetisch bedingte Ursachen für Geschlechtsunterschiede kann es diesbezüglich trotz identischen genetischen Ausstattungen also nur dann geben, wenn Gene in weiblichen und männlichen Körpern unterschiedlich aktiviert und abgelesen werden. Dass ein solcher Mechanismus tatsächlich existiert, wird beispielsweise bei der Betrachtung der genetischen Kontrolle der Laktation offensichtlich. Die Entwicklung von milchproduzierenden Geweben und Organen sowie die Milchproduktion bei erwachsenen weiblichen Individuen sind das definierende Merkmal der Säugetiere. Die evolutionäre Entstehung und genetische Kontrolle der Laktation sind inzwischen gut verstanden [8]. Obwohl die für die Milchproduktion notwendigen Gene nur bei weiblichen Individuen benötigt werden, finden sich diese aber auch in Männchen bzw. Männern. In menschlichem Brustgewebe wurden tatsächlich >6000 Gene identifiziert, die sich in ihrer Aktivität zwischen den Geschlechtern unterscheiden [9]. Das heißt, diese Gene werden geschlechtsspezifisch aktiviert, und zwar erst mit Beginn der Pubertät bzw. nur nach Abschluss einer Schwangerschaft; also entweder einmalig in der Entwicklung oder nach Bedarf. Es bedarf also ziemlich komplexer geschlechtsspezifischer Genregulationsmechanismen, um manche Gestaltunterschiede hervorzubringen.

Inzwischen gibt es immer detailliertere Hinweise darauf, dass und wie sich die Genexpression zwischen den Geschlechtern auch in Bezug auf andere Merkmale unterscheidet. So hat eine neuere systematische Studie der Genaktivität bei Menschen und vier anderen Säugetierarten gezeigt, dass sich >3000 Gene allein in den 12 in dieser Studie untersuchten Organen in ihrer Aktivität zwischen den Geschlechtern unterscheiden [9]. Die meisten dieser Unterschiede sind aber organ- und artspezifisch; das heißt, es gibt keine einheitliche „Grundeinstellung" auf dieser Ebene [10]. Da die meisten Merkmale von mehreren Genen beeinflusst werden und zudem viele Gene auf mehrere Merkmale einwirken, ist es extrem komplex, auf der Ebene des gesamten Organismus zu verstehen, wie diese Einzeleffekte wirken und interagieren, um letztendlich Merkmale der Physiologie, der Lebensgeschichte und des Verhaltens geschlechtsabhängig zu modulieren [11]. An spezifischen Beispielen auf den folgenden Seiten wird deutlich, dass zudem Umweltfaktoren auf Merkmale mit Geschlechtsunterschieden in der Genaktivität einwirken oder natürliche Selektion entgegengesetzte Effekte geschlechtsabhängig unterschiedlich bewertet. Am besten betrachten wir dieses komplexe Zusammenspiel von molekularen und evolutionären Effekten am Beispiel eines diesbezüglich gut untersuchten Merkmals: der Körpergröße.

7.2 Morphologie zweier nackter Affen

In der Biologie und Medizin beschäftigt sich die Morphologie mit der Beschreibung und Erklärung von Variation in der äußeren Gestalt von Lebewesen. Morphologische Merkmale sollten also Gestaltunterschiede zwischen den Geschlechtern abbilden, wenn wir anhand visuell verfügbarer Informationen Geschlechter unterscheiden können. Unsere Gestalt wird dabei maßgeblich von der Körpergröße bestimmt. Als einzige Primatenart mit aufrechtem Gang ist die Körpergröße auch wortwörtlich eines unserer herausragenden Merkmale. Schon aus der Entfernung können wir erkennen, ob uns ein Kind, Jugendlicher oder Erwachsener entgegenkommt. Welche Merkmale außer der Größe erlauben darüber hinaus eine Geschlechtsbestimmung und warum unterscheiden diese sich systematisch zwischen den Geschlechtern?

7.2.1 13 cm Unterschied

Da sie leicht und objektiv zu messen ist, gibt es über Variation in der Körpergröße vermutlich die meisten morphologischen Daten. Bei der Feier zu meinem Studienabschluss in den USA hatte ich die Gelegenheit, mich mit einem meiner damaligen sportlichen Idole aus der Uni-Basketballmannschaft ablichten zu lassen. Selbst mit meinem Doktorhut reichte ich nicht annähernd an den 2 m-Hünen heran. Die meisten von Ihnen fühlen sich neben Basketballspielern vermutlich auch winzig, aber diese wären von Robert Wadlow nochmals um mehr als einen halben Meter überragt worden. Mit 2,72 m war der Amerikaner der größte lebende Mensch, dessen Größe zuverlässig dokumentiert wurde; die Chinesin Zeng Jinlian war mit 2,48 m die größte bekannte Frau [12]. Genauso wie kleinwüchsige Menschen litten beide aber an genetischen oder physiologischen Störungen der Wachstumskontrolle, sodass ihre Größen offensichtlich nicht repräsentativ für unsere Spezies sind.

Heutzutage ist ein junges erwachsenes Exemplar von *Homo sapiens* durchschnittlich 1,67 m groß. Genauer gesagt handelt es sich dabei um den Mittelwert der durchschnittlichen Körpergröße (Mediane) von Menschen aus 195 Ländern, die im Jahr 2000 geboren wurden [13]. Werfen wir zunächst einen Blick auf den Unterschied zwischen den Geschlechtern in diesem Datensatz. Hier zeigt sich, dass Männer im weltweiten Durchschnitt 1,73 m und Frauen 1,60 m groß sind. Diese 13 cm entsprechen – bezogen auf die Größe der Frauen – einem durchschnittlichen Unterschied von 7,5 %. Außerdem sind in keinem einzigen der 195 Länder Frauen im Durchschnitt größer als Männer. Der größte durchschnittliche Größenunterschied findet sich in Puerto Rico (10,06 %); der kleinste in Mauretanien (3,37 %). In Deutschland liegt dieser Wert bei 8,48 %. Obwohl es also zahlreiche Frauen gibt, die größer sind als viele Männer, handelt es sich im Durchschnitt aber um einen wahrnehmbaren, universalen Geschlechtsunterschied in stets dieselbe Richtung. Das kann kein Zufall sein.

Wie lässt sich dieser Unterschied also erklären? Zunächst ist der Unterschied zwischen der Körpergröße von Frauen und Männern kein Merkmal *per se*, auf das Selektion wirken könnte. Stattdessen gibt es offensichtlich für die beiden Geschlechter eine unterschiedliche, jeweils optimale Durchschnittsgröße. Um zu verstehen, wie und warum diese Differenz zustande kommt, gilt es also diejenigen Faktoren zu identifizieren, welche die Körpergröße beeinflussen. Zunächst einmal ist die Körpergröße eines ausgewachsenen Menschen das Ergebnis von Wachstum während der Individualentwicklung. Ein Geschlechtsunterschied kann also prinzipiell dadurch entstehen, dass die Mitglieder eines Geschlechts entweder schneller oder länger (oder beides) wachsen als die Mitglieder des anderen Geschlechts. Im Unterschied zu allen anderen Säugetieren haben Menschen ein einzigartiges Wachstumsmuster: Die höchsten Wachstumsraten finden sich während der Schwangerschaft, gefolgt von einem einzigen weiteren Wachstumsspurt mit Beginn der Pubertät, der vergleichsweise lange anhält [14]. Jungs wachsen bekanntlich schon im Mutterleib mehr und sind bei der Geburt knapp 6 % schwerer als

Mädchen [15]. Bei Letzteren beginnt der pubertäre Wachstumsschub dagegen früher, ist nicht so intensiv und endet zu einem früheren Alter als bei den Jungs [14]. Männer sind also im Durchschnitt ein paar Zentimeter größer, weil sie bis zum Erwachsenenalter immer etwas länger und schneller wachsen als Frauen.

Sowohl der Sexualdimorphismus als auch die Körpergröße an sich variieren aber in Raum und Zeit. So sind derzeit sowohl die Frauen als auch die Männer unserer niederländischen Nachbarn die weltweit größten Vertreter:innen ihres jeweiligen Geschlechts. Die kleinsten Frauen gibt es derzeit in Guatemala und die kleinsten Männer auf Osttimor. Da meine zweite Heimat Madagaskar in diesem Ranking auf Platz 190 von 195 liegt habe ich einen persönlichen Eindruck davon, wie es ist, mit meinen in Deutschland durchschnittlichen 1,80 m immer einen Kopf größer zu sein als alle Einheimischen. Jeder Besuch im Freilichtmuseum meiner Heimatgemeinde erinnert mich zudem immer wieder daran, dass ich vor 200 Jahren in keines der dort ausgestellten Betten gepasst hätte. Diese Zunahme der durchschnittlichen Körpergröße in historischen Zeiten ist in der Tat weit verbreitet. Auch hier sind die Niederländer Spitzenreiter: In nur 150 Jahren sind sie im Durchschnitt 20 cm größer geworden [16]; Frauen in Südkorea haben einen durchschnittlichen Zuwachs von 20 cm sogar in (den letzten) 100 Jahren geschafft. Selbst die vergleichsweise sehr großen Menschen in Skandinavien werden weiterhin größer – im Durchschnitt 5 mm/Jahrzehnt [17].

Diese historische Entwicklung war aber nicht stetig linear hin zu immer größeren Menschen. Was nur die Wenigsten wissen: Nach der Sesshaftwerdung unserer Vorfahren vor 10.000–15.000 Jahren ging deren durchschnittliche Körpergröße um ca. 10 cm zurück; und zwar unabhängig davon, wann genau diese Änderung der Lebensverhältnisse in einer gegebenen Population einsetzte [18]. Über überschaubare evolutionäre Zeiträume kann die durchschnittliche Körpergröße also auch merklich abnehmen; in diesem historischen Fall vermutlich aufgrund der qualitativ schlechter werdenden Ernährung nach der Sesshaftwerdung. Obwohl das Merkmal Körpergröße also räumlich und zeitlich absolut mehr variiert als es sich heute zwischen den Geschlechtern unterscheidet, hat das Geschlecht dahingehend einen gleichbleibenden Einfluss auf beide Geschlechter, dass Männer immer und überall im Durchschnitt etwas größer sind und waren.

Welche weiteren Kräfte beeinflussen also die Körpergröße? Offensichtlich spielen sowohl Umweltfaktoren als auch genetische Faktoren sowie deren Interaktion eine Rolle. Der positive Zusammenhang zwischen der Körpergröße von Eltern und Kindern stellte den überhaupt ersten Nachweis für die Erblichkeit eines kontinuierlich variablen Merkmals dar [19]. Wenn man deren Körpergrößen gegeneinander aufträgt und den durchschnittlichen Zusammenhang als Steigung einer sogenannten Regressionsgerade misst, würde ein Wert von 0 anzeigen, dass die Größe der Kinder völlig unabhängig von derjenigen der Eltern variiert; diese Gerade verläuft also parallel zur X-Achse. Eine Steigung von 1,0 würde dagegen bedeuten, dass die Größe der Kinder durch die der Eltern vorhersagbar und daher komplett unter genetischer Kontrolle ist. Die tatsächlich gefundenen Werte für die Erblichkeit der Körpergröße, auch die aus Vergleichen von Zwillingen, liegen im Durchschnitt bei etwa 0,8 [20]. Unterschiede in der Körpergröße zwischen

Individuen sind also zu circa 80 % auf genetische Faktoren zurückzuführen. Dementsprechend basiert die verbleibende Variation auf Schwankungen in Umweltfaktoren, die mit Zugang zu Nahrung, medizinischer Versorgung und anderen sozio-ökonomischen Faktoren zusammenhängen [21]. Vergleiche von Größenunterschieden zwischen Migranten und deren Ursprungspopulationen veranschaulichen diese Umwelteffekte sehr deutlich [22]. So sind Kinder von Eltern, die beispielsweise aus Guatemala oder Japan in die USA eingewandert sind, bis zu 10 cm größer als Gleichaltrige in den jeweiligen Ursprungsländern. Das heißt, ähnliche genetische Anlagen produzieren in verschiedenen Umwelten deutlich unterschiedliche Phänotypen; im Vokabular der Evolutionsbiologie handelt es sich um eine Interaktion zwischen Genen und Umwelt.

Manche der Erblichkeitswerte sind für Mädchen zwar etwas geringer als für Jungen, aber es gibt keine Hinweise darauf, dass der stabile Sexualdimorphismus auf grundsätzlich unterschiedliche Kontrolle des Wachstums zwischen den Geschlechtern hindeutet; lediglich scheint die bei Frauen höhere Konzentration an Östrogen deren Knochenwachstum zu einem rascheren Abschluss zu bringen [23]. Von daher muss eine evolutionäre Erklärung des durchschnittlichen Größenunterschieds zwischen den Geschlechtern geschlechtsspezifische Konsequenzen von Variation in der Körpergröße berücksichtigen. Eine Meta-Analyse von Daten von > 1 Mio. Proband:innen hat gezeigt, dass größere Männer und Frauen ein geringeres statistisches Sterberisiko haben als kleinere Menschen, obgleich die Körpergröße mit verschiedenen Todesursachen positiv oder negativ zusammenhängt [24]. Kleinere Frauen haben auch Nachteile bei der Fortpflanzung: sie haben mehr Komplikationen während der Schwangerschaft und Geburt, und ihre Kinder haben reduzierte Überlebenschancen [25]. Natürliche Selektion bevorzugt also etwas größere Frauen und Männer.

In Bezug auf Konkurrenz um Paarungsgelegenheiten und Chancen bei der Partnerwahl, die durch sexuelle Selektion bewertet werden, schneiden größere Männer außerdem besser ab als ihre kleineren Konkurrenten: Sie sind körperlich stärker, was bei der direkten Konkurrenz von Vorteil (gewesen) sein könnte, und sie erzielen in Bezug auf mehrere Merkmale einen höheren sozialen Status [26]. Bei der Partnerwahl haben Frauen eine Präferenz für größere Männer, wohingegen Männer Frauen bevorzugen, die etwas kleiner als sie selbst sind [27]. Da überdurchschnittlich große Männer tatsächlich auch durchschnittlich höheren Fortpflanzungserfolg haben [16], erscheint es also wahrscheinlich, dass dieser Vorteil über evolutionäre Zeiträume den heutigen Sexualdimorphismus in der Körpergröße aufrechterhalten hat, der bei unseren Vorfahren vor 1–2 Mio. Jahren übrigens auch schon mal 30 % betragen hat.

7.2.2 Körperformen: Sanduhren, Birnen und Bierbäuche

Wenn Sie ein menschliches Skelett betrachten ist es – außer für geübte Forensiker:innen – praktisch unmöglich, das Geschlecht der verstorbenen Person auf den ersten Blick zu erkennen, da es diesbezüglich keine relevanten Merkmale enthält.

Bei anderen Säugetieren haben Männchen häufig auffällig große Eckzähne oder gar einen Penisknochen, der ihr Geschlecht verrät. Mit etwas Erfahrung kann man aber lediglich an bestimmten Details des menschlichen Hüftknochens erkennen, von wem dieser stammt. Selbst in der Rechtsmedizin ist es allerdings üblich, mehrere Messungen vorzunehmen, da sich erst mit fünf dieser Werte das Geschlecht der Person, von der der betreffende Knochen stammt, mit 95 %iger Sicherheit bestimmen lässt [28]. Für den Schädel gibt es ein ähnliches Verfahren, für das aber noch mehr Messungen notwendig sind [29]. Solange ein Skelett noch in einem lebenden Körper steckt, ist eine Geschlechtsbestimmung anhand der Verteilung von Muskeln und Fett dagegen sehr viel einfacher, da diese in geschlechtsspezifischen Formen erfolgt.

Die typisch weibliche Sanduhr-Figur ist durch eine schmale Taille zwischen ungefähr gleich breiten Schultern und Hüften charakterisiert, wohingegen die typisch männliche Figur dadurch gekennzeichnet ist, dass die Schultern (viel) breiter sind als die Hüften. Diese Unterschiede zwischen den Geschlechtern werden einerseits dadurch bestimmt, dass Männer absolut breitere Schultern haben als Frauen, wohingegen die weiblichen Hüften erst bei über 40-jährigen deutlich breiter werden als die ihrer männlichen Pendants [30]. Der Kontrast zwischen diesen beiden Körperformen-Typen wird durch unterschiedliche Verteilungen von Muskeln und vor allem von Fettreserven verstärkt. Bei Männern machen Muskeln etwas 53 % der fettfreien Gesamtkörpermasse aus; bei Frauen sind es nur 47 %, aber der Unterschied wird mit zunehmendem Alter geringer, da ältere Männer an Muskeln verlieren [31]. Mit Beginn der Pubertät legen Jungs vor allem an Beinen und Armen an Muskelmasse zu [32], was zusätzlich zu deren breiteren Schultern beiträgt.

Der Unterschied in der Körperform wird aber auch durch die ungleiche Verteilung von Fett zwischen und innerhalb der Geschlechter bestimmt. Neugeborene Mädchen haben nämlich schon einen höheren Körperfettanteil als Jungs, und mit circa 6 Jahren beginnen Mädchen, deutlich mehr Fettreserven anzulegen [33]. Frauen speichern ihr Körperfett vor allem um die Hüfte und in den Schenkeln, was den anschaulichen Begriff der Birnen-Figur geprägt hat [34]. Für die Beschreibung des männertypischen Bierbauchs gibt es bezeichnenderweise kein wissenschaftliches Pendant! Obwohl die absolute durchschnittliche Körperfettmenge bei erwachsenen Frauen zwischen 20 und 30 % des Körpergewichts schwankt – und damit doppelt so hoch ist wie bei Männern –, ist das Ausmaß des Sexualdimorphismus in diesem Merkmal in Stichproben aus verschiedenen Ländern und sozialen Schichten hinweg stabil [35]. Allerdings nähern sich die Körperformen zwischen Frauen und Männern mit zunehmendem Alter immer mehr an, da Frauen zunehmend mehr Fettreserven in die obere Körperhälfte verlagern. Die Dynamik der Körperfettspeicherung und -verschiebung wird bei Frauen durch Schwankungen in der Östrogenkonzentration während der beginnenden Pubertät bzw. nach der Menopause gesteuert; bei Männern geht die altersbedingte Abnahme der Testosteronkonzentration mit zunehmender Verfettung, vor allem in der Bauchregion, einher [34]. Transgender, die sich einer Hormontherapie unterzogen und je nach Richtung der angestrebten Umwandlung entweder Östrogen oder

Testosteron zugeführt bekamen, zeigten tatsächlich Verschiebungen ihrer Körperfettverteilungen in die typische Richtung des angestrebten Geschlechts [36].

Im Vergleich zu anderen Säugetieren aus tropischen Breiten sind Menschen, und insbesondere Frauen, durch einen sehr hohen Körperfettanteil charakterisiert [37]. Die Schwankungen im weiblichen Fettpolster im Laufe des Lebens weisen darauf hin, dass eine Funktion im Kontext der Fortpflanzung diese Muster plausibel erklären könnte. In der Tat sind körpereigene Fettreserven von Vorteil, wenn der Zugang zu Nahrung unvorhersehbar schwankt, da Fett eine nachhaltige Energiereserve darstellt; 1 kg Fett enthält soviel Energie, dass ein Erwachsener davon 6 Tage überleben kann [38]. Von daher haben Frauen höhere Chancen, Hungersnöte zu überleben sowie eine bessere Immunkompetenz als Männer, da das aktive Immunsystem sehr energiehungrig ist. Zudem muss eine Mindestmenge an Körperfett vorhanden sein, um einen Eisprung auszulösen, und Frauen mit mehr Energiereserven pflanzen sich eher erfolgreich fort, unter anderem auch, weil sie die energetischen Kosten einer langen Stillzeit besser begleichen können.

Diese Überlebens- und Fortpflanzungsvorteile haben mutmaßlich dazu beigetragen, dass das Verhältnis von Taillen- zu Hüftumfang für Männer ein universelles Attraktivitätskriterium geworden ist [39]. Umgekehrt ist die Muskulosität – also die relative Abwesenheit von Körperfett – der mit Abstand beste Prädiktor von männlichem Verpaarungs- und Fortpflanzungserfolg [40], womit der Unterschied zwischen den Geschlechtern in Körperzusammensetzung und -form erklärbar wäre. Da sich unsere Ernährungssituation in den letzten Jahrzehntausenden – zumindest auf der Nordhalbkugel – deutlich verbessert hat und die physiologischen Mechanismen der Fettspeicherung aber noch identisch mit denen der Steinzeit sind, kommt es heutzutage vermehrt zu starkem Übergewicht, was bei beiden Geschlechtern mit erheblichen gesundheitlichen Nachteilen verbunden ist [41]. Außerdem spielt das Körperfett nicht mehr eine so entscheidende Rolle für den weiblichen Fortpflanzungserfolg, sodass Fettleibigkeit zunehmend mit sozialer Stigmatisierung verbunden ist [42] und ein weiteres Beispiel dafür liefert, wie Biologie und Kultur gleichzeitig in unterschiedliche Richtungen an einem Merkmal zerren.

7.2.3 Brüste: Eine unerwartete Lektion der Evolution

Ein weiteres morphologisches Merkmal, das die Körperformen von Frauen und Männern eindeutig differenziert, sind die Brüste. Sie sind bekanntlich ein definierendes Merkmal weiblicher Säugetiere und daher auf den ersten Blick kein Merkmal, bei dem es sich lohnen könnte, nach dem „warum?" des Geschlechtsunterschieds zu fragen. Allerdings lohnt sich ein zweiter Blick, weil *Homo sapiens* die einzige Säugetierart mit permanenten Brüsten ist, die sich zudem bereits vor der ersten Schwangerschaft entwickeln. Das Geschlecht eines Pferdes oder einer Katze kann man nämlich nicht auf den ersten Blick an den hervorstechenden Milchdrüsen der Stute oder Katze erkennen, und auch die Oberkörper von Schimpansen oder anderer Primaten verraten in dieser Hinsicht kaum etwas. Und wenn

Sie jetzt an Kühe oder Ziegen denken: die sind für permanente Milchproduktion gezüchtet; ihre Wildformen unterscheiden sich in der Hinsicht aber nicht von anderen Paarhufern, bei denen die Euter ebenfalls nicht herausragen.

Die Gründe dieser Sonderstellung von Frauen sind nach wie vor nicht bekannt, obwohl Generationen von Forschern buchstäblich auf diese Frage gestarrt haben. Es gibt zahlreiche Erklärungsversuche von Evolutionsbiolog:innen, aber alle sind schwierig oder unmöglich zu überprüfen [43], und es gibt wilde Hypothesen, von denen die meisten ideologisch motiviert oder schlichtweg absurd sind [44]. Fakt ist, bei allen anderen Säugetieren sind Milchdrüsen nur dann vergrößert, wenn sie auch Milch produzieren; danach schwellen sie wieder ab und sind kaum wahrnehmbar. Das ist bei Menschen eindeutig anders. Aber warum? Welche besondere Funktion hat die Evolution dem menschlichen Busen daher zugedacht?

Zur genaueren Charakterisierung der menschlichen Besonderheit hilft, wie immer, eine vergleichende Perspektive. Bei sehr ursprünglichen, noch eierlegenden Beuteltieren sind die milchproduzierenden Gewebe noch als Drüsenfelder am Beutel der Mutter angelegt; bei allen anderen sind sie aber räumlich konzentriert und münden in einer Zitze. Die Zahl und Lage der Brustdrüsen ist innerhalb der Säugetiere sehr variabel und wird im Wesentlichen von der durchschnittlichen Zahl der Jungen bestimmt. In der Regel entspricht die Anzahl der Zitzen der halben Wurfgröße; pro Junges gibt es also durchschnittlich zwei Milchspender [45]. Katzengroße Igeltenreks aus Madagaskar halten in beiden Kategorien den Weltrekord: sie haben bis zu 29 Zitzen und versorgen damit bis zu 32 Junge auf einmal! Ungerade Zahlen an Zitzen sind aber die große Ausnahme. Bei manchen Arten kann die Zahl der Zitzen zwischen Individuen derselben Art variieren; bei domestizierten Hausschweinen beispielsweise zwischen 8 und 12. Unter den Primaten haben manche Lemuren und Buschbabies 2 oder 3 Paar Zitzen; bei den anderen „höheren" Primaten ist es aber in der Regel nur 1 Paar [46]. In der Hinsicht unterscheiden wir uns also schon mal nicht von unseren allernächsten Verwandten. Allerdings wissen wir nicht, wann in der Menschheitsgeschichte der Busen entstanden ist. Im Unterschied zu Zähnen, Knochen und Schädeln hinterlassen weiche Gewebe keine Fossilien. Es ist also reine Spekulation, ob weibliche Exemplare früher Hominiden wie *Australopithecus* schon permanente Brüste hatten oder nicht.

Die primäre Funktion menschlicher Brüste ist ebenfalls unverändert geblieben. Sie produzieren die vielleicht komplexeste biologische Substanz: Milch. Muttermilch enthält nicht nur eine artspezifische Mischung an Fetten, Proteinen und Kohlenhydraten, die dynamisch an die Bedürfnisse der sich entwickelnden Abnehmer angepasst wird, sondern auch jede Menge Stammzellen, Immunbausteine und Bakterien, die für die Entwicklung des Darms der Jungen unerlässlich sind. Die Entwicklung und Aktivität der Brüste ist – wie bei allen anderen Säugetieren – durch Geschlechtshormone gesteuert. Was viele vielleicht nicht wissen: Aktive Milchdrüsen produzieren selbst Hormone, von denen Prolaktin das Wichtigste ist, da es weitere Eisprünge unterdrückt. Die Dauer der Laktation, also die Zeit über die ein Weibchen für die aktuellen Jungen Milch produziert, variiert von 4 (ja, vier!) Tagen bei manchen Robben [47] bis zu mehreren Jahren bei Menschenaffen,

Elefanten, Giraffen und manchen Walen. Der Rekord für die längste Laktation geht wohl an Orang-Utans: Ihre Laktationsdauer von 7–9 Jahren stellt die durchschnittlichen 2–3 Jahre in den meisten menschlichen Gesellschaften eindeutig in den Schatten [48]!

In Bezug auf all diese biologischen Parameter unterscheiden wir uns also nicht grundsätzlich von anderen Säugetieren. Welchen Selektionsvorteil könnte es also gehabt haben, dass Brüste schon Jahre vor der ersten Schwangerschaft zu knospen beginnen und zeitlebens nicht mehr abschwellen? Wie vielleicht nicht anders zu erwarten, haben sich über die Jahrhunderte vor allem Männer mit der Anatomie, Physiologie und Evolution des Busens beschäftigt. Florence Williams hat die daraus entstandenen Ideen und Erklärungsansätze in ihrem sehr lesenswerten Buch daher zutreffend als „Möpse-für-Männer-Theorien" charakterisiert [44]. Verkürzt dargestellt basieren diese Überlegungen (oder Phantasien?) auf der Annahme, dass Busen als sexuelles Signal auf Männer wirken. Da diese Wirkung heutzutage niemand abstreiten kann, muss das also scheinbar schon immer so gewesen sein. Geschlechtsreife Frauen lassen sich demnach also sozusagen einen Busen wachsen, um damit Männern ihre Geschlechtsreife und ihr Fortpflanzungspotenzial zu signalisieren. Wenn dem so war, und die Betonung liegt auf „wenn", muss es also irgendwann bei Hominidendamen Variationen in der Entstehung oder Permanenz der Brüste gegeben haben, und diejenigen, die diese früher bekamen oder länger behielten, oder beides, hatten deswegen überproportionalen Fortpflanzungserfolg. Diese Logik funktioniert aber nur, wenn man annimmt, dass Frauen, aus welchen Gründen auch immer, um die besten Männer konkurrieren mussten. Dafür gibt es aber keinerlei Hinweise oder gar Beweise.

Der Busen als sexuelles Signal, der sexuelle Reife, Alter (der Tribut an die Schwerkraft) und nach manchen populär gewordenen Ideen Paarungsbereitschaft signalisiert. Wie plausibel ist diese Idee? Hier ist es wichtig, zwischen Ursprung und Beibehaltung eines Merkmals im Laufe der Evolution zu unterscheiden. So könnte man beispielsweise behaupten, wir hätten im Gegensatz zu anderen Menschenaffen so prominente Nasen entwickelt, um Brillen zu tragen. Natürlich kann man heute auf seiner Nase eine Brille platzieren, aber niemand würde ernsthaft argumentieren, dass hervorstehende menschliche Nasen deswegen vor Millionen von Jahren entstanden sind. Ja, es gibt inzwischen zahlreiche Studien, die gezeigt haben, welche Wirkung Busen auf das Verhalten von Männern haben. Untersuchungen, bei denen Augenbewegungen registriert werden *(eye tracking)* zeigten, dass der Busen tatsächlich mehr Aufmerksamkeit als das Gesicht bekommt, wenn Probanden Nacktbilder betrachten [49]. Alle Körbchengrößen bekommen übrigens dieselbe Aufmerksamkeit, auch wenn mittlere Größen im Durchschnitt am attraktivsten bewertet werden [50]. Auch wenn in der Regel immer nur kleine Stichproben von Bachelor-Student:innen für solche Studien herangezogen werden, gibt es in dieser Hinsicht übrigens keine Geschlechtsunterschiede [51]. Auch außerhalb der Labore der Psycholog:innen entfaltet der Busen seine Wirkung: je größer die Oberweite einer Bedienung ist, um so mehr Trinkgeld bekommt sie [52]. Auch werden einsame Frauen in einer Bar häufiger angesprochen, nachdem sie ihre Oberweite künstlich vergrößerten [53]. Aber sind das wirklich Beweise dafür, dass männliche Präferenzen eine so große Selektionskraft hatten und haben? Wenn wir an die Nase und Brille denken wohl eher nicht. Außerdem basiert die Logik dieser Hypothese auf vielen Annahmen über das Paarungsverhalten unserer Vorfahren, die nicht überprüfbar sind.

Vielleicht ist es daher nahe liegender, die evolutionären Vorteile eines Busens für die unmittelbar Betroffenen zu betrachten. Eine Theorie mit diesem alternativen Ansatz besagt, dass der Busen ein Nebenprodukt von Fetteinlagerungen ist [54]. Beim Übergang des Lebensmittelpunkts unserer entfernten Vorfahren vom Wald in die karge Savanne entstand vor mehr als 1 Mio. Jahren nicht nur der aufrechte Gang, sondern sie verloren auch ihr Fell. Aufgrund der Nahrungsumstellung war es für Frauen vermutlich auch vorteilhaft, Fettreserven zu haben, die auch für die kräftezehrende Stillzeit zur Verfügung standen (siehe Abschnitt 7.2.2).

Es ist nun so, dass Körperfett und Cholesterin von unserem Stoffwechsel unter anderem auch in Östrogen umgewandelt werden. Da die Aktivität der Brustdrüse durch Östrogen und andere Geschlechtshormone gesteuert wird, besitzt sie relativ viele Rezeptoren dafür. Durch die erhöhte Fetteinlagerung wurde demnach daher vermutlich auch die Aktivität der Brustdrüsen erhöht, und der Busen entstand quasi als Nebenprodukt, in dem frau praktischerweise noch zusätzliches Fett speichern konnte. Insofern konnten permanent vergrößerte Brüste von Hominidenfrauen tatsächlich etwas über deren Fruchtbarkeit anzeigen, wenn sie aufgrund der zusätzlichen Fetteinlagerungen besser in der Lage waren, ihren Nachwuchs durchzubringen. Wenn deren Männer tatsächlich wählerisch waren, könnten sie damit die Evolution des Busens so auch mitbeschleunigt haben. Diese Erklärungen schließen sich also nicht gegenseitig aus.

Schließlich sollte man die primären Nutzer des Busens bei der Beantwortung dieser Frage nicht ignorieren. Für die Neugeborenen hat sich mit der Änderung der Lebensweise nach der Eroberung der Savannen nämlich auch Einiges entscheidend geändert. Dadurch, dass ihre Mütter nach und nach ihr Fell verloren, konnten sie sich plötzlich nirgends mehr am Körper der Mutter festhalten, wie das die meisten anderen Affenbabys machen [55]. Daher mussten die Mütter ihre Nachkommen permanent tragen und festhalten. Außerdem wurde bei unseren Vorfahren vermutlich über ähnliche Zeiträume die hervorstehende Schnauze, die bei Schimpansen noch so prominent sichtbar ist, zurückgebildet. Mit einem flachen Gesicht an einer flachen Brust zu trinken ist sicher so schwierig wie sein Spiegelbild zu küssen. Außerdem können menschliche Babys auch ihren Kopf zunächst nicht selbst halten, was sie ebenfalls von den anderen Primaten unterscheidet. Das heißt, aus Sicht der Kleinen war es sicherlich auch vorteilhaft, in der Armbeuge an eine Brustdrüse mit einer beweglichen Brustwarze, die ihnen auch noch entgegenkam, herangeführt zu werden, wobei die Wölbung der Brust ihnen zudem das Trinken erleichterte. Vonseiten der jungen Milchtrinker gab es also sicherlich kein Veto gegen die Evolution des Busens.

Dieses Problem der Busenevolution zeigt daher sehr anschaulich, dass Erklärungen, die sich nur auf eine Ursache beziehen, oft zu kurz greifen. Dadurch, dass sich mehrere Merkmale gleichzeitig an neue Lebensbedingungen anpassen, diese Merkmale miteinander interagieren und zudem Mütter, Kinder und Männer davon betroffen sind, entwickelt sich eine komplexe Dynamik, die durch einfache Ursache-Wirkung-Erklärungen nur unzureichend beschrieben werden können. Warum die männlichen Säugetiere, trotz vorhandener genetischer Informationen und anatomischer Infrastruktur – mit Ausnahme von ein paar exotischen Fledermäusen – keine Milchdrüsen ausgebildet haben, bleibt aber eines der Geheimnisse der Evolution [56].

7.2.4 Ist der Bart ein Pfauenschwanz, Hirschgeweih oder Nebenprodukt?

Frauen haben Busen, aber auch Männer haben ihre exklusiven Merkmale, die nichts mit den primären Geschlechtsorganen zu tun haben. Das auffälligste dieser Merkmale in Bezug auf Unterschiede in der Körpergestalt betrifft die Körperbehaarung. Bekanntlich unterscheiden wir uns auch in Bezug auf dieses Merkmal von den allermeisten Säugetieren in einer Art und Weise, dass wir zu Recht als „nackte Affen" bezeichnet wurden. Allerdings zeigt jeder Schwimmbad- oder Saunabesuch, dass der Grad dieser Nacktheit von Mensch zu Mensch erheblich variiert. Neben dem Alter und der ethnischen Zugehörigkeit erklärt das Geschlecht diese Variation am besten. Aber warum haben Männer mehr Körperbehaarung, einen exklusiven Bartwuchs und im fortgeschrittenen Alter nach und nach größere Lücken in der Kopfbehaarung als Frauen?

Was alle Menschen zunächst von fast allen anderen Säugetieren unterscheidet ist unsere weitgehende Nacktheit. Genauso wie Milchdrüsen sind Haare, im Vergleich zu Federn oder Schuppen anderer Wirbeltiere, ein weiteres definierendes Merkmal aller Säugetiere. Praktisch haarlose Säuger leben entweder im Wasser (z. B. Wale und Delfine) oder unterirdisch (Nacktmulle) oder sie sind sehr groß (z. B. Elefanten und Nashörner). Diese großen landlebenden Tiere führen uns auf die richtige Spur für eine Erklärung unserer Nacktheit. Bei ihnen ist die Körperoberfläche im Verhältnis zur Körpermasse nämlich so klein, dass sie durch die von ihren Muskelmassen produzierte Körperhitze durch Schwitzen nicht abführen könnten, wenn sie ein isolierendes Fell hätten. Eine wichtige biologische Funktion der Haare besteht nämlich darin, die produzierte Körperwärme möglichst zu erhalten, um so Energie zu sparen. Bei Säugetieren in heißen Gebieten kehrt sich das Problem aber um und die Vermeidung von Überhitzung ist das dringendste physiologische Problem.

Von zahlreichen Hypothesen zur Erklärung der menschlichen Nacktheit [57] hat die an diesen Prinzipien orientierte Thermoregulationshypothese die beste Unterstützung erfahren [58]. Wie schon erwähnt, hat sich die Umwelt der menschlichen Vorfahren (zu dieser Zeit werden sie noch der Gattung *Australopithecus* zugerechnet) durch eine globale Abkühlung vor ca. 3 Mio. Jahren so verändert, dass ihre Lebensräume weniger bewaldet wurden und Nahrungs- und Wasserquellen räumlich sehr viel verstreuter vorkamen. Unsere entfernten Ahnen mussten also größere Strecken zurücklegen, um satt zu werden (sie begannen in dieser Zeit daher übrigens auch damit, regelmäßig energiereiches Fleisch zu essen), aber diese vermehrte Aktivität in den afrikanischen Savannen erhöhte das Risiko der Überhitzung. Die 1,6 Mio. Jahre alten fossilen Überreste von *Homo ergaster* legen nahe, dass sie schon sehr gute und ausdauernde Läufer waren.

Zeitliche Rekonstruktionen von Veränderungen an Genen, die zur Hautpigmentierung beitragen, legen außerdem nahe, dass unsere Vorfahren vor 1,2 Mio. Jahren ihr dunkles Fell und ihre ursprünglich schimpansenähnliche rosa Haut gegen dunkel gefärbte Haut ausgetauscht haben müssen [59]. Mit diesen Anpassungen ging eine massive Zunahme an Schweißdrüsen einher, die eine wichtige Rolle bei der Thermoregulation spielen [60]. Und schließlich liefern Filzläuse ein entscheidendes Teil dieses Puzzles. Sie unterscheiden sich nämlich seit ca. 1,2 Mio. Jahren genetisch von menschlichen Kopfläusen. Da diese beiden Parasitenarten exklusiv in Scham- bzw. Kopfhaaren zu finden sind, müssen Kopf- und Schamhaare mindestens so lange getrennte Habitate für die Läuse gewesen sein [61] – dazwischen liegt seither nackte Haut. Erst vor ca. 80.000 Jahren kamen übrigens noch Kleiderläuse ins Spiel. Diese leben obligat auf menschlichen Kleidern und helfen daher, den Zeitpunkt zu schätzen, ab dem Menschen begannen, ihre Nacktheit mit schützenden Kleidungsstücken zu bedecken [62]; vermutlich, weil sie sich nach und nach in kühlere Gefilde ausgebreitet haben.

Damit wissen wir jetzt, warum Menschen weitestgehend nackt sind. Bekanntlich haben wir aber noch deutlich sichtbare Haare auf dem Kopf sowie – mit Einsetzen der Pubertät – unter den Achseln und im Schambereich. Aber warum eigentlich? Die Kopfbehaarung ist tatsächlich cool und das unabhängig von der gewählten Frisur. Sie hilft nämlich entscheidend dabei, eine Luftschicht zwischen der schwitzenden Kopfhaut und der heißen Umgebungsluft zu bilden und ermöglicht so eine verbesserte Verdunstung. Das in Afrika weit verbreitete krause Haar erledigt diesen Job übrigens am besten, weil es den größtmöglichen Abstand zur Kopfhaut ermöglicht. Über die Funktion von Scham- und Achselhaaren wird gemutmaßt, dass sie als Habitat für Bakterien dienen, deren Stoffwechselabfälle wiederum, zusammen mit Sekreten unserer Schweißdrüsen, unseren Körperduft definieren und so zur Kommunikation mit Artgenossen beitragen. Ihr Auswachsen zu Beginn der Geschlechtsreife unterstützt diese Hypothese, aber es ist schwierig nachzuweisen, dass sie nur aufgrund dieser Vorteile bei unseren entfernten Vorfahren erhalten blieben, zumal sie in vielen heutigen Gesellschaften regelmäßig entfernt werden [63] und die Entfernung weiblicher Achsel- und Beinhaare im vergangenen Jahrhundert zunehmend mit erhöhter Feminität und Attraktivität assoziiert wurde [64].

Zu guter Letzt verbleibt bei all den menschlichen Besonderheiten aber ein augenfälliger Geschlechtsunterschied: Die meisten Männer haben Bärte und deutlich mehr Haare an den eigentlich nackten Beinen und Oberkörpern als die meisten Frauen. Schon Charles Darwin hat diesen Unterschied bemerkt und der weiblichen Präferenz bei der Partnerwahl zugeschrieben. Doch bei allem Respekt vor Darwin: So einfach ist die Erklärung wohl nicht. Zwar gibt es inzwischen eine Reihe von empirischen Untersuchungen, in denen mögliche evolutionäre Vorteile eines Bartes oder der Körperbehaarung untersucht wurden, aber diese Studien verwechseln unterschiedliche Erklärungsebenen und evolutionäre Abläufe. Außerdem gibt es zahlreiche Ethnien, bei denen bestenfalls ein zarter Flaum sprießt; Horst Lichter, Karl Marx und der Weihnachtsmann sind daher bei weitem nicht repräsentativ für alle männlichen *Homo sapiens*.

Wenn ein Bart nämlich einen Überlebensvorteil liefern würde, gäbe es den betreffenden Geschlechtsunterschied nicht, denn die Evolution kennt keine Geschlechterdiskriminierung. Bleibt die Möglichkeit, dass ein Bart den Fortpflanzungserfolg exklusiv bei Männern positiv beeinflusst. In Befragungen in verschiedenen Kulturen wurden Bilder von Männern mit Bart zwar als durchschnittlich älter und aggressiver bewertet als Bilder derselben Probanden mit glattrasierten Gesichtern, aber in Bezug auf die durchschnittliche Attraktivität für weibliche und männliche Betrachter:innen machte der Bart keinen Unterschied [65]. Auch in anderen Attraktivitätsstudien wurden Bärte und Körperbehaarung bei Männern nicht einheitlich bewertet [66, 67]; schwule Tschechen finden Bärte sogar durchschnittlich attraktiver als heterosexuelle Frauen [68]. Der variable Effekt auf weibliche Attraktivitätsbewertungen ist aber nicht verwunderlich, wenn man bedenkt, dass bis vor wenigen Jahrhunderten (also vor Erfindung des Rasierers) alle Männer in Ethnien mit Bartwuchs einen Bart trugen und von daher der Besitz des Merkmals an sich für potenzielle Partnerinnen keinerlei Information enthielt. Auch bei Kampfsportlern haben Bartträger keinen Vorteil gegenüber rasierten Kontrahenten [69], obwohl Vorteile beim Kampf Mann gegen Mann vermutet wurden. Der Bart ist also funktional weder ein Pfauenschwanz noch ein Hirschgeweih, um es evolutionsbiologisch zu formulieren. Ob der subjektive Eindruck höherer Männlichkeit, Dominanz und Aggressivität, der in vielen Bewertungsstudien bestätigt wurde, auch schon vor der Erfindung des Rasiermessers den Gang der Evolution beeinflusst hat, bleibt daher eine offene Frage, der ich persönlich ein großes Fragezeichen anfügen würde.

Diese möglichen Erklärungen der Evolution des Bartes gehen nämlich von der falschen Vorstellung aus, dass Bärte aufgrund eines evolutionären Vorteils bei Vorfahren mit ursprünglich nackten Gesichtern entstanden sind. Der Blick in jedes Schimpansengesicht zeigt aber, dass die eigentliche Frage lauten muss, warum der Bart nur bei Männern *beibehalten* wurde. Die Tatsache, dass Abermillionen Männer, vor allem in asiatischen Ländern, wenig oder keinen Bartwuchs haben, weist darauf hin, dass die genetische Kontrolle dieses Merkmals bei Männern mehr oder weniger gut unterbunden wurde, wohingegen dies bei Frauen anscheinend sehr viel besser geklappt hat. Bei entsprechender genetischer Disposition wird die Stärke des Bartwuchses zusätzlich von der Konzentration eines Enzyms beeinflusst, das Testosteron in eine bestimmte Variante davon (Dihydro-Testosteron) umwandelt [70]. Ähnliches gilt übrigens für das Schicksal, das viele weiße Männer im höheren Alter ereilt: die immer größer werdenden Lücken ihrer Kopfbehaarung wird mit größerer sozialer Reife und reduzierter Aggressivität assoziiert [71]. Proximat sind sowohl das Sprießen des Bartes als auch die Glatzenbildung mit zu- bzw. abnehmenden Testosteronkonzentrationen korreliert [72], sodass sich ein genereller Zusammenhang mit sexueller Aktivität feststellen lässt. Sehr viel prominenter sind aber auch hier Unterschiede zwischen Populationen, die auf die Bedeutung genetischer Faktoren hinweisen, weil Glatzen bei vielen afrikanischen, asiatischen und nordamerikanischen Ureinwohnern sehr viel seltener sind als bei Mitteleuropäern [73].

Diese räumliche und historische Variabilität in der Intensität der männlichen Be- bzw. Enthaarung legt meiner Meinung nach daher den Schluss nahe, dass Bärte und Brustbehaarung primär Nebeneffekte genetischer und hormoneller Aktivität sind, die für ihre Träger selektiv neutral sind. Dort, wo sie vorkommen, können sie kulturell eine Bedeutung annehmen, aber für die Evolution sind sie uninteressant. Der Fokus auf alte weiße Männer des eigenen Kulturkreises hat also mutmaßlich dazu beigetragen, dass die falschen evolutionären Fragen gestellt wurden.

7.3 Männer haben ein größeres Gehirn: Macht aber nichts!

Der bisherige Blick auf unsere Körper hat sich mit äußeren Merkmalen beschäftigt, die einen Beitrag zur optischen Unterscheidung zwischen den Geschlechtern liefern. Zum Abschluss dieses Exkurses in die Morphologie möchte ich dieses Narrativ verlassen und ein äußerlich nicht sichtbares Organ betrachten. Bei der Betrachtung der inneren Organe ist es in diesem Zusammenhang aber nicht besonders interessant zu fragen, ob sich Struktur oder Funktion der Milz oder des Herzens grundsätzlich zwischen Frauen und Männern unterscheiden. Vielmehr ist hier das Gehirn von Interesse, da unsere Entscheidungen, welches Verhalten wir in welchen Situationen an den Tag legen, wesentlich von dort gesteuert werden. Wenn sich Menschen mit unterschiedlichem Geschlecht oder Gender in bestimmten Verhaltensweisen unterscheiden, stellt sich daher die Frage, ob sich diese Unterschiede auch in der Struktur oder Aktivität bestimmter Gehirnregionen widerspiegeln.

In einem – zugegebenermaßen ziemlich langen – Satz zusammengefasst wird unser Verhalten durch komplexe Interaktionen zwischen den Effekten von zahlreichen Genprodukten auf die Aktivität von Nerven-, Muskel- und Drüsenzellen, dem organisierenden und aktivierenden Einfluss von Hormonen während verschiedener Entwicklungsabschnitte, der nachhaltigen Einwirkungen von Umweltfaktoren und der Sozialisierung durch andere sowie der Selbstsozialisation durch die subjektive kognitive Verarbeitung von Erfahrungen und Erkenntnissen gesteuert. Die letzte unmittelbare Instanz ist dabei aber fast immer das zentrale Nervensystem; also das Gehirn. Von daher stellt sich tatsächlich die Frage, ob es strukturelle Unterschiede in der Gehirnanatomie zwischen Männern und Frauen gibt. Leider gibt es bislang nur wenige relevante Untersuchungen, die auch Menschen mit nicht-binärem Gender einbezogen haben [74]. Zudem gibt es erst wenige Untersuchungen an menschlichen Gehirnen, welche die viel feiner auflösenden genetischen und physiologischen Methoden einsetzen, die in der experimentellen Tierforschung bereits etabliert sind. Von daher beschränkt sich unser bisheriges Wissen hauptsächlich auf anatomische Variation in der Gehirnstruktur und deren Ursachen. Mögliche Konsequenzen, zum Beispiel in Form psychiatrischer Krankheiten, begegnen uns später in diesem Kapitel.

7.3 Männer haben ein größeres Gehirn: Macht aber nichts!

Unterschiede in den Gehirnen von erwachsenen Männern und Frauen betreffen zunächst die durchschnittliche Größe. In dieser Hinsicht gibt es über zahlreiche Studien gemittelte Unterschiede im Volumen, das bei Männern im Durchschnitt 12 % größer ist [75]. Dies entspricht größenordnungsmäßig dem durchschnittlichen Geschlechtsunterschied in der Körpergröße und ist daher aufgrund biologischer Gesetzmäßigkeiten zu erwarten, da die „Verwaltung" eines größeren Körpers mehr *hardware* erfordert. Von daher ist dieser qualitative Geschlechtsunterschied nicht weiter bemerkenswert oder interessant.

Die neueste Studie mit der größten Stichprobengröße (MRT-Aufnahmen von > 5000 Gehirnen), die spezifisch nach Geschlechtsunterschieden gesucht hat und dabei statistisch für Unterschiede im Alter und ethnischer Herkunft kontrollierte, fand ebenfalls, dass männliche Gehirne im Durchschnitt größer, aber diesbezüglich auch variabler sind [76]. Wenn zusätzlich auf den allgemeinen Größenunterschied kontrolliert wurde, fanden sich zwar weiterhin signifikante Unterschiede in 68 untersuchten Gehirnregionen, aber diese waren insgesamt geringer, und Männer hatten in all diesen Regionen ein größeres Volumen, wohingegen Frauen in fast all diesen Regionen eine dickere Rindenschicht hatten [77]. Außerdem überlappen die Häufigkeitsverteilungen von Frauen und Männern sehr stark, sodass die Größe einer beliebigen Gehirnregion aufgrund des Geschlechts sehr unzuverlässig vorhersagbar ist.

Die Ergebnisse einer mit den Proband:innen durchgeführten Denksportaufgabe und eines Reaktionstests haben zwar schwach positiv mit deren anatomischen Messungen korreliert, aber es fanden sich dabei keine Geschlechtsunterschiede. Andererseits korrelieren Geschlechtsunterschiede im Volumen verschiedener Regionen des limbischen Systems (eine Funktionseinheit, in der Emotionen verarbeitet und intellektuelle Leistungen verortet sind) mit Variation in der Häufigkeit und Intensität von sozialen Kontakten [78], aber Ursache und Wirkung können mit einer solchen korrelativen Studie nicht unterschieden werden. Da einzelne männliche und weibliche Gehirne in Bezug auf verschiedene strukturelle Merkmale zudem mal näher am weiblichen oder mal näher am männlichen Ende der Häufigkeitsverteilung dieser Merkmale liegen – also diesbezüglich ein Mosaik darstellen –, ist es nicht überraschend, dass es nach derzeitigem Wissensstand keine weiteren bedeutsamen systematischen Geschlechtsunterschiede in der Größe und Struktur unserer Gehirne gibt [79]. Größe ist (also auch hier) nicht alles.

Allerdings spielt Testosteron im Laufe der Individualentwicklung eine wichtige Rolle bei der geschlechtsspezifischen Ausdifferenzierung verschiedener Verhaltensmerkmale, indem es die Struktur und Funktion bestimmter Gehirnregionen beeinflusst [80]. Untersuchungen an Menschen und Tieren haben mit unterschiedlichsten Methoden gezeigt, dass bereits die Testosteronkonzentration im Mutterleib nachhaltige Effekte auf spätere Präferenzen in Bezug auf klassisch geschlechtsspezifische Rollen beim Spielen und in der Wahl von Spielzeugen hat. Übrigens hat die Auswertung von 121 Studien des Spielverhaltens verschiedenster Säugetiere gezeigt, dass junge Männchen ebenfalls häufiger toben als ihre weiblichen Geschwister [81]. Ebenso korrelieren die spätere sexuelle Orientierung und Ausprägung der Genderidentität, aber auch das Ausmaß an Empathie und Aggression, mit der pränatalen Konzentration an Testosteron.

Andere Geschlechtsunterschiede in der Gehirnanatomie entwickeln sich aber unabhängig von hormonellen Einflüssen. So entwickeln junge männliche Probanden eine stärkere Verknüpfung innerhalb von Gehirnregionen, wodurch die Verbindung von Wahrnehmung und koordiniertem Handeln verbessert wird, wohingegen bei Mädchen verstärkt Verknüpfungen zwischen den Gehirnhälften ausgebildet werden, wodurch die Kommunikation zwischen analytischer und intuitiver Verarbeitung verbessert wird [82]. Wie in der anatomischen Struktur sind Geschlechtsunterschiede in der Entwicklung des Gehirns und deren proximate Grundlagen aber auch nicht diskret binär [74], was bei der Vielzahl und Komplexität der Faktoren, die letztendlich ein bestimmtes Verhalten hervorrufen, nicht überraschend ist. Fazit: Männliche und weibliche Gehirne kontrollieren zahlreiche geschlechtsspezifische Verhaltensweisen, aber Gehirnstrukturen sind nicht so eindeutig zwischen den Geschlechtern differenziert wie beispielsweise die Fettverteilung oder Milchdrüsen, und Studien mit unterschiedlichen methodischen Ansätzen müssen in Zukunft noch viel besser integriert werden [83].

7.4 Physiologie: Geschlechtsunterschiede vom Schlafen bis zum Marathon

Die Körper von Frauen und Männern sind nicht nur unterschiedlich gebaut, sie unterscheiden sich auch teilweise in grundlegenden Funktionen. Einerseits gibt es körperliche Prozesse, die auf ein Geschlecht beschränkt sind. Diese Unterschiede betreffen vor allem Merkmale, die an der Koordination von geschlechtsspezifischen Fortpflanzungsaktivitäten beteiligt sind. Für eine erfolgreiche Schwangerschaft müssen beispielsweise unter anderem der mütterliche Stoffwechsel, das Blutvolumen, die Nierenaktivität, der Ruhepuls und die Immunfunktionen an diese Aufgabe angepasst werden. Die komplexe Steuerung der Milchproduktion habe ich schon erwähnt, und die Regulation der Spermienproduktion ist offensichtlich eine exklusiv männliche Aufgabe. Diese physiologischen Unterschiede sind – genauso wie die Steuerung der Menstruation – an die biologischen Geschlechtsfunktionen gekoppelt und von daher nicht weiter verwunderlich.

Interessanterweise gibt es aber nicht wenige physiologische Prozesse und Leistungen, in denen sich Männer und Frauen zum Teil erheblich unterscheiden, obwohl die betroffenen Merkmale nicht unmittelbar an der Regulation der Fortpflanzungsaktivität beteiligt und daher nicht *a priori* zu erwarten sind. Über diese zweite Klasse von Geschlechtsunterschieden ist allerdings noch vergleichsweise wenig bekannt, weil sowohl in der klinischen Forschung, als auch in der Grundlagenforschung bis vor wenigen Jahren hauptsächlich männliche Probanden bzw. Versuchstiere eingesetzt wurden. Offenbar gab es die weit verbreitete Sorge, dass durch experimentelle Eingriffe bei geschlechtsreifen Frauen bzw. Weibchen möglicherweise Fehlbildungen bei ihrem Nachwuchs ausgelöst werden könnten oder dass physiologische Messwerte durch zyklische Hormonschwankungen „verfälscht" werden könnten [84]. Untersuchungen des Explorationsverhaltens weiblicher Labormäuse haben aber gezeigt, dass Variabilität zwischen Individuen sehr viel größer ist als zwischen verschiedenen Zyklusphasen [85]. In Deutschland ist die Berücksichtigung des Geschlechts bei klinischen Studien erst seit 2004 erforderlich, und die EU hat noch in 2017 in einem Entschluss festgestellt, dass dringend Maßnahmen erforderlich sind, um diesbezügliche geschlechtsspezifische Wissenslücken zu schließen [86].

Die bekanntesten physiologischen Geschlechtsunterschiede betreffen mehrere Aspekte der körperlichen Funktion und Leistung. So unterscheiden sich beispielsweise die Funktionen der inneren Uhr, die unsere Tagesaktivität steuert, sowie die Architektur unseres Schlafes zwischen den Geschlechtern [87]. Frauen haben im Durchschnitt schnellere innere Uhren und kürzere Zyklen der tageszeitlichen Temperaturschwankungen, was sie eher zu Frühaufsteherinnen prädestiniert. Erwachsene Männer sind im Durchschnitt mehr in der zweiten Tageshälfte aktiv, wohingegen Frauen insgesamt mehr und tiefer schlafen [88]. Trotzdem ist der weibliche Schlaf öfters unterbrochen [89], sodass Frauen öfters unter schlechter Schlafqualität leiden [90].

Eine andere grundlegende physiologische Anpassung betrifft den Umgang mit Stressoren. In alltäglichen Stresssituationen zeigen Frauen hier eine raschere und stärkere neuro-endokrinologische Reaktion als Männer [91]. Durch diese physiologische Reaktion wird der Körper in die Lage versetzt, sich effektiv mit der Ursache des körperlichen oder emotionalen Unwohlseins auseinanderzusetzen und in die „Grundeinstellung" zurückzukehren. Wenn diese Reaktion durch körperliche Stressoren, wie Anstrengung, Hitze oder Kälte ausgelöst wird, zeigen Frauen häufig eine stärkere Reaktion, wohingegen Männer auf psychologische Belastungen stärker reagieren [92]. Die Anfälligkeit für eine Stressreaktion variiert aber auch über die gesamte Lebensspanne. So erhöht eine Stressbelastung der Mutter während der späten Schwangerschaft die Anfälligkeit von Jungs, später im Leben an Autismus oder Aufmerksamkeitsdefiziten zu leiden. Bei Mädchen erhöht Stress während der Pubertät dagegen die Anfälligkeit für spätere Depressionen und Angstzuständen [93].

Auch rein emotionale Empfindungen und Reaktionen sind in der Regel mit physiologischen Prozessen, wie zum Beispiel der elektrischen Leitfähigkeit der Haut, verbunden und unterscheiden sich oft zwischen den Geschlechtern [94]. Eifersucht stellt beispielsweise eine starke Emotion dar, bei der sich die Geschlechter im Ausmaß der physiologischen Begleitreaktionen unterscheiden [95]. So erhöht sich bei Männern der Hautwiderstand, wenn sie sich emotionale Untreue ihrer Partnerin vorstellen, wohingegen bei Frauen der Gedanke an sexuelle Untreue dieses Maß der Aktivität des vegetativen Nervensystems, welches auch bei Lügendetektoren verwendet wird, erhöht. Bei den männlichen Probanden erhöhte sich dagegen nur der Puls, wenn sie an sexuelle Untreue denken [96].

In Bezug auf die körperliche Leistungsfähigkeit liefert der Sport zahlreiche anschauliche Beispiele und empirische Daten. Die physiologische Grundlage dieser Unterschiede ist letztendlich darin begründet, dass Männer im Durchschnitt eine 5–10 % höhere maximale Sauerstoffaufnahmekapazität als Frauen haben, was wiederum darauf zurückzuführen ist, dass Männer größere Herzen und eine höhere Hämoglobinkonzentration aufweisen [97]. Zudem enthalten männliche

Körper aufgrund der mehr als zehnfach höheren Konzentration an Testosteron im Durchschnitt 25–40 % mehr Muskelmasse und weniger Fett. Von daher sind sie in vielen Sportarten in der Lage, bessere Leistungen zu erbringen, was erklärt, warum die Geschlechter in allen Einzelsportdisziplinen getrennt antreten und warum die Klassifizierung von intersexuellen Sportler:innen wie Caster Semenya solche Probleme und Schlagzeilen macht (s. Vorwort).

In den 1960er-Jahren mussten Athletinnen noch vor dem Start ihre Genitalien präsentieren; danach waren die Geschlechtschromosomen ausschlaggebend. Seit 2004 erlaubt das Internationale Olympische Komitee, dass Transgender-Frauen an den Wettkämpfen der Frauen teilnehmen dürfen, wenn sie eine entsprechende Operation und eine mindestens zweijährige Hormonersatztherapie nachweisen können. Die internationale Leichtathletik-Kommission beschloss 2023, dass Transfrauen nur bei Frauenwettkämpfen starten dürfen, wenn ihre Testosteronkonzentration mindestens 2 Jahre lang einen bestimmten Wert (2,5 nmol/l) nicht überschritten hat [98]. Bei den Olympischen Spielen in Tokyo war 2021 zum ersten Mal eine Transgender-Athletin am Start: im Gewichtheben [99]. Obwohl dies von Kritiker:innen befürchtet wird: Dass sie vor der Geschlechtsumwandlung höheren Testosteronkonzentrationen ausgesetzt waren, bringt Transgendern keinen Wettbewerbsvorteil [100].

Beginnen wir doch mit Disziplinen des Extremsports, wo Unterschiede am deutlichsten ausfallen sollten. Beim Marathon, der für Frauen übrigens erst seit 1984 olympische Disziplin ist, trägt der physiologische Unterschied dazu bei, dass Männer in allen Altersklassen ungefähr 10 % schneller sind und der Geschlechtsunterschied erst bei einem Altersunterschied von ca. 15 Jahren zwischen Läufer:innen verschwindet [101]. Beim professionellen Triathlon ist der männliche Vorsprung mit 12 % beim Schwimmen geringer als beim Radfahren (15 %) und Laufen (18 %); vermutlich, weil Frauen aufgrund des höheren Körperfettanteils mehr Auftrieb erzeugen [102]. Beim Schwimmen auf ultralangen Strecken schmilzt dieser Geschlechtsunterschied deshalb sogar auf weniger als 5 % [103]. Zudem zeigt sich, dass die Größe des Unterschieds sich in den letzten Jahrzehnten in fast allen Disziplinen beinahe halbiert hat; vermutlich, weil heutzutage viel mehr Frauen an den Start gehen, die ebenfalls schon seit Kindertagen regelmäßig trainieren.

Nur bei Sportarten, bei denen Kraft im Oberkörper eine wichtige Rolle spielt, wie z. B. Kanufahren oder Skilanglauf, behalten Männer einen größeren Vorteil. Diese und andere Geschlechtsunterschiede in der körperlichen Stärke sind unmittelbar durch Testosteron bedingt, wie dosisabhängige Zunahmen der Muskelmasse und Hämoglobinkonzentration nach experimentellen Gaben des Steroidhormons an freiwilligen Probanden gezeigt haben [104]. Entgegen der Wunsch- und Wahnvorstellungen vieler (asiatischer) Männer, die alle möglichen Aphrodisiaka konsumieren, die mit Testosteron assoziiert werden, hat die direkte Gabe des Hormons – selbst in den höchsten Dosen – aber allerdings keine messbaren Effekte auf die Sexualfunktion.

7.4 Physiologie: Geschlechtsunterschiede ...

In den klassischen olympischen Einzeldisziplinen macht es – wie beim Extremsport – keinen Sinn, Durchschnittswerte der Gesamtbevölkerung oder der jeweiligen Nationalmannschaften zu ermitteln. Da es meines Wissens keine Einzelsportarten gibt, bei der Männer und Frauen nicht getrennt konkurrieren, lassen sich die jeweiligen Bestleistungen beider Geschlechter aufgrund der vergleichbaren Wettkampfbedingungen (nicht aufgrund identischer Trainings- und Sponsoringmöglichkeiten!) miteinander vergleichen, um ein Gefühl für die Richtung und Stärke möglicher Geschlechtsunterschiede zu bekommen. Bei der Betrachtung der jeweiligen Weltrekorde in Sprints (100 und 200 m), Mittel- und Langstreckenläufen (800, 5000, 10000 m), Sprüngen (Weit- und Hochsprung), Würfen (Kugel, Diskus, Speer) und Schwimmleistungen (100 m Brust und Freistil, 200 m Schmetterling, 400 m Lagen) zeigt sich, dass Männer durchweg um circa 11 % schneller laufen und schwimmen und 15 % weiter bzw. höher springen (Abb. 7.1). Bei den Wurfdisziplinen sieht es auf den ersten Blick anders aus, der geringe Unterschied im Kugelstoßen und Diskuswerfen erklärt sich aber dadurch, dass das jeweilige Gerät nur etwa (Kugel: 55 %, Diskus: 50 %) halb so schwer ist wie bei den Männern. Beim Speerwerfen ist der Speer der Damen 25 % leichter, aber beim Weltrekord der Männer flog er trotzdem mehr als 25 % weiter; offenbar auch ein Ergebnis der überproportional größeren Kraft im Oberkörper. Die morphologischen Unterschiede zwischen den Geschlechtern in Muskelmasse und -verteilung spiegeln sich also in der jeweiligen maximalen Leistungsfähigkeit wider und machen deutlich, warum es unfair wäre, diese bei sportlichen Wettkämpfen außer Acht zu lassen.

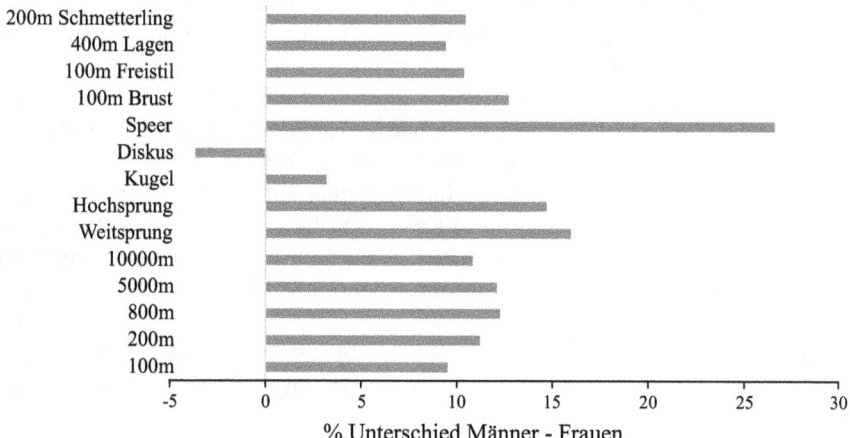

Abb. 7.1 Prozentuale Unterschiede zwischen den Weltrekorden von Frauen (=100) und Männern in klassischen olympischen Disziplinen. (Daten von [105, 106])

7.5 Gesundheit: Wo Geschlecht und Gender wirklich wichtig sind

Die in der Praxis wichtigsten Konsequenzen von Geschlechtsunterschieden in der Physiologie finden sich aber nicht im Sport, sondern in den Bereichen Gesundheit und Medizin. Obwohl es inzwischen schon eine wissenschaftliche Zeitschrift gibt, die sich ausschließlich mit *Transgender Health* beschäftigt, gibt es in der Fachliteratur noch große Lücken in Bezug auf transgenderspezifische Gesundheitsdaten [107], wenngleich es inzwischen spezifische Forschungsprogramme gibt, die sich den Langzeitfolgen von entsprechenden Hormonbehandlungen und Operationen widmen [108]. Die praktische Bedeutung der Anerkennung von Variation zwischen Frauen, Männern, Transgendern und Intersexuellen in Krankheitsrisiken und -verläufen ist offensichtlich: Durch entsprechende spezifische Forschung können Art und Ursachen der Variation besser verstanden und durch daran angepasste Behandlungen individuelle Heilungsprognosen verbessert werden [109].

Ein aktuelles Beispiel verdeutlicht die Art und Größenordnung von Geschlechtsunterschieden in Krankheitsrisiko und -verlauf: Corona. Bis April 2021 gab es weltweit mehr als 49 Mio. registrierter Infektionen mit dem SARS-COV2 Virus. Davon entfielen 48,7 % auf Männer und 51,3 % auf Frauen, was keinen statistisch signifikanten Unterschied darstellt. Die mehr als 1 Mio. COVID-19-Todesfälle in dieser Zeit betrafen aber zu 57,6 % Männer und nur zu 42,4 % Frauen [110]. Dem Virus ist das Geschlecht seines Wirts bei der Infektion also gleichgültig, aber ein weibliches Immunsystem kann – statistisch gesehen – besser mit einer Infektion umgehen [111]. Wenn man solche Unterschiede kennt und berücksichtigt, kann man daher gezielt deren Ursachen sowie geschlechtsspezifische Behandlungsmethoden erforschen [112].

Die Art und Stärke einer Immunreaktion unterscheidet sich auch in anderen Kontexten zwischen den Geschlechtern, sodass Frauen im Allgemeinen eine stärkere Immunantwort auf Infektionen und Impfungen aufweisen, dafür aber auch häufiger an Entzündungen und Autoimmunkrankheiten leiden [113]. Bei Männern lösen Krankheitserreger wie Viren und Bakterien dagegen häufiger stärkere Reaktionen aus; der Männerschnupfen hat also eine gewisse wissenschaftliche Daseinsberechtigung! Das weibliche Immunsystem ist auch besser in der Lage, bösartige Gewebeneubildungen – also Krebs – zu bekämpfen. Wenn alle anderen Risikofaktoren kontrolliert werden, haben Frauen ein geringeres Risiko, an einer nicht geschlechtsspezifischen Krebsform (außer Schilddrüsenkrebs) zu erkranken, und sie haben eine durchweg bessere Prognose, ihn zu besiegen [114]. Der rascheren und effektiveren Immunantwort von Frauen liegt eine größere Anzahl und schnellere Aktivierung von Immunzellen des angeborenen und erworbenen Immunsystems zugrunde [115].

Warum diese Geschlechtsunterschiede im Laufe der Evolution entstanden sind, ist noch wenig erforscht. Lange Zeit dachte man, dass die schlechtere Immunkompetenz der Männer eine unvermeidliche Nebenwirkung von höheren Testosteronkonzentrationen darstellt, da dieses Hormon eine dämpfende Wirkung auf das Immunsystem hat. Da Testosteron aber auch Merkmale fördert, welche die Wettbewerbsfähigkeit bei der Konkurrenz um Paarungsgelegenheiten erhöhen, werden in der evolutionären Abwägung der Vor- und Nachteile wohl höhere männliche Testosteronkonzentrationen von der sexuellen Selektion gefördert [116]. Neuere Studien fokussieren dagegen auf mögliche Vorteile der Frauen. Demnach könnten die hohen Fitnesskosten einer Übertragung von Krankheitserregern auf den Fötus oder das Neugeborene für eine Verbesserung der mütterlichen Immunabwehr selektiert haben [117]. Noch ein Beispiel dafür, wie notwendig und erfrischend ein Paradigmenwechsel sein kann!

Die schon erwähnten Geschlechtsunterschiede im Fettstoffwechsel führen auch dazu, dass sich die Häufigkeiten von Diabetes, Fettleibigkeit und anderen Ursachen von Herz-Kreislauf-Erkrankungen, die weltweit die häufigste Todesursache darstellen, zwischen den Geschlechtern unterscheiden [118]. Ich habe schon erwähnt, dass die Geschlechter sich darin unterscheiden, wie und wo sie Fett im Körper speichern: Männer und Frauen nach der Menopause lagern mehr Fett im Bauchbereich ein als Frauen vor der Menopause. Diese Energiereserven können bei Bedarf rasch mobilisiert werden und haben Männer mutmaßlich über historische Zeiträume bei Aktivitäten wie Jagen oder Kämpfen mit Energie versorgt. Das an anderen Stellen unter der Haut gespeicherte Fett von Frauen vor der Menopause wird dagegen während Phasen des chronischen Energiebedarfs, wie Schwangerschaft und Stillzeit, aktiviert [119]. Nur das Bauchfett erhöht das Risiko für Diabetes und Herz-Kreislauf-Erkrankungen; bei Frauen aber erst nach der Menopause, wenn der schützende Einfluss von Östrogenen ausbleibt [120]. So haben Männer bis zum Alter von 60 Jahren ein drei- bis viermal höheres Risiko, einen Herzinfarkt zu erleiden, und sie leiden öfter an Bluthochdruck und erhöhten Blutfetten, aber auch an Herzrhythmusstörungen. Frauenherzen sind kleiner und weniger elastisch, was besonders im hohen Alter daher zu häufigerem Auftreten von Herzversagen und anderen Erkrankungen des Herzens führt [121].

Die effektive medikamentöse Behandlung viele dieser Stoffwechsel- und Herz-Kreislauf-Erkrankungen wird ebenfalls vom biologischen Geschlecht der Patienten beeinflusst. Aufgrund einer Fülle an physiologischen Unterschieden zwischen den Geschlechtern – von der Zusammensetzung der Enzyme im Speichel, über die Aktivität von Leberenzymen bis hin zur Körperzusammensetzung und Stoffwechselrate – werden nämlich zahlreiche Medikamente von Männern und Frauen unterschiedlich schnell aufgenommen und/oder ausgeschieden [122], was offensichtlich zu unterschiedlich effektiven Behandlungen führt und die Bedeutung von geschlechtsspezifischen Forschungen und Therapien unterstreicht; und zwar beginnend bei der Grundlagenforschung [123] bzw. bei allen Krankheiten.

Auch die Gehirne von Frauen und Männern sind von Krankheiten unterschiedlich betroffen. So sind zwei Drittel der Alzheimer-Patient:innen weiblich, wohingegen Parkinson bei Männern doppelt so häufig auftritt [124]. Autismus, Aufmerksamkeitsstörungen, Hyperaktivität und das Tourette-Syndrom treten ebenfalls bei Männern häufiger auf, wohingegen Frauen öfter unter Depressionen, Angstzuständen und Essstörungen leiden. Robuste Geschlechtsunterschiede in der Struktur und Durchblutung mancher Gehirnregionen korrelieren mit dem Vorkommen dieser Leiden, wobei in manchen Fällen strukturelle und

Verhaltensänderungen während der Gehirnentwicklung zusammen auftreten [125]. Die bei Frauen zwei bis dreimal häufigeren Angstzustände sind mit strukturellen Geschlechtsunterschieden in drei Gehirnregionen assoziiert; sie werden in ihrer Intensität aber auch durch Schwankungen der weiblichen Sexualhormone während eines Zyklus sowie im Laufe eines Lebens beeinflusst oder sie können durch eine Schwangerschaft oder Stress in jungen Jahren ausgelöst werden [126]. In ähnlicher Weise wird das Risiko, Schizophrenie, eine bipolare Störung oder posttraumatische Stressstörung auszubilden oder davon schwerere Verläufe zu entwickeln, von niedrigen Konzentrationen an Östrogen erhöht [127].

Es ist also bei weitem nicht einfach so, dass man diese psychischen Störungen einer einzelnen Ursache im Gehirn zuordnen könnte. Vielmehr scheinen Gehirn, Hormone und Umwelt dabei in komplexer Weise zu interagieren. Und wie bei vielen anderen Medikamenten ist die Wirkung von antipsychotischen Substanzen auch geschlechtsabhängig: aufgrund von Geschlechtsunterschieden in der Aufnahme der Wirkstoffe im Gehirn und in der Zahl von Rezeptoren für bestimmte Neurotransmitter sind in vielen Fällen Frauen wohl überdosiert, weil diese Medikamente bei ihnen effektiver wirken [128].

Die zahlreichen offensichtlichen physiologischen Unterschiede zwischen weiblichen und männlichen Organismen haben in den letzten Jahren Vorschläge für unterschiedliche Forschungs- und Behandlungsstrategien hervorgebracht. Nachdem lange Zeit vornehmlich Daten von männlichen Versuchstieren und Probanden gesammelt wurden, haben einflussreiche Aufsichtsbehörden (endlich) die Direktive erlassen, Daten von männlichen und weiblichen Individuen zu sammeln, sodass die Antworten auf wissenschaftliche Fragen für beide Geschlechter erhoben werden [129]. Für manche Kritiker:innen wird das biologische Geschlecht als Ursache von Variation zwischen Individuen dadurch aber überbetont und die Bedeutung der soziokulturellen Faktoren, die Gender definieren, durch Tierversuche prinzipiell nicht berücksichtigt [130]. Zahlreiche Krankheitsrisiken und -verläufe, zum Beispiel solche, die das Immunsystem [131], Herz-Kreislauf-Erkrankungen [132] und psychische Erkrankungen [130] betreffen, werden mutmaßlich von Faktoren beeinflusst, die auch verschiedene Gender formen, und es gibt zunehmend die Einsicht, diese in der Erforschung, Prävention und Behandlung von Krankheiten zu berücksichtigen [133], zumal physiologische Faktoren miteinander und dem Geschlecht interagieren. So hat die bislang größte Studie gezeigt, dass Frauen mit demselben Aufwand an sportlicher Aktivität ihr Mortalitätsrisiko durch Herz-Kreislauf-Erkrankungen stärker senken als Männer [134].

Da Männer und Frauen sowie Transgender und Intersexuelle im privaten und beruflichen Alltag häufig mit verschiedenen Herausforderungen und Möglichkeiten konfrontiert werden, die deren Gesundheit unterschiedlich beeinträchtigen, sollten diese zumindest bei der Behandlung von Erkrankungen mitberücksichtigt werden. Dieses berechtigte Anliegen, und vor allem die Titel der entsprechenden wissenschaftlichen Arbeiten, sind nur insofern irreführend, als dass es viel zu kleine Stichproben und viel zu wenige Daten zur Genderidentität im eigentlichen Sinne gibt, um diese gezielt zu untersuchen. Zur Erinnerung: Gender bezeichnet das subjektiv wahrgenommene Geschlecht, das für die überwältigende Mehrheit der Individuen weiblich oder männlich ist und nur von einem Bruchteil als nichtbinär, neutral, fluide oder abweichend vom (zugeschriebenen) biologischen Geschlecht beschrieben wird. Die explizite Berücksichtigung von Intersexuellen und Transgender würde in der Tat zu einem umfassenderen Verständnis der relativen Bedeutung der Effekte von Geschlechtschromosomen und -hormonen beitragen. In der klinischen Grundlagenforschung gibt es bereits Mausmodelle, bei denen mit gentechnischen Methoden sowohl „genitale Männchen" als auch „genitale Weibchen" mit den definierenden Geschlechtschromosomen des jeweils anderen Geschlechts hergestellt wurden, sodass die Effekte von Chromosomen und Hormonen unabhängig voneinander erforscht werden können [135]. Auf diesen Gebieten wird es in den kommenden Jahren sicher einen erheblichen und praktisch wichtigen Zugewinn an Information durch Forschung geben.

Literatur

1. Johnson KL, Tassinary LG (2005) Perceiving sex directly and indirectly: Meaning in motion and morphology. Psychol Sci 16(11):890–897
2. Karp NA, Mason J, Beaudet AL, Benjamini Y, Bower L, Braun RE, Brown SDM, Chesler EJ, Dickinson ME, Flenniken AM, Fuchs H, Angelis MH, Gao X, Guo S, Greenaway S, Heller R, Herault Y, Justice MJ, Kurbatova N, Lelliott CJ, Lloyd KCK, Mallon AM, Mank JE, Masuya H, McKerlie C, Meehan TF, Mott RF, Murray SA, Parkinson H, Ramirez-Solis R, Santos L, Seavitt JR, Smedley D, Sorg T, Speak AO, Steel KP, Svenson KL, International Mouse Phenotyping Consortium, Wakana S, West D, Wells S, Westerberg H, Yaacoby S, White JK (2017) Prevalence of sexual dimorphism in mammalian phenotypic traits. Nat Commun 8:15475
3. Wilson LAB, Zajitschek SRK, Lagisz M, Mason J, Haselimashhadi H, Nakagawa S (2022) Sex differences in allometry for phenotypic traits in mice indicate that females are not scaled males. Nat Commun 13(1):7502
4. Snell DM, Turner JMA (2018) Sex chromosome effects on male-female differences in mammals. Curr Biol 28(22):R1313–R1324
5. Tukiainen T, Villani AC, Yen A, Rivas MA, Marshall JL, Satija R, Aguirre M, Gauthier L, Fleharty M, Kirby A, Cummings BB, Castel SE, Karczewski KJ, Aguet F, Byrnes A, GTEx Consortium, Laboratory, Data Analysis & Coordinating Center (LDACC) – Analysis Working Group, Statistical Methods groups – Analysis Working Group, Enhancing GTEx (eGTEx) groups, NIH Common Fund, NIH/NCI, NIH/NHGRI, NIH/NIMH, NIH/NIDA, Biospecimen Collection Source Site – NDRI, Biospecimen Collection Source Site – RPCI, Biospecimen Core Resource – VARI, Brain Bank Repository – University of Miami Brain Endowment Bank, Leidos Biomedical – Project Management, ELSI Study, Genome Browser Data Integration & Visualization – EBI, Genome Browser Data Integration & Visualization – UCSC Genomics Institute, University of California Santa Cruz, Lappalainen T, Regev A, Ardlie KG, Hacohen N, MacArthur DG (2017) Landscape of X chromosome inactivation across human tissues. Nature 550(7675):244–248
6. Deeb S (2005) The molecular basis of variation in human color vision. Clin Genet 67(5):369–377
7. Guiraud S, Aartsma-Rus A, Vieira NM, Davies KE, van Ommen GJ, Kunkel LM (2015) The pathogenesis and therapy of muscular dystrophies. Annu Rev Genomics Hum Genet 16(1):281–308
8. Lefèvre CM, Sharp JA, Nicholas KR (2010) Evolution of lactation: Ancient origin and extreme adaptations of the lactation system. Annu Rev Genomics Hum Genet 11(1):219–238

9. Gershoni M, Pietrokovski S (2017) The landscape of sex-differential transcriptome and its consequent selection in human adults. BMC Biol 15(1):7
10. Rodríguez-Montes L, Ovchinnikova S, Yuan X, Studer T, Sarropoulos I, Anders S, Kaessmann H, Cardoso-Moreira M (2023) Sex-biased gene expression across mammalian organ development and evolution. Science 382(6670):eadf1046
11. Immonen E, Hämäläinen A, Schuett W, Tarka M (2018) Evolution of sex-specific pace-of-life syndromes: Genetic architecture and physiological mechanisms. Behav Ecol Sociobiol 72(3):60
12. https://de.wikipedia.org/wiki/Liste_der_größten_Personen
13. https://de.wikipedia.org/wiki/Liste_der_Länder_nach_Körpergröße
14. Bogin B (1999) Evolutionary perspective on human growth. Annu Rev Anthropol 28:109–153
15. Kiserud T, Piaggio G, Carroli G, Widmer M, Carvalho J, Neerup Jensen L, Giordano D, Cecatti JG, Abdel Aleem H, Talegawkar SA, Benachi A, Diemert A, Tshefu Kitoto A, Thinkhamrop J, Lumbiganon P, Tabor A, Kriplani A, Gonzalez Perez R, Hecher K, Hanson MA, Gülmezoglu AM, Platt LD (2017) The World Health Organization fetal growth charts: A multinational longitudinal study of ultrasound biometric measurements and estimated fetal weight. PLoS Med 14(1):e1002220
16. Stulp G, Barrett L (2016) Evolutionary perspectives on human height variation. Biol Rev 91(1):206–234
17. Holmgren A, Niklasson A, Aronson AS, Sjöberg A, Lissner L, Albertsson-Wikland K (2019) Nordic populations are still getting taller – secular changes in height from the 20th to 21st century. Acta Paediatr 108(7):1311–1320
18. Mummert A, Esche E, Robinson J, Armelagos GJ (2011) Stature and robusticity during the agricultural transition: Evidence from the bioarchaeological record. Econ Hum Biol 9(3):284–301
19. Galton F (1886) Regression towards mediocrity in hereditary stature. J Anthropol Inst GB Irel 15:246–263
20. Silventoinen K, Sammalisto S, Perola M, Boomsma DI, Cornes BK, Davis C, Dunkel L, De Lange M, Harris JR, Hjelmborg JV, Luciano M, Martin NG, Mortensen J, Nisticò L, Pedersen NL, Skytthe A, Spector TD, Stazi MA, Willemsen G, Kaprio J (2003) Heritability of adult body height: A comparative study of twin cohorts in eight countries. Twin Res 6(5):399–408
21. Deaton A (2007) Height, health, and development. Proc Natl Acad Sci USA 104(33):13232–13237
22. Bogin B, Hermanussen M, Scheffler C (2018) As tall as my peers – similarity in body height between migrants and hosts. Anthropol Anz 74(5):363–376
23. Dunsworth HM (2020) Expanding the evolutionary explanations for sex differences in the human skeleton. Evol Anthropol 29(3):108–116
24. The Emerging Risk Factors (2012) Adult height and the risk of cause-specific death and vascular morbidity in 1 million people: Individual participant meta-analysis. Int J Epidemiol 41(5):1419–1433
25. Ozaltin E, Hill K, Subramanian SV (2010) Association of maternal stature with offspring mortality, underweight, and stunting in low- to middle-income countries. JAMA 303(15):1507–1516
26. Batty GD, Shipley MJ, Gunnell D, Huxley R, Kivimaki M, Woodward M, Lee CM, Smith GD (2009) Height, wealth, and health: An overview with new data from three longitudinal studies. Econ Hum Biol 7(2):137–152
27. Courtiol A, Pettay JE, Jokela M, Rotkirch A, Lummaa V (2012) Natural and sexual selection in a monogamous historical human population. Proc Natl Acad Sci USA 109(21):8044–8049
28. Bruzek J (2002) A method for visual determination of sex, using the human hip bone. Am J Phys Anthropol 117(2):157–168

29. Williams BA, Rogers TL (2006) Evaluating the accuracy and precision of cranial morphological traits for sex determination. J Forensic Sci 51(4):729–735
30. Wells JC, Treleaven P, Cole TJ (2007) BMI compared with 3-dimensional body shape: The UK National Sizing Survey. Am J Clin Nutr 85(2):419–425
31. Wang Z, Heo M, Lee RC, Kotler DP, Withers RT, Heymsfield SB (2001) Muscularity in adult humans: Proportion of adipose tissue-free body mass as skeletal muscle. Am J Hum Biol 13(5):612–619
32. Wells JCK (2007) Sexual dimorphism of body composition. Best Pract Res Clin Endocrinol Metab 21(3):415–430
33. Taylor RW, Grant AM, Williams SM, Goulding A (2010) Sex differences in regional body fat distribution from pre-to postpuberty. Obesity 18(7):1410–1416
34. Karastergiou K, Smith SR, Greenberg AS, Fried SK (2012) Sex differences in human adipose tissues – the biology of pear shape. Biol Sex Differ 3(1):13
35. Norgan NG (1990) Body mass index and body energy stores in developing countries. Eur J Clin Nutr 44(Suppl 1):79–84
36. Elbers JM, Asscheman H, Seidell JC, Gooren LJ (1999) Effects of sex steroid hormones on regional fat depots as assessed by magnetic resonance imaging in transsexuals. Am J Physiol Endocrinol Metab 276(2):E317–E325
37. Wells JCK (2006) The evolution of human fatness and susceptibility to obesity: an ethological approach. Biol Rev 81(2):183–205
38. Norgan NG (1997) The beneficial effects of body fat and adipose tissue in humans. Int J Obes 21(9):738–746
39. Singh D (1993) Adaptive significance of female physical attractiveness: Role of waist-to-hip ratio. J Pers Soc Psychol 65(2):293–307
40. Lidborg LH, Cross CP, Boothroyd LG (2022) A meta-analysis of the association between male dimorphism and fitness outcomes in humans. eLife 11:e65031
41. Kissebah AH, Freedman DS, Peiris AN (1989) Health risks of obesity. Med Clin North Am 73(1):111–138
42. Krems JA, Neuberg SL (2021) Updating long-held assumptions about fat stigma: For women, body shape plays a critical role. Soc Psychol Personal Sci 13(1):70–82
43. Caro TM (1987) Human breasts: Unsupported hypotheses reviewed. Hum Evol 2(3):271–282
44. Williams F (2013) Der Busen – Meisterwerk der Evolution. Diedrichs Verlag, München
45. Gilbert AN (1986) Mammary number and litter size in Rodentia: The „one-half rule". Proc Natl Acad Sci USA 83(13):4828–4830
46. Schultz AH (1948) The number of young at birth and the number of nipples in primates. Am J Phys Anthropol 6(1):1–23
47. Bowen WD, Oftedal OT, Boness DJ (1985) Birth to weaning in 4 days: Remarkable growth in the hooded seal. Cystophora cristata. Can J Zool 63(12):2841–2846
48. van Noordwijk MA, Willems EP, Utami Atmoko SS, Kuzawa CW, van Schaik CP (2013) Multi-year lactation and its consequences in Bornean orangutans (*Pongo pygmaeus wurmbii*). Behav Ecol Sociobiol 67(5):805–814
49. Dixson BJ, Grimshaw GM, Linklater WL, Dixson AF (2011) Eye tracking of men's preferences for female breast size and areola pigmentation. Arch Sex Behav 40(1):51–58
50. Havlíček J, Třebický V, Valentova JV, Kleisner K, Akoko RM, Fialová J, Jash R, Kočnar T, Pereira KJ, Štěrbová Z, Varella MAC, Vokurková J, Vunan E, Roberts SC (2017) Men's preferences for women's breast size and shape in four cultures. Evol Hum Behav 38(2):217–226
51. Dixson BJ, Duncan M, Dixson AF (2015) The role of breast size and areolar pigmentation in perceptions of women's sexual attractiveness, reproductive health, sexual maturity, maternal nurturing abilities, and age. Arch Sex Behav 44(6):1685–1695
52. Lynn M (2009) Determinants and consequences of female attractiveness and sexiness: Realistic tests with restaurant waitresses. Arch Sex Behav 38(5):737–745

53. Gueguen N (2007) Women's bust size and men's courtship solicitation. Body Image 4(4):386–390
54. Mascia-Lees FE, Relethford JH, Sorger T (1986) Evolutionary perspectives on permanent breast enlargement in human females. Am Anthropol 88(2):423–428
55. Kappeler PM (1998) Nests, tree holes, and the evolution of primate life histories. Am J Primatol 46(1):7–33
56. Kunz TH, Hosken DJ (2009) Male lactation: Why, why not and is it care? Trends Ecol Evol 24(2):80–85
57. Rantala MJ (2007) Evolution of nakedness in *Homo sapiens*. J Zool 273(1):1–7
58. Ruxton GD, Wilkinson DM (2011) Avoidance of overheating and selection for both hair loss and bipedality in hominins. Proc Natl Acad Sci USA 108(52):20965–20969
59. Rogers AR, Iltis D, Wooding S (2004) Genetic variation at the MC1R locus and the time since loss of human body hair. Curr Anthropol 45(1):105–108
60. Jablonski NG (2004) The evolution of human skin and skin color. Annu Rev Anthropol 33(1):585–623
61. Stoneking M (2017) Genes, culture and human evolution. OBM Genet 1(2)
62. Kittler R, Kayser M, Stoneking M (2003) Molecular evolution of *Pediculus humanus* and the origin of clothing. Curr Biol 13(16):1414–1417
63. Craig LK, Gray PB (2018) Pubic hair removal practices in cross-cultural perspective. Cross Cult Res 53(2):215–237
64. Toerien M, Wilkinson S (2003) Gender and body hair: Constructing the feminine woman. Women's Stud Int Forum 26(4):333–344
65. Dixson BJW, Vasey PL (2012) Beards augment perceptions of men's age, social status, and aggressiveness, but not attractiveness. Behav Ecol 23(3):481–490
66. Dixson BJW, Rantala MJ (2016) The role of facial and body hair distribution in women's judgments of men's sexual attractiveness. Arch Sex Behav 45(4):877–889
67. Dixson BJW, Rantala MJ, Brooks RC (2019) Cross-cultural variation in women's preferences for men's body hair. Adapt Hum Behav Physiol 5(2):131–147
68. Valentova JV, Varella MAC, Bártová K, Štěrbová Z, Dixson BJW (2017) Mate preferences and choices for facial and body hair in heterosexual women and homosexual men: Influence of sex, population, homogamy, and imprinting-like effect. Evol Hum Behav 38(2):241–248
69. Dixson BJW, Sherlock JM, Cornwell WK, Kasumovic MM (2018) Contest competition and men's facial hair: Beards may not provide advantages in combat. Evol Hum Behav 39(2):147–153
70. Grymowicz M, Rudnicka E, Podfigurna A, Napierala P, Smolarczyk R, Smolarczyk K, Meczekalski B (2020) Hormonal effects on hair follicles. Int J Mol Sci 21(15):5342
71. Muscarella F, Cunningham MR (1996) The evolutionary significance and social perception of male pattern baldness and facial hair. Ethol Sociobiol 17(2):99–117
72. Kaufman KD (2002) Androgens and alopecia. Mol Cell Endocrinol 198(1–2):89–95
73. Rexbye H, Petersen I, Iachina M, Mortensen J, McGue M, Vaupel JW, Christensen K (2005) Hair loss among elderly men: Etiology and impact on perceived age. J Gerontol A 60(8):1077–1082
74. Hyde JS, Bigler RS, Joel D, Tate CC, van Anders SM (2019) The future of sex and gender in psychology: Five challenges to the gender binary. Am Psychol 74(2):171–193
75. Ruigrok AN, Salimi-Khorshidi G, Lai MC, Baron-Cohen S, Lombardo MV, Tait RJ, Suckling J (2014) A meta-analysis of sex differences in human brain structure. Neurosci Biobehav Rev 39(100):34–50
76. Ritchie SJ, Cox SR, Shen X, Lombardo MV, Reus LM, Alloza C, Harris MA, Alderson HL, Hunter S, Neilson E, Liewald DCM, Auyeung B, Whalley HC, Lawrie SM, Gale CR, Bastin ME, McIntosh AM, Deary IJ (2018) Sex differences in the adult human brain: Evidence from 5216 UK Biobank participants. Cereb Cortex 28(8):2959–2975
77. Joel D, Berman Z, Tavor I, Wexler N, Gaber O, Stein Y, Shefi N, Pool J, Urchs S, Margulies DS, Liem F, Hänggi J, Jäncke L, Assaf Y (2015) Sex beyond the genitalia: The human brain mosaic. Proc Natl Acad Sci USA 112(50):15468–15473

78. Kiesow H, Dunbar RIM, Kable JW, Kalenscher T, Vogeley K, Schilbach L, Marquand AF, Wiecki TV, Bzdok D (2020) 10,000 social brains: Sex differentiation in human brain anatomy. Sci Adv 6(2):eaaz1170
79. Hines M (2020) Neuroscience and sex/gender: Looking back and forward. J Neurosci 40(1):37–43
80. Hines M (2011) Gender development and the human brain. Annu Rev Neurosci 34(1): 69–88
81. Marley CL, Pollard TM, Barton RA, Street SE (2022) A systematic review of sex differences in rough and tumble play across non-human mammals. Behav Ecol Sociobiol 76(12):158
82. Ingalhalikar M, Smith A, Parker D, Satterthwaite TD, Elliott MA, Ruparel K, Hakonarson H, Gur RE, Gur RC, Verma R (2014) Sex differences in the structural connectome of the human brain. Proc Natl Acad Sci USA 111(2):823–828
83. DeCasien AR, Guma E, Liu S, Raznahan A (2022) Sex differences in the human brain: A roadmap for more careful analysis and interpretation of a biological reality. Biol Sex Differ 13(1):43
84. Miller V (2016) Introduction for sex differences in physiology. In: Neigh G, Mitzelfelt M (Hrsg) Sex differences in physiology. Elsevier, Amsterdam, S 1–3
85. Levy DR, Hunter N, Lin S, Robinson EM, Gillis W, Conlin EB, Anyoha R, Shansky RM, Datta SR (2023) Mouse spontaneous behavior reflects individual variation rather than estrous state. Curr Biol 33(7):1358-1364.e4
86. Röcker A (2020) https://www.spektrum.de/news/warum-frauen-bei-vielen-krankheiten-im-nachteil-sind/1710768
87. Spitschan M, Santhi N, Ahluwalia A, Fischer D, Hunt L, Karp NA, Lévi F, Pineda-Torra I, Vidafar P, White R (2022) Sex differences and sex bias in human circadian and sleep physiology research. eLife 11:e65419
88. Anderson ST, FitzGerald GA (2020) Sexual dimorphism in body clocks. Science 369(6508):1164–1165
89. Mong JA, Cusmano DM (2016) Sex differences in sleep: Impact of biological sex and sex steroids. Philos Trans R Soc Lond B 371(1688):20150110
90. Hinz A, Glaesmer H, Brähler E, Löffler M, Engel C, Enzenbach C, Hegerl U, Sander C (2017) Sleep quality in the general population: Psychometric properties of the Pittsburgh Sleep Quality Index, derived from a German community sample of 9284 people. Sleep Med 30:57–63
91. Kudielka BM, Kirschbaum C (2005) Sex differences in HPA axis responses to stress: A review. Biol Psychol 69(1):113–132
92. Goel N, Workman JL, Lee TT, Innala L, Viau V (2014) Sex differences in the HPA axis. Compr Physiol 4(3):1121–1155
93. Hodes GE, Epperson CN (2019) Sex differences in vulnerability and resilience to stress across the life span. Biol Psychiatry 86(6):421–432
94. Kring AM, Gordon AH (1998) Sex differences in emotion: Expression, experience, and physiology. J Pers Soc Psychol 74(3):686–703
95. Edlund JE, Sagarin BJ (2017) Sex differences in jealousy: A 25-year retrospective. In: Olson JM (Hrsg) Advances in experimental social psychology, Bd. 55, Academic Press, S 259–302
96. Buss DM, Larsen RJ, Westen D, Semmelroth J (1992) Sex differences in jealousy: Evolution, physiology, and psychology. Psychol Sci 3(4):251–256
97. Sparling PB (1980) A meta-analysis of studies comparing maximal oxygen uptake in men and women. Res Q Exerc Sport 51(3):542–552
98. https://www.science.org/content/article/world-athletics-banned-transgender-women-competing-does-science-support-rule
99. https://taz.de/Revolution-bei-Olympischen-Spielen/!5775482/
100. https://www.science.org/content/article/scientist-racing-discover-how-gender-transitions-alter-athletic-performance-including

101. Hunter SK, Stevens AA (2013) Sex differences in marathon running with advanced age: Physiology or participation? Med Sci Sports Exerc 45(1):148–156
102. Lepers R (2019) Sex difference in triathlon performance. Front Physiol 10:973
103. Sandbakk Ø, Solli GS, Holmberg HC (2018) Sex differences in world-record performance: The influence of sport discipline and competition duration. Int J Sports Physiol Perform 13(1):2–8
104. Bhasin S, Woodhouse L, Casaburi R, Singh AB, Bhasin D, Berman N, Chen X, Yarasheski KE, Magliano L, Dzekov C, Dzekov J, Bross R, Phillips J, Sinha-Hikim I, Shen R, Storer TW (2001) Testosterone dose-response relationships in healthy young men. Am J Physiol Endocrinol Metab 281(6):E1172–E1181
105. https://de.wikipedia.org/wiki/Leichtathletik-Weltrekorde
106. https://de.wikipedia.org/wiki/Liste_der_Schwimmweltrekorde
107. Wanta JW, Unger CA (2017) Review of the transgender literature: Where do we go from here? Transgend Health 2(1):119–128
108. Reardon S (2019) Science in transition. Nature 568:446–449
109. DiMarco M, Zhao H, Boulicault M, Richardson SS (2022) Why „sex as a biological variable" conflicts with precision medicine initiatives. Cell Rep Med 3(4):100550
110. https://iris.who.int/bitstream/handle/10665/342703/9789240027053-eng.pdf?sequence=1
111. Takahashi T, Iwasaki A (2021) Sex differences in immune responses. Science 371(6527):347–348
112. Takahashi T, Ellingson MK, Wong P, Israelow B, Lucas C, Klein J, Silva J, Mao T, Oh JE, Tokuyama M, Lu P, Venkataraman A, Park A, Liu F, Meir A, Sun J, Wang EY, Casanovas-Massana A, Wyllie AL, Vogels CBF, Earnest R, Lapidus S, Ott IM, Moore AJ, Yale IMPACT Research Team, Shaw A, Fournier JB, Odio CD, Farhadian S, Dela Cruz C, Grubaugh ND, Schulz WL, Ring AM, Ko AI, Omer SB, Iwasaki A (2020) Sex differences in immune responses that underlie COVID-19 disease outcomes. Nature 588(7837):315–320
113. Lotter H, Altfeld M (2019) Sex differences in immunity. Semin Immunopathol 41(2):133–135
114. Clocchiatti A, Cora E, Zhang Y, Dotto GP (2016) Sexual dimorphism in cancer. Nat Rev Cancer 16(5):330–339
115. Klein SL, Flanagan KL (2016) Sex differences in immune responses. Nat Rev Immunol 16(10):626–638
116. Stoehr AM, Kokko H (2006) Sexual dimorphism in immunocompetence: What does life-history theory predict? Behav Ecol 17(5):751–756
117. Mitchell E, Graham AL, Úbeda F, Wild G (2022) On maternity and the stronger immune response in women. Nat Commun 13(1):4858
118. Geraghty L, Figtree GA, Schutte AE, Patel S, Woodward M, Arnott C (2021) Cardiovascular disease in women: From pathophysiology to novel and emerging risk factors. Heart Lung Circ 30(1):9–17
119. Mauvais-Jarvis F (2015) Sex differences in metabolic homeostasis, diabetes, and obesity. Biol Sex Differ 6(1):14
120. Shi H, Clegg DJ (2009) Sex differences in the regulation of body weight. Physiol Behav 97(2):199–204
121. EUGenMed Cardiovascular Clinical Study Group, Regitz-Zagrosek V, Oertelt-Prigione S, Prescott E, Franconi F, Gerdts E, Foryst-Ludwig A, Maas AH, Kautzky-Willer A, Knappe-Wegner D, Kintscher U, Ladwig KH, Schenck-Gustafsson K, Stangl V (2016) Gender in cardiovascular diseases: Impact on clinical manifestations, management, and outcomes. Eur Heart J 37(1):24–34
122. Gandhi M, Aweeka F, Greenblatt RM, Blaschke TF (2004) Sex differences in pharmacokinetics and pharmacodynamics. Annu Rev Pharmacol Toxicol 44(1):499–523
123. Shansky RM (2019) Are hormones a „female problem" for animal research? Science 364(6443):825–826
124. Voskuhl R, Klein S (2019) Sex is variable in the brain too. Nature 568(7751):171

125. Kaczkurkin AN, Raznahan A, Satterthwaite TD (2019) Sex differences in the developing brain: Insights from multimodal neuroimaging. Neuropsychopharmacology 44(1):71–85
126. Jalnapurkar I, Allen M, Pigott T (2018) Sex differences in anxiety disorders: A review. J Psychiatry Depress Anxiety 4(12):3–16
127. Gogos A, Ney LJ, Seymour N, Van Rheenen TE, Felmingham KL (2019) Sex differences in schizophrenia, bipolar disorder, and post-traumatic stress disorder: Are gonadal hormones the link? Br J Pharmacol 176(21):4119–4135
128. Seeman MV (2021) The pharmacodynamics of antipsychotic drugs in women and men. Front Psychiatry 12:650904
129. Clayton JA (2016) Studying both sexes: A guiding principle for biomedicine. FASEB J 30(2):519–524
130. Eliot L, Richardson SS (2016) Sex in context: Limitations of animal studies for addressing human sex/gender neurobehavioral health disparities. J Neurosci 36(47):11823–11830
131. Oertelt-Prigione S (2012) The influence of sex and gender on the immune response. Autoimmun Rev 11(6–7):A479–A485
132. Connelly PJ, Azizi Z, Alipour P, Delles C, Pilote L, Raparelli V (2021) The importance of gender to understand sex differences in cardiovascular disease. Can J Cardiol 37(5):699–710
133. Dotto G-P (2019) Gender and sex – time to bridge the gap. EMBO Mol Med 11(5):e10668
134. Ji H, Gulati M, Huang TY, Kwan AC, Ouyang D, Ebinger JE, Casaletto K, Moreau KL, Skali H, Cheng S (2024) Sex differences in association of physical activity with all-cause and cardiovascular mortality. J Am Coll Cardiol 83(8):783–793
135. Arnold AP, Chen X (2009) What does the „four core genotypes" mouse model tell us about sex differences in the brain and other tissues? Front Neuroendocrinol 30(1):1–9

Verhalten: Typisch Frau – typisch Mann?

8

8.1 Persönlichkeit und Sozialverhalten: Männer und Frauen sind von der Erde

Natürlich ist jeder Mensch in Bezug auf seine Erscheinung, sein Erleben und sein Verhalten einzigartig, da selbst für genetisch identische eineiige Zwillinge Lernerfahrungen und Umwelteinflüsse einmalig sind. Bei der systematischen quantitativen Untersuchung von Verhaltensmerkmalen und Interaktionsmustern treten trotzdem bestimmte Gemeinsamkeiten zwischen Gruppen von Individuen zutage, die durch geteilte Faktoren erklärbar sind. Neben Alter [1] und kulturellem Hintergrund [2] ist das Geschlecht einer dieser Faktoren, der in diesem Fall dazu führt, dass Frauen oder Männer bestimmte Verhaltensweisen im Durchschnitt häufiger, seltener, länger, kürzer oder mehr oder weniger intensiv an den Tag legen als die Mitglieder des jeweils anderen Geschlechts. Gerade in diesem Bereich ist interessante Variation bei Intersexuellen und Transgendern zu erwarten, aber die empirische Forschung hat sich diesem Thema jenseits der Medizin leider noch nicht umfassend gewidmet [3]. Im Folgenden betrachte ich daher Unterschiede zwischen Frauen und Männern in einigen dieser Verhaltensmerkmale, wobei ich natürlich nicht die gesamte psychologische Forschung zu diesem Thema überschaue. Die Themenauswahl erklärt sich vielmehr daraus, was mir persönlich biologisch relevant erscheint.

Das Wichtigste vorneweg: Frauen und Männer sollten sich aus evolutionsbiologischer Sicht in den meisten psychologischen und verhaltensbiologischen Merkmalen nicht unterscheiden! Beide Geschlechter waren und sind Faktoren der natürlichen Selektion ausgesetzt, die sie belohnen, wenn sie erfolgreich Nahrung und Schutz finden sowie Raubtiere und Pathogene vermeiden. Alle Verhaltensweisen und Persönlichkeitsmerkmale, die bei der Lösung dieser allgemeinen Überlebensaufgaben beteiligt sind, sollten daher keine oder nur kleine, zufällig in die eine oder andere Richtung gehenden Unterschiede zwischen den Geschlechtern aufweisen.

Neuere Meta-Analysen von zahlreichen Studien über Geschlechtsunterschiede in psychologischen Merkmalen scheinen diese Einschätzung auch zu unterstützen [4]. Diese Erwartung wurde beispielsweise durch Untersuchungen von Geschlechtsunterschieden in der exekutiven Kontrolle bestätigt. Dabei handelt es sich um wichtige psychologische Fähigkeiten, die gezielte und absichtliche Interaktionen mit der Umwelt steuern und einem Individuum erlauben, auf aktuelle Umwelteinflüsse zu reagieren und zukünftiges Verhalten zu planen. Zu diesen Fähigkeiten gehören unter anderem Aufmerksamkeit, Impulskontrolle (also die Fähigkeit, spontane Reaktionen zu unterdrücken und Probleme vor deren Lösung zu reflektieren) sowie das Arbeitsgedächtnis. Individuelle Variation in diesen Merkmalen erlaubt zwar sehr gute Vorhersagen über den höchsten Bildungsabschluss einer Person und andere Aspekte der Lebensqualität, aber es existieren keine deutlichen Geschlechtsunterschiede in diesen Fähigkeiten [5].

Auch grundlegende Eckpfeiler der Persönlichkeitspsychologie weisen nur geringe, aber interessante Variation zwischen Geschlechtern und Gesellschaften auf [6]. In 4 der 5 großen Persönlichkeitsdimensionen – nämlich Neurotizismus, Extraversion, Verträglichkeit und Gewissenhaftigkeit – weisen Frauen über 55 Nationen hinweg etwas höhere Werte auf als Männer. Wenn man annimmt, dass Geschlechtsunterschiede in diesen Eigenschaften vornehmlich dadurch zustande kommen, dass kulturelle Sozialisation in Bezug auf traditionelle Geschlechterstereotypen dafür verantwortlich ist, sollte man erwarten, dass diese Geschlechtsunterschiede kleiner sind, je mehr sich die Geschlechterrollen in eher egalitären Gesellschaften annähern. Genau das Gegenteil ist aber der Fall: mit zunehmendem Zugang zu Gesundheitsfürsorge und Bildungsmöglichkeiten wird der Unterschied zwischen Frauen und Männern in Bezug auf diese Persönlichkeitsmerkmale immer größer als in traditionellen Gesellschaften; paradoxerweise aber vor allem, weil sich die Werte der Männer stark verändern.

Ein praktisch identisches Muster existiert in Bezug auf moralische Werte wie Fürsorge, Fairness oder Loyalität. Über 67 Nationen hinweg zeigen Frauen ein stärkeres Maß an Fairness und Missbilligung von Leiden anderer als Männer, wobei die geringen Geschlechtsunterschiede in Industriegesellschaften mit stärkerer Annäherung an Geschlechtergleichheit deutlicher werden [7]. Ein weiteres Beispiel dafür, wie Geschlecht und Kultur in diesem Fall geringe Unterschiede trotzdem systematisch modulieren, wobei die evolutionsbiologische Erklärung der Geschlechtsunterschiede in diesem Fall sehr weit hergeholt ist. Dazu gleich mehr.

Deutliche oder gar starke Geschlechtsunterschiede im Verhalten sind nämlich nur dort zu erwarten, wo geschlechtsspezifische Rollen im Kontext der Fortpflanzung unterschiedliche Anpassungen hervorrufen. Basierend auf dem damaligen Wissensstand über psychologische Geschlechtsunterschiede, der mutmaßlich sehr viel mehr auf subjektiven Eindrücken als auf empirischen Untersuchungen basierte, postulierte Charles Darwin, dass die meisten dieser Unterschiede auf Anpassungen an die männliche Fortpflanzungskonkurrenz – also auf intrasexuelle Selektion – zurückzuführen seien. In diesem Kontext seien beispielsweise Merkmale wie Aggressivität und Fähigkeiten der räumlichen Orientierung von Vorteil und daher bei Männern stärker ausgeprägt. Geschlechtsunterschiede in psychologischen Merkmalen, die bei der Partnerwahl eine Rolle spielen, wurden dagegen diesem zweiten Prozess der sexuellen Selektion zugeschrieben.

Diese Erklärungen haben zwar oft das G'schmäckle einer Post-hoc-Begründung, aber grundsätzlich handelt es sich dabei um evolutionäre Prozesse, die schon wirksam waren, bevor man unsere fernen Vorfahren überhaupt als *Homo sapiens* bezeichnen konnte; also schon vor mehr als 300.000 Jahren. Obwohl natürlich jede Partnerwahl eine individuelle Entscheidung ist, von der die Betroffenen annehmen, dass sie auf ganz persönlichen Kriterien und Merkmalen beruht, widerspricht es jeglicher wissenschaftlichen Logik und Erkenntnis, anzunehmen, *Homo sapiens* sei die einzige der Millionen Arten mit sexueller Fortpflanzung, bei der die Prozesse der sexuellen Selektion komplett außer Kraft gesetzt und durch rein kognitive und kulturelle Mechanismen ersetzt worden seien [8]. Von daher ist ein Verständnis dieser Einflüsse notwendig, um die Natur und relative Bedeutung der gesellschaftlich geprägten Geschlechterstereotype, die sich historisch erst Hunderttausende von Jahren danach in modernen menschlichen Gesellschaftsstrukturen entwickelt haben, umfänglich zu verstehen [9].

Grundsätzlich lassen sich Geschlechtsunterschiede als kategoriell oder kontinuierlich klassifizieren. Wenn Unterschiede kategorieller Natur sind, können Frauen und Männer in den allermeisten Fällen korrekt einer Kategorie zuordnet werden. Dies ist allerdings nur für wenige psychologische Themen und Merkmale möglich, wie zum Beispiel Interesse an Bauen, Pornografie, Boxen, Golf, Telefonieren und Kosmetik [10]; Sie dürfen selbst raten, bei welchem Merkmal Frauen oder Männer vorne liegen! Bei Geschlechtsunterschieden in den meisten anderen Verhaltensmerkmalen befinden sich die Mittelwerte beider Geschlechter aber auf derselben Skala und überlappen sich dabei mehr oder weniger stark. In diesen Fällen kann es aber interessant sein, zusätzlich die Variabilität sowie die jeweilige Verhaltensflexibilität in verschiedenen Kontexten (z. B. ledige vs. verheiratete Männer) innerhalb der Geschlechter zu betrachten.

Der Vorhersage der Fortpflanzungskonkurrenz entsprechend existiert ein deutlicher Geschlechtsunterschied in Bezug auf Aggressivität, der sich darin äußert, dass Männer aggressive Auseinandersetzungen sehr viel eher auf gefährliche Ebenen eskalieren. Obgleich sich Häufigkeit und Intensität von Wut und verbale Aggression nur wenig zwischen den Geschlechtern unterscheiden, gibt es starke Unterschiede darin, wie häufig Frauen und Männer Waffen tragen und benutzen [11]. Der größte diesbezügliche Unterschied findet sich in der Häufigkeit von Morden an gleichgeschlechtlichen Opfern; hier sind Männer bei weitem häufiger sowohl Täter als auch Opfer [12]. Eskalierende aggressive Auseinandersetzungen finden auch am häufigsten zwischen jungen Männern statt, und der Unterschied in der Häufigkeit durch externe Ursachen verursachter Todesfälle ist dementsprechend in der Altersklasse zwischen 20 und 24 Jahren am stärksten „zugunsten" der Männer ausgeprägt [13]. Diese Klasse der jungen Männer nimmt auch eher Risiken in Kauf, um verschiedenste Ziele zu erreichen, und sie betreiben häufiger riskante Sportarten und andere Aktivitäten [14]. Männer sind im Durchschnitt auch etwas weniger ängstlich [15] und haben eine deutlich größere Schmerztoleranz [16]. Diese Merkmalskombination ergibt also ein stimmiges Bild im Kontext der (Fortpflanzungs-)Konkurrenz, der Männer aus biologischen Gründen sehr viel stärker unterliegen.

Diese Unterschiede sind aber nicht vornehmlich das Ergebnis der Einflüsse westlicher Medien und Sozialisation, denn sie finden sich praktisch universal in verschiedensten Kulturkreisen [11]. Höhere Gewaltbereitschaft und Aggressivität von Männern wurde in einer kulturvergleichenden Studie am besten durch das Vorkommen von Polygynie und einem zugunsten von Frauen verschobenen Geschlechterverhältnis erklärt. Dort, wo Männer durch solche Verhaltensweisen ihren Fortpflanzungserfolg erhöhen können, findet sich auch erhöhte Aggressivität und Wertschätzung derselben. Die Struktur einer Gesellschaft und die Häufigkeit von kriegerischen Auseinandersetzungen zwischen Gruppen hatten dagegen nicht diese Vorhersagekraft [17]. Die individuelle Konkurrenz um Status oder Vorrang zwischen Männern, die sich im Mittel in verbessertem Paarungserfolg niederschlagen sollte, scheint also diesen Geschlechtsunterschieden zugrunde zu liegen. Die gewalttätigen Übergriffe auf Feuerwehr, Polizei und Rettungskräfte (z. B. an Silvester 2022) zeigen aber deutlich, dass diese Verhaltenstendenz auch durch weitere Faktoren beeinflusst und in anderen Kontexten ausgelöst werden kann. Insofern kann die Evolutionsbiologie nur erklären, warum diese Gewalttaten hauptsächlich von Männern begangen wurden, aber nichts darüber aussagen, was sie dazu motiviert hat.

Welche Geschlechtsunterschiede in Verhaltensmerkmalen auf die Partnerwahl zurückzuführen sein könnten, ist dagegen kaum untersucht. Um mithilfe dieses Mechanismus der Evolution Geschlechtsunterschiede hervorzubringen, muss es bei den meisten Mitgliedern nur eines Geschlechts übereinstimmende Präferenzen in Bezug auf die Ausprägung eines Merkmals bei den Mitgliedern des anderen Geschlechts geben, und dieses Merkmal sowie die Präferenz dafür müssen zudem eine genetische Grundlage haben. So finden sich zwar in mehreren Studien Hinweise darauf, dass Frauen eine Präferenz für potenzielle Partner zeigen, die sich durch stärkere altruistische oder prosoziale Einstellungen oder Handlungen auszeichnen, aber auch Männer haben bei der Partnerwahl eine Präferenz für altruistisches Verhalten [18], wodurch potenzielle Geschlechtsunterschiede in diesem Merkmal letztendlich nivelliert werden.

Andere Unterschiede zwischen den Geschlechtern, bei denen Frauen eine stärkere Merkmalsausprägung aufweisen, werden ultimat mit dem evolutionären Erbe der sehr viel aktiveren und essenzielleren Rolle weiblicher Säugetiere bei der Jungenaufzucht in Verbindung gebracht. Dazu zählt unter anderem die stärkere weibliche Empathie – also der Fähigkeit, innere Zustände anderer zu verstehen und zu teilen – die über viele Kulturen hinweg [19] und auch schon bei jungen Mädchen nachweisbar ist [20]. Auch vergleichende Untersuchungen an anderen Primaten und Säugetieren liefern Hinweise auf stärker ausgeprägte Empathie bei Weibchen, und es gibt Messungen aus verschiedenen Gehirnregionen, die diesen Geschlechtsunterschied bei Menschen auch proximat erklären können [21]. Dass Frauen verständnisvoller und liebevoller sind, ist demnach nicht nur durch ihre spezifische Sozialisation erklärbar.

8.1 Persönlichkeit und Sozialverhalten ...

Frauen erzielen auch in vielen Tests, die soziale Fähigkeiten und Interessen messen, deutlich mehr Punkte als Männer. Am stärksten sind diese Unterschiede in Aspekten wie Suche nach emotionaler Unterstützung, Nähe zu Gleichgeschlechtlichen oder Lächeln [22] ausgeprägt. Unterschiede in Verträglichkeit sind weniger stark zugunsten von Frauen ausgebildet, aber wer häufiger eine Berührung initiiert, ist nicht abhängig vom Geschlecht [23]. Zu diesem Merkmalskomplex passt auch, dass Frauen durchweg bessere sprachliche Fähigkeiten haben als Männer [24], wobei sich die jeweilige Geschwätzigkeit nicht signifikant als Funktion des Geschlechts unterscheidet. Schließlich bevorzugen Frauen es auch, mit Menschen zu arbeiten, wohingegen sich Männer lieber mit Dingen beschäftigen [25].

Dieser Geschlechtsunterschied im Ausmaß der Empathie führt unter anderem zu einer stärkeren Prosozialität bei Frauen; also die messbare Verhaltenstendenz, anderen einen Vorteil zukommen zu lassen. Wirtschaftswissenschaftler:innen haben eine Reihe von Spiel-Experimenten entwickelt, bei denen sich diese Tendenz quantifizieren lässt. So kann ein(e) Spieler:in beim sogenannten Ultimatum-Spiel vorschlagen, in welchem Verhältnis eine Geldsumme zwischen zwei Personen aufgeteilt werden soll. Wenn die zweite Person akzeptiert, wird so wie vorgeschlagen geteilt; wenn das Angebot abgelehnt wird, bekommen beide nichts. Im Durchschnitt bieten Frauen ihren Mitspieler:innen tatsächlich eine höhere Summe an als Männer [26], was als Zeichen größerer Prosozialität interpretiert werden kann. Wenn die soziale Distanz zwischen Spielern manipuliert wird, z. B. indem man Spiele zwischen Freunden anstatt zwischen Fremden durchführt, erhöhen nur Frauen ihr prosoziales Verhalten wenn sie gegen Freunde spielen [27]. Wenn die Hälfte der Spieler:innen einer experimentellen Stresssituation ausgesetzt werden, macht dieser Stress Männer egoistischer und wettbewerbsorientierter, wohingegen gestresste Frauen sich stärker an anderen orientieren sowie großzügiger und kooperativer sind [28]. Solche ökonomischen Spiele kann man aber kritisieren, weil sie eine relativ unnatürliche Situation darstellen und zumeist mit Psychologiestudent:innen auf der Nordhalbkugel durchgeführt werden [2].

Von daher sollte man besser fragen, ob es auch Unterschiede im kooperativen Verhalten zwischen Frauen und Männern außerhalb der psychologischen Labore gibt. Von der Theorie der sexuellen Selektion lassen sich diesbezüglich zumindest klare Vorhersagen ableiten. Demnach begünstigt die männliche Fortpflanzungsstrategie unter anderem das Engagement für risikoreiche Taktiken und das Streben nach einem hohen sozialen Status. Manche Meta-Analysen bestätigten tatsächlich, dass Männer untereinander häufiger kooperieren als Frauen [29], aber die Effektgrößen dieser Unterschiede sind gering. Von Frauen wird dagegen erwartet, dass sie risikoarme Strategien anwenden, die ihre eigene Gesundheit und ihr Überleben sowie das ihrer Kinder verbessern: Sie sollten daher Bindungen aufbauen, die mit der Kinderbetreuung verbunden sind, bei der Wahl kooperativer Partner sehr selektiv vorgehen, untereinander enge soziale Netzwerke bilden und hauptsächlich mit Verwandten kooperieren [30]. Obwohl es immer wieder Studien gibt, die einzelne dieser Vorhersagen bestätigt haben, fand die aktuellste Analyse aller Studien, die in mehr als 50 Jahren in 20 verschiedenen Gesellschaften durchgeführt wurden, keine empirischen Hinweise, die diese Vorhersagen unterstützen [31]. Kooperative Allianzen zwischen Frauen gehen zudem über Verwandte hinaus, und sie sind bei weitem nicht auf den Kontext der Kinderbetreuung begrenzt [32]. Diese prosoziale Verhaltenstendenz wird also offensichtlich auch von zahlreichen anderen Faktoren beeinflusst – und zwar in beiden Geschlechtern.

8.2 Sexualverhalten: Wer-mit-wem-was-wie-oft?

Das menschliche Sexualverhaltens ist einer der emotional, politisch und gesellschaftlich am stärksten aufgeladenen Bereiche der menschlichen Erfahrungen, was seine empirische Erforschung – gelinde gesagt – nicht gerade erleichtert. Zu den meisten Aspekten können Daten zudem nur durch Befragungen und nicht durch Beobachtungen gewonnen werden. Selbst bei anonymisierten Erhebungen können Faktoren wie Scham, Prahlerei oder kulturelle Hemmungen die Variabilität in den Daten vergrößern, was tendenziell das Finden von Geschlechtsunterschieden erschwert [33]. Von daher halte ich Effekte, die (trotzdem) in mehreren Studien unabhängig voneinander gefunden wurden, am glaubwürdigsten und konzentriere mich im Folgenden auf diese.

Zur Interpretation seriös erhobener Daten des „Wer-mit-wem-was-wie-oft?" eignet sich aus schon erwähnten Gründen die sexuelle Selektionstheorie, da sie ein umfassendes theoretisches Gerüst liefert, um die sexuellen Strategien von Menschen mit unterschiedlichen sexuellen Identitäten und Orientierungen zu analysieren. Die Wahl eines passenden Partners ist dabei wohl die wichtigste Entscheidung, wobei sich verschiedene Vorhersagen für kurz- und langfristige Beziehungen postulieren lassen [8]. Außerdem haben Männer und Frauen bekanntlich Strategien für serielle Beziehungen und Aktivitäten außerhalb der primären Paarbeziehung, die ebenfalls berücksichtigt werden sollten. Forschungsarbeiten aus der evolutionären Psychologie haben gezeigt, dass sich Frauen und Männer in diesen vier Domänen in mancherlei Hinsicht unterscheiden.

8.2.1 Partnerwahl: Das Dilemma der Männer

Vor dem Hintergrund der evolutionsbiologischen Perspektive ist es zunächst vielleicht überraschend, dass einige Frauen sich unter bestimmten Umständen bereitwillig auf eine kurzfristige Beziehung einlassen – sei es in Form von flüchtigen Bekanntschaften, sogenannten „Freunden mit Vorteilen", One-Night-Stands oder beim Fremdgehen. Evolutionäre Psycholog:innen haben dafür eine Reihe von möglichen Gründen untersucht und diskutiert. So könnten Frauen damit theoretisch unmittelbare materielle Vorteile erzielen oder bessere Gene ergattern, als ihr fester Partner sie besitzt, aber die neuesten Studien haben gezeigt, dass im Kontext des Fremdgehens konzeptionell wichtigen Immungene wohl keine Rolle bei der Partnerwahl spielen [34]. Die meisten Untersuchungen unterstützen dagegen die Interpretation, dass damit ein langfristiger Partnerwechsel ermöglicht oder eingeleitet wird; vor allem wenn die Unzufriedenheit mit der aktuellen Beziehung groß ist [8].

Bei Männern steht dagegen der Wunsch nach sexueller Vielfalt eindeutig im Vordergrund solcher kurzfristigen Strategien. In einer internetbasierten Befragung von >200.000 Menschen in 53 Ländern gaben sich Teilnehmer, die sich als Männer identifizierten, eine signifikant höhere durchschnittliche Punktzahl (zwischen 1 und 7) bei der Bewertung der Aussagen „Ich habe einen starken Geschlechtstrieb" und „Es braucht nicht viel, um mich sexuell zu erregen" als weibliche Teilnehmerinnen [35]. Dazu passt auch, dass Männer eine deutlich stärker ausgeprägte Bereitschaft besitzen, unverfängliche sexuelle Beziehungen einzugehen; zum Beispiel berichteten Männer über häufigeren Sex, eine höhere ideale Häufigkeit von Sex oder eine größere Offenheit für kurzfristige Strategien wie One-Night-Stands im Vergleich zu Frauen [36]. Allerdings äußert sich dieser Unterschied nur im Wunsch danach und nicht im tatsächlichen Verhalten [37].

Auch in Bezug auf langfristige Strategien gibt es mehr Unterschiede als Gemeinsamkeiten zwischen den Geschlechtern. So haben Frauen bei der Wahl eines langfristigen Partners nicht nur eine universelle Präferenz für wohlhabende Männer mit hohem sozialem Status [38], sondern sie haben in Beziehungen mit diesen tatsächlich auch mehr und besser überlebende Kinder [39]. Bei einer Speed-dating-Studie in München zeigte sich, dass Frauen, die sich selbst als besonders attraktiv einschätzen, auch diejenigen Männer bevorzugten, die in Bezug auf Wohlstand, Status, Attraktivität und Gesundheit am besten abschnitten [40]. Männer, die sich langfristig binden (wollen), haben mit dieser Strategie unter anderem bessere Chancen, überhaupt eine Partnerin zu finden, und erhöhen damit außerdem ihre Chancen, Nachwuchs zu zeugen. Da Männer mit dem Eingehen einer festen Beziehung (theoretisch) sich die Gelegenheit nehmen, mit weiteren Partnerinnen ihren Fortpflanzungserfolg zu erhöhen, sollte die Auserwählte treu und von möglichst hoher Qualität sein. Treue ist insofern von Belang, weil ein Seitensprung bei einer Spezies mit so langsamen Fortpflanzungsraten einen beträchtlichen Teil des männlichen Lebensfortpflanzungserfolges gefährdet.

Eifersucht wird von evolutionären Psycholog:innen daher als ein Verhaltensmechanismus interpretiert, der die Kosten eines solchen potenziellen Verlusts der Vaterschaftssicherheit und des Investments in die Kinder anderer Männer reduzieren kann. Dementsprechend sind messbare Aspekte der Eifersucht bei Männern im Durchschnitt stärker ausgeprägt; und das schon relativ früh nach der Pubertät [41]. Die Furcht davor, in Kinder fremder Männer zu investieren, stellt letztendlich auch die entscheidende Grundlage zahlreicher kultureller Regeln und Mechanismen dar, mit denen weibliche Sexualität eingeschränkt oder unterdrückt wird; dazu später mehr (Kap. 10). Männer haben also ein Dilemma: die Treue ihrer Partnerin wird deutlich heißer gegessen als die eigene.

Wie steht es mit Unterschieden in der Qualität von potenziellen Partnerinnen? Woran lässt sich diese jenseits von individuellen Unterschieden hinweg festmachen? In dieser Hinsicht ist aus evolutionsbiologischer Sicht der sogenannte Fortpflanzungswert, also das Potenzial, möglichst viele gesunde Kinder bekommen zu können, von Bedeutung. Da der Fortpflanzungswert einer Frau umgekehrt mit ihrem Alter korreliert, ist es nicht verwunderlich, dass es bei verheiraten Paaren weltweit einen durchschnittlichen Altersunterschied von ca. 3 Jahren zugunsten der Männer gibt, der sich nach Scheidungen und Wiederheiraten übrigens progressiv auf das Doppelte oder mehr erhöht [42]. Wenn der Altersunterschied nicht sozial bewertet wird, zeigt sich die männliche Präferenz für jüngere Frauen deutlich: In der Kultur Südkoreas ist es (für reiche Männer) beispielsweise akzeptabel, Bräute aus weniger entwickelten Ländern (im Internet) zu kaufen. Im Unterschied zu Südkoreanern, die innerhalb des Landes nach Bräuten suchen, die wie in anderen Ländern durchschnittlich auch nur 3 Jahre jünger sind, können diese reichen Männer ihre Präferenz für junge Frauen ohne kulturelle Einschränkungen ausleben. Sie sind dementsprechend bis zu 20 Jahre älter als ihre gekauften Bräute [43].

Einzelne Beispiele wie das von Brigitte und Emmanuel Macron – sie ist 25 Jahre älter – unterstreichen die Tatsache, dass es sich bei diesen Mustern und Unterschieden natürlich auch wieder nur um statistische Effekte handelt, die um einen Mittelwert herum variieren. Auf der Ebene der Population lässt sich die Ursache dieser Variation aber systematisch untersuchen. So wurde Variation in der Stärke der Präferenzen, Effekte und Unterschiede zwischen Kulturen in Bezug auf Partnerpräferenzen bei einem Vergleich von Daten aus 45 Nationen gut durch Variation im adulten Geschlechterverhältnis erklärt [44]. Solche lokalen Schwankungen im Verhältnis von Frauen und Männern auf dem Heiratsmarkt ergeben sich beispielsweise infolge von Kriegen oder Migration [45] und verändern das Verhältnis von Angebot und Nachfrage von potenziellen Partner:innen. Wie erwartet verstärkten sich die Präferenzen für Attraktivität bzw. Wohlstand bei Online-Befragungen, wenn es einen lokalen Überschuss an Frauen bzw. Männern in der Stadt der Befragten gab.

Wie sieht es mit diesen geschlechtsspezifischen Präferenzen und Mustern aus, wenn die Paarbildung und Sexualität nicht der Fortpflanzung dient? Manche Studien haben die Partnerpräferenzen von Homo- und Heterosexuellen in derselben Studie – also mit identischen Methoden – verglichen. In der größten derartigen Untersuchung waren über 53 Nationen hinweg die Unterschiede in der Einstufung von Merkmalen potenzieller Partner:innen zwischen Hetero- und Homosexuellen geringer als die Unterschiede zwischen den Geschlechtern, wobei aber einige aussagekräftig waren; zum Beispiel wiesen heterosexuelle Teilnehmer der Vorliebe für Kinder und elterlichen Fähigkeiten mehr Bedeutung zu als homosexuelle [46]. Die spezifischen Präferenzen von Lesben und Schwulen in einer älteren US-Studie hingen auch maßgeblich davon ab, wie relativ feminin bzw. maskulin die Teilnehmenden sich selbst bewerteten [47], aber – zumindest bei Chinesinnen – bevorzugen lesbische und bisexuelle Frauen feminine Gesichter, Stimmen und Persönlichkeitsmerkmale über maskulinere Ausprägungen; und das unabhängig von ihrer diesbezüglichen Selbsteinschätzung [48]. Bei Homosexuellen existiert – wie bei Heterosexuellen – eine höhere Bereitschaft von Männern, sich auf unverfängliche spontane sexuelle Beziehungen einzulassen [49]. Untersuchungen der Partnerwahlkriterien von Transgender sind dagegen rar und durch einstellige Stichprobengrößen charakterisiert [50], sodass (noch) keine allgemeinen Muster erkennbar sind.

8.2.2 Warum haben (manche) Frauen einen Orgasmus?

Beim Sex zwischen Heterosexuellen sollte sich die Häufigkeit verschiedener sexueller Handlungen nicht zwischen den Geschlechtern unterscheiden, da ja per Definition immer zwei dazu gehören. Vergleiche zwischen Hetero- und Homosexuellen sind aber möglich. Eine solche amerikanische Studie bestätigt die schon in anderen Studien beschriebene Tendenz von Lesben, seltener Sex zu haben als heterosexuelle Frauen [51]. Da Lesben aber häufiger Oralsex hatten, Sex-Spielzeuge benutzten, ihr Sex häufiger länger als 30 min dauert und sie dabei häufiger „Ich liebe Dich" sagen, unterschied sich ihre sexuelle Zufriedenheit aber insgesamt nicht von derjenigen heterosexueller Frauen. Auch beim Vergleich heterosexueller Paare gibt es keine signifikanten Unterschiede in der sexuellen Zufriedenheit, obwohl Frauen tendenziell eher Opfer von sexualisierter Gewalt werden oder der Sex für sie mit Schmerzen verbunden sein kann [52]. In der Tat gibt es keinerlei Hinweise darauf, dass Frauen Sex grundsätzlich als weniger angenehm empfinden können. Sowohl eine Meta-Analyse von 61 fMRI-Studien, in denen die Gehirnaktivität beim Betrachten von sexuellen Stimuli aufgezeichnet wurde [53], als auch physiologische Messungen genitaler Reaktionen unter dem Einfluss verschiedener erotischer Reize [54] ergaben keinerlei Hinweise darauf, dass Frauen weniger sexuell erregbar wären als Männer.

Anhaltende sexuelle Erregung führt uns zu einem weiteren interessanten Geschlechtsunterschied: Bei Männern ist der Samenerguss bekanntlich unweigerlich mit einem Orgasmus verbunden, wohingegen bei Frauen ein Orgasmus nicht für die erfolgreiche Fortpflanzung notwendig ist; ohne klitorale Stimulation ist ein Orgasmus von Frauen beim heterosexuellen Vaginalverkehr tatsächlich eher unüblich. Außerdem kommen manche Frauen nur beim Masturbieren, wohingegen andere diese Erfahrung überhaupt nicht kennen. Aufgrund dieser Variabilität haben Frauen im Durchschnitt signifikant seltener einen Orgasmus als Männer (z. B. 63 vs. 85 % von 2850 Amerikaner:innen) [55].

Paradoxerweise ist also einerseits für einen weiblichen Orgasmus keine Penetration und andererseits für eine Befruchtung kein Orgasmus notwendig. Warum gibt es also den weiblichen Orgasmus überhaupt und warum ist er nicht obligat, so wie bei Männern? Gibt es dafür biologische Erklärungen oder handelt sich hier um ein Beispiel sozio-kultureller Unterdrückung eines zentralen Aspekts weiblicher Sexualität, also für ein Beispiel eines geschlechtsspezifischen kulturellen Skripts [56], das in unseren Kulturkreisen übrigens erst im 19. Jahrhundert aufkam und durch fragwürdige Freud'sche Theorien verstärkt wurde [57]? Um zu verstehen, warum nicht alle Frauen immer kommen, müssen wir zunächst wissen, wie ein Orgasmus ausgelöst wird und was dabei eigentlich passiert.

Das höchste der Gefühle geht offensichtlich mit einem physiologischen Feuerwerk einher. Die mechanische Stimulation der ca. 8000 Sinneszellen auf der Eichel bzw. der externen Klitoris generiert Nervenerregungen, die über den Schamnerv ins Rückenmark eintreten. Ganz nebenbei: Eichel und Klitoris entstehen während der geschlechtsspezifischen Entwicklung aus dem bis zur 12.

Schwangerschaftswoche einheitlichen embryonalen „Genitalhöcker"; von daher ist die Klitoris kein verkümmerter Penis, sondern ein ebenbürtiges Organ! Durch anhaltende Stimulation, die bei Frauen auch auf den in der Vagina gelegenen G-Punkt, den Gebärmutterhals oder die Brustwarzen gerichtet sein kann [58], wird einerseits ein Reflex ausgelöst, der in rhythmischen Kontraktionen der Muskulatur im Beckenboden und Anus resultiert. Andererseits wird dadurch auch ein Genitalreflex initiiert, der bei Männern zum Samenerguss mit anschließender Ejakulation führt; bei Frauen löst dieser Reflex dagegen Kontraktionen der Gebärmutter aus [59]. Männer haben, wie andere männliche Säugetiere, aufgrund dieser funktionalen Verknüpfung keine Ejakulation ohne Orgasmus und umgekehrt. Bei Frauen ist die Lage etwas komplizierter.

Schauen wir zunächst, was außer diesen Reflexen noch passiert. Es ist ja unsere Wahrnehmung im Gehirn, die einen Orgasmus zu mehr als einem physiologischen Reflex macht. Um einen Orgasmus zu empfinden, muss Information über die erwähnten Aktivitäten im Untergeschoss ans Gehirn übermittelt werden, was durch zwei Nerven des autonomen Nervensystems erfolgt. Wenn diese Nervensignale eingehen, werden mehrere Gehirnareale aktiviert; unter anderem solche, in denen Emotionen und Entscheidungen kontrolliert werden, Belohnungsreize ausgesandt oder Sinneseindrücke integriert werden [60]. Durch diese veränderte Gehirnaktivität werden auch mehrere Neurotransmittersysteme aktiviert und Botenstoffe ausgeschüttet; unter anderem Dopamin, das Glücksgefühle und Euphorie auslöst, körpereigene Opioide, die schmerzlindernd sind, sowie Serotonin, das ein Gefühl der Gelassenheit und Zufriedenheit freisetzt. Als ob das noch nicht genug wäre, ist ein Orgasmus auch noch mit einem starken Anstieg der Konzentration mehrerer Hormone verbunden: Adrenalin und Noradrenalin erhöhen den Blutdruck und Puls sowie die Aufmerksamkeit; Prolaktin fördert Brutpflegeverhalten, und das Kuschelhormon Oxytocin löst unter anderem Wohlbefinden und Vertrauen aus und stärkt damit soziale Bindungen [59]. Die Evolution hat also dafür gesorgt, dass dieser Aspekt der Fortpflanzung mit einem Strauß an angenehmen Empfindungen verbunden ist. Damit haben wir auch eine proximate Ursache für den stärkeren männlichen Sexualtrieb identifiziert; wer hat da nicht gerne einen Orgasmus? Aber warum ist für viele Frauen der Orgasmus nur ein optionales Vergnügen, obwohl sie physiologisch auch eindeutig in der Lage sind, zu kommen?

Für die Beantwortung dieser Frage müssen wir zurück in die Feuchtgebiete und einen genaueren Blick auf die weibliche Anatomie werfen. Um diese Warum-Frage zu beantworten, lohnt sich zunächst ein vergleichender Blick auf die Hardware; zum funktionalen Aspekt komme ich anschließend. Der nicht obligate weibliche Orgasmus wirft für Evolutionsbiolog:innen zunächst die Frage nach der Situation bei anderen weiblichen Primaten und Säugetieren auf. Aus Messungen der erwähnten physiologischen Faktoren weiß man, dass männliche Säugetiere – die man ja nicht befragen kann, was sie empfinden – zumindest eine „orgasmusähnliche Reaktion" an den Tag legen [59]. Bei den weiblichen Vertreterinnen der Säugetier-Ordnung existiert diesbezüglich mehr Variabilität zwischen taxonomischen Gruppen. Obwohl entsprechende Daten nur von einer guten Handvoll Arten vorliegen, gibt es beispielsweise Hinweise auf orgasmusähnliche Reaktionen bei manchen weiblichen Primaten [61] und Nagetieren [59]; bei Delfinen ist sie wahrscheinlich [62]. Neuere vergleichende Untersuchungen kommen zu dem Schluss, dass das Vorkommen einer orgasmusähnlichen Reaktion möglicherweise mit der Art der Ovulation assoziiert ist, wobei die Art der Ovulation grundlegend zwischen taxonomischen Gruppen variiert.

Bei manchen Säugetieren, wie zum Beispiel Katzen und Kaninchen, wird die Ovulation nämlich unmittelbar durch die genitale Stimulation bei der Paarung ausgelöst; bei anderen erfolgt sie dagegen „spontan", und bei einer dritten Gruppe findet sie zu bestimmten, für die Fortpflanzung günstigen Jahreszeiten statt. Die induzierte Ovulation ist dabei die für Säugetiere ursprüngliche Form, bei der der Eisprung von einem raschen Anstieg von Prolaktin, Oxytocin und anderen Hormonen begleitet wird, der – wie gerade gesehen – auch einen Orgasmus charakterisiert [63]. Diese hormonellen Effekte werden durch Stimulation der Klitoris ausgelöst, die sich bei diesen Arten innerhalb des Urogenitaltraktes befindet und daher unweigerlich bei der Paarung stimuliert wird. Eine vergleichbare Anordnung findet sich übrigens auch bei Schlangen, bei denen sogar zwei Klitorides (das ist der Plural von Klitoris!) auf Stimulation durch den zweiteiligen Penis (Hemipenis) dieser Reptilien reagieren [64]. Die Auslösung und Unterstützung einer Ovulation und Befruchtung könnten also sehr wohl die ursprüngliche Funktion der hormonellen Begleiter eines Orgasmus gewesen sein; manche gehen sogar noch weiter in der evolutionären Geschichte zurück und betonen ähnliche Prozesse bei der Ausstoßung von Gameten bei Arten mit externer Befruchtung [65].

Bei Säugetieren mit spontaner Ovulation, zu denen auch unsere Art gehört, fiel diese Funktion weg, und die orgasmusähnliche Reaktion verschwand ganz oder bekam eine neue Funktion. Das evolutionäre Verschwinden des Orgasmus ging außerdem mit einer Veränderung der Genitalanatomie bei etlichen Gruppen von Säugetieren einher. Bei ihnen wurde die Klitoris nämlich außerhalb des Urogenitaltrakts verlegt, wodurch es bei der Paarung nicht notwendigerweise zu deren Stimulation kommt [66]. Dummerweise gehören Primaten auch zu diesen Säugetieren, sodass bei unseren nächsten biologischen Verwandten die Chancen gesunken sind, durch das von Art zu Art mehr oder weniger lange Rein-und-Raus einen weiblichen Orgasmus auszulösen. Bei Japanmakaken findet sich beispielsweise ein ganz ähnliches Bild wie beim Menschen: Nur bei einem Drittel der Kopulationen haben Weibchen eine orgasmusähnliche Verhaltensreaktion, wobei längere Stimulation die Wahrscheinlichkeit von deren Auftreten erhöht [61]. Und falls Sie sich das schon gefragt haben sollten: Nein, mit ganz wenigen Ausnahmen wie Enten und Strauße, haben Vögel keinen Penis [65] und dementsprechend keine Möglichkeit, durch das Aneinanderpressen ihrer Kloaken beim „Vögeln" einen Orgasmus auszulösen.

Was aber bei Säugetieren praktisch nicht untersucht und in der sexualmedizinischen Forschung seit Jahrhunderten umstritten ist: gibt es einen Orgasmus, der allein durch vaginale Stimulation ausgelöst wird? Hier kommt der nach dem deutschen Gynäkologen Ernst Gräfenberg benannte G-Punkt ins Spiel. Ob es ihn tatsächlich gibt, ist seit langem strittig. Basierend auf Beobachtungen, dass manche Frauen beim Orgasmus erklecklich Flüssigkeitsmengen „ejakulieren" (auf Neudeutsch: „squirten"), suchte man zunächst nach einer weiblichen Prostata; erst später stellte sich heraus, dass es sich bei dem „Ejakulat" um eine Mischung von Urin und dem Sekret der sogenannten Paraurethraldrüse handelt. Erst moderne Bildgebungsverfahren haben gezeigt, dass es an der vorderen Decke der Vagina eine Anhäufung von Nervenendigungen gibt, die an die fingergroßen Flügel der inneren Klitoris angrenzen, und deren Erregung von denselben Nerven ins Rückenmark weitergeleitet werden, die auch die Stimulation der äußeren Klitoris weitermelden [57]. Es ist also durchaus möglich, durch Stimulation des G-Punkts einen Orgasmus auszulösen, aber in einer Befragung von mehr als 1800 weiblichen Zwillingen berichteten nur 56 %, dass sie einen solchen empfindlichen Punkt besitzen [67]. Es scheint mir aber wahrscheinlicher, dass die anderen 44 % der Frauen noch nie an dieser Stelle stimuliert wurden, als dass es so massive anatomische Unterschiede zwischen ihnen gibt, zumal die genetische Ähnlichkeit in dieser Zwillingsstudie die unterschiedlichen Berichte nicht erklärte. Die Gelehrten streiten sich aber bis heute über die genaue Position, Anatomie und Größe des G-Punkts [68].

Vor diesem vergleichenden Hintergrund stellt sich die Frage nach der ultimaten Funktion des weiblichen Orgasmus differenziert dar, weil man offensichtlich zwischen ursprünglicher Funktion bei der Entstehung und der aktuellen Funktion, die zur Beibehaltung des Merkmals dient, unterscheiden muss. Zu beiden Aspekten gibt es zahlreiche Hypothesen, die das evolutionäre Paradox zu erklären versuchen, warum dieses komplexe Merkmal von der Evolution beibehalten wurde, obwohl es keine direkte Funktion bei der Befruchtung besitzt [69].

Zunächst zum Ursprung. Eine nach wie vor verbreitete Erklärung für den evolutionären Ursprung fokussiert auf die Kontraktionen der Gebärmutter, durch die Spermien angesaugt werden könnten, und den daraus resultierenden höheren Befruchtungserfolg. Allerdings gibt es keine Hinweise darauf, dass Spermienbewegungen durch einen Orgasmus beeinflusst werden [70], und die von dieser Hypothese vorhergesagte Beziehung zwischen Orgasmushäufigkeit und Anzahl der Kinder existiert ebenfalls nicht [71]. Die derzeit plausibelste Ursprungshypothese postuliert daher eine Funktion des Orgasmus als neuroendokrinologischen Reflex, der bei Arten mit induzierter Ovulation den Eisprung begleitete und möglicherweise die Chancen einer erfolgreichen Befruchtung erhöhte. Beim Menschen hat ein Molekül („Fluoxetin") hemmende Effekte auf die Orgasmusfähigkeit. Die Wirksamkeit dieser Substanz bei Kaninchen (also einer Art mit induzierter Ovulation) bei der Unterdrückung von Ovulationen, unterstützt diese Hypothese experimentell [72], aber weitere Hypothesen zur Erklärung dieses Phänomens werden aktuell noch untersucht.

Für die evolutionäre Beibehaltung des weiblichen Orgasmus wird seit langem die umstrittene Nebenprodukthypothese diskutiert. Sie geht davon aus, dass er letztendlich aufgrund von genetischen Korrelationen bei Frauen ohne eigene Funktion nur deswegen weiter existiert, weil der männliche Orgasmus vorteilhaft ist [73]. Die dafür notwendige genetische Korrelation ist aber nicht nachweisbar [74]. Außerdem unterstützt die Nebenprodukt-Hypothese die unbegründete Annahme, dass die weibliche Sexualität lediglich eine abgeleitete Folge der männlichen

Sexualität ist, was letztlich impliziert, dass Sexualität ursprünglich, und daher grundsätzlich, männlich ist [69]. Die alternative Paarbindungshpothese nimmt dagegen an, dass Frauen durch einen Orgasmus zu mehr Sex motiviert werden, der nicht der Fortpflanzung dient, und damit die Bindung mit ihrem Partner stärken, den sie aufgrund seiner Einfühlsamkeit wählen [75]. Besonders einfühlsame Männer sind demnach besonders gut darin, einen weiblichen Orgasmus auszulösen, wodurch es letztendlich zu einer Selbstverstärkung kommt. Obwohl es einige unterstützende Befunde gibt [76], steht eine stringente empirische Überprüfung dieser Vorhersagen aber noch aus.

Zu guter Letzt ein paar Anmerkungen zu Korrelaten der geringeren durchschnittlichen Häufigkeit und größeren Variabilität der weiblichen Orgasmen. Im Unterschied zu Männern hat die sexuelle Orientierung von Frauen einen Einfluss auf deren Orgasmushäufigkeit: Lesben sind nämlich vermutlich auch deshalb mit ihrer Sexualität zufriedener als hetero- oder bisexuelle Frauen, weil sie signifikant häufiger dabei kommen [55]. Außerdem haben Frauen die Fähigkeit, mehrere Orgasmen während eines Tête-à-Têtes zu haben, wohingegen bei Männern danach bekanntlich eine Pause eintritt, in der für eine bestimmte Zeit keine weitere Stimulation möglich ist. Ob und wie viele Orgasmen auftreten, scheint schließlich von individuellen Faktoren und Erfahrungen abzuhängen, denn Prädiktoren wie berufliche Stellung, soziale Schicht, Bildungsniveau, Extraversion, Neurotizismus, Psychotizismus, Impulsivität, Krankheiten in der Kindheit, mütterlicher Schwangerschaftsstress, Familienstand, politische Einstellung, restriktive Einstellungen gegenüber Sex, Libido, Anzahl der Sexualpartner im Leben, riskantes Sexualverhalten, Männlichkeit, Neigung zu unverbindlichem Sex, Alter des ersten Geschlechtsverkehrs und sexuelle Fantasien über Sex mit Dritten erklären diese Variation nämlich alle nicht [77]. Kulturell oder religiös begründete Versuche, weibliche Sexualität zu unterdrücken, zu verteufeln oder ganz zu unterbinden – im schlimmsten Fall durch verabscheuungswürdige Praktiken wie Klitorektomie (Genitalverstümmelung, von der zwei Drittel der Frauen in Afrika südlich der Sahara betroffen sind [78]) – haben sicher auch dazu beigetragen, dass zumindest für heterosexuelle Frauen (in Industrieländern; vergleichende Daten aus anderen Kulturen existieren praktisch nicht) Sex im Durchschnitt seltener mit dem höchsten der Gefühle verbunden ist.

8.2.3 Masturbation: Selbst ist die Frau – aber weniger häufig

Genderspezifische sexuelle Skripte betreffen auch andere Aspekte der Sexualität, die allerdings in westlichen Industrienationen in den vergangenen 50 Jahren massiven Veränderungen ausgesetzt waren. Schon 1993 schrieb ein amerikanisches Forscherteam: *„Trotz der Bemühungen im letzten Vierteljahrhundert Frauen in unserer Gesellschaft zu ermutigen, mehr Verantwortung für ihren eigenen Körper und ihre eigene Sexualität zu übernehmen sowie mehr sexuelle Selbsterforschung und Selbststimulation zu betreiben, zeigen die Ergebnisse, dass Frauen weiterhin viel seltener masturbieren als Männer"* [79]. Auch neuere Studien zeigen, dass heterosexuelle Frauen, die geschlechtsspezifischen kulturellen Erwartungen an sexuelle Aktivität größere Bedeutung beimessen, weniger Lust verspüren, und umgekehrt [80]. Selbstbefriedigung ist dabei ein ganz gutes Maß, die sexuelle Befreiung von Frauen über die Zeit und Kulturen zu vergleichen. Über die Hälfte der deutschen Frauen Mitte 20 masturbieren im Durchschnitt ein- bis dreimal die Woche [81]; in Hunderten von Studien zeigt sich, dass die entsprechenden Häufigkeiten der Männer – genauso wie andere Maße der Stärke des Geschlechtstriebs – in allen Kulturen deutlich darüber liegt [82]. Selbst im stolzen Durchschnittsalter von 67 Jahren befriedigen sich 54 % der Männer in Europa mindestens einmal die Woche; bei den Frauen in diesem Alter sind es dagegen lediglich 32 % [83]. Selbst wenn sich sozio-kulturelle Faktoren ändern, scheint die Stärke dieses Geschlechtsunterschieds stabil zu bleiben: So berichtete jede(r) dritte Deutsche (m/w/d), dass sie während des COVID19-Lockdowns mehr masturbiert haben als davor [84], und zwar unabhängig von ihrer sexuellen Orientierung, wie eine unabhängige Studie deutscher Männer ergab [85]. Zwischen Transfrauen und Transmännern existiert dieser Unterschied in der Häufigkeit der Selbstbefriedigung übrigens nicht [86].

Im Kontext der Selbstbefriedigung ist Pornografie heutzutage die am häufigsten benutzte Quelle zur Erhöhung der sexuellen Erregung [87]. Vor dem Hintergrund dessen, was bereits über den stärkeren männlichen Sexualtrieb gesagt wurde, ist es nicht verwunderlich, dass die Häufigkeit des Pornokonsums bei Männern durchschnittlich höher ist [88]. Interessanter ist der Blick auf diesbezügliche Geschlechtsunterschiede zwischen Menschen, die in einer längeren Partnerschaft leben. In einer Schweizer Studie konsumierten 93 % der Männer, aber nur 57 % der Frauen innerhalb der letzten 12 Monate mindestens einmal alleine Pornografie; wobei die Männer dies auch viel häufiger taten [89]. Von an der Studie teilnehmenden Frauen konsumierten aber auch 28 % gemeinsam mit ihrem Partner pornografische Inhalte. Das diesbezügliche geringere Bedürfnis der Frauen wurde von ihnen größtenteils der ausreichenden sexuellen Zufriedenheit innerhalb der Beziehung zugeschrieben. Zudem konsumieren Frauen zwar weniger Pornos, aber mit gutem Gefühl und von ihren Männern befürwortet, wohingegen Männer häufig konsumieren, heimlich, mit schlechtem Gewissen und zum Missfallen ihrer Partnerin. Insgesamt tun sich hier also auch Konfliktpotenziale innerhalb einer Partnerschaft aufgrund von durchschnittlichen Geschlechtsunterschieden auf.

8.2.4 Prostitution und Missbrauch: Die dunkle Seite ist männlich

Der im Vergleich stärkere Sexualtrieb von Männern äußert sich auch in etlichen dunklen Seiten. So ist es bemerkenswert, dass das älteste Gewerbe der Welt fast ausschließlich von Männern in Anspruch genommen wird. Wieso eigentlich „das älteste Gewerbe der Welt"? Dazu hat Franz Hügel 1865 folgende Idee unterbreitet: *„So lange das Weib nur den Regungen ihres Herzens oder ihrer Sinnlichkeit folgte, gab es noch keine Prostitution. Mit dem Tage aber, wo sich das Weib,* *verlockt von dem Reize dargebotener Geschenke, preisgab, begann die primitive Prostitution"* [90]. Der Versuch der einseitigen Schuldzuweisung ist sicherlich fragwürdig, aber die historische Einordnung ist insofern nicht ganz daneben, als dass Männer erst nach der Sesshaftwerdung durch Ackerbau und Viehzucht damit begannen, so viele Ressourcen anzuhäufen, dass damit auch eine zweite oder dritte Frau versorgt werden konnte (dazu gleich mehr). In diesem Umfeld ist es plausiblerweise wohl auch zum Austausch von sexuellen Gefälligkeiten und materiellen Ressourcen gekommen. Zudem gibt es nur wenige vereinzelte Berichte über *sex for meat* bei traditionellen Jäger- und Sammlergesellschaften und auch bei Schimpansen gibt es keine Evidenz dafür [91]. Seit biblischen Zeiten gibt es dagegen Hinweise auf die Existenz von Prostitution sowie religiöse oder andere kulturelle Rituale, bei denen fremden Männern sexuelle Gunst gewährt wurde [92]. Die ersten Bordelle *(lupanarium)* wurden von den alten Griechen eingerichtet; bei den Römern gab es sogar weibliche und männliche Sexarbeiter:innen [93]. Ende 2021 waren in Deutschland knapp 24.000 Prostituierte – davon > 90 % Frauen – offiziell registriert (vor Corona waren es deutlich mehr), von denen 75 % unter 45 Jahre alt waren [94]. Von den Freiern sind > 2/3 zwischen 20 und 40 Jahren, obwohl diese Altersklasse nur 40 % der männlichen Population repräsentiert, und 2/3 von ihnen sind ledig oder geschieden [95]. Dieser Unterschied im Verhalten zwischen den Geschlechtern wird also auch maßgeblich von den jungen Männern getrieben.

Frauen sind dagegen sehr viel häufiger Opfer von Vergewaltigung, Missbrauch und sexueller Nötigung; in Studien, in denen größere Zahlen an männlichen Opfern dieser Verbrechen auftauchen, sind aber auch praktisch immer Männer die Täter [96]; nicht nur in der katholischen Kirche. Die Dunkelziffern bei diesen Verbrechen sind sicher sehr hoch, sodass vor allem die Angaben über Geschlechtsunterschiede aussagekräftiger sind, als die über die jeweiligen geschlechtsspezifischen Häufigkeiten. Laut einer repräsentativen amerikanischen Studie sind 22 % aller Frauen mindestens einmal im Leben von sexuellen An- und Übergriffen betroffen gewesen; der entsprechende Wert für Männer lag bei 3,8 % [97]. Nur bei Kindesmisshandlung gibt es keinen Unterschied in der Häufigkeit weiblicher und männlicher Opfer. Auch in Deutschland wird jede dritte Frau im Laufe ihres Lebens Opfer sexualisierter Gewalt [98]. In der LGBT-Community ist Gewalt durch Intimpartner unter jungen Amerikaner:innen sogar ein vielfach höheres Risiko als für Heterosexuelle [99]. Die Frage, warum Männer in den allermeisten Fällen sexualisierter Gewalt die Täter sind, hat mehr als eine Antwort [100], zumal die Beziehung zu den Opfern und die Umstände sehr variabel sind [101]. Obwohl diese abscheulichen Übergriffe wohl nie ganz aus unserem Alltag verschwinden werden, zeigte die 2016 begonnene #metoo-Kampagne aber schon nach zwei Jahren messbare Effekte auf berichtete Häufigkeiten verschiedener Formen sexueller Belästigung [102]. Es gibt also Hoffnung, dass Öffentlichkeit und Reputationsängste diese Verhaltensweisen langfristig weiter zurückdrängen können.

Literatur

1. Byrnes JP, Miller DC, Schafer WD (1999) Gender differences in risk taking: A meta-analysis. Psychol Bull 125(3):367–383
2. Henrich J, Heine SJ, Norenzayan A (2010) The weirdest people in the world? Behav Brain Sci 33(2–3):61–83
3. Ellis SJ, Riggs DW, Peel E (2020) Sex, genders and sexuality in psychology. In: Ellis SJ, Riggs DW, Peel E (Hrsg) Lesbian, gay, bisexual, trans, and intersex psychology: An introduction. Cambridge University Press, Cambridge, UK, S 38–64
4. Zell E, Krizan Z, Teeter SR (2015) Evaluating gender similarities and differences using metasynthesis. Am Psychol 70(1):10–20
5. Grissom NM, Reyes TM (2019) Let's call the whole thing off: Evaluating gender and sex differences in executive function. Neuropsychopharmacology 44(1):86–96
6. Schmitt DP, Realo A, Voracek M, Allik J (2008) Why can't a man be more like a woman? Sex differences in big five personality traits across 55 cultures. J Pers Soc Psychol 94(1):168–182
7. Atari M, Lai MHC, Dehghani M (2020) Sex differences in moral judgements across 67 countries. Proc R Soc B 287(1937):20201201
8. Buss DM, Schmitt DP (2019) Mate preferences and their behavioral manifestations. Annu Rev Psychol 70:77–110
9. Archer J (2019) The reality and evolutionary significance of human psychological sex differences. Biol Rev 94(4):1381–1415
10. Carothers BJ, Reis HT (2013) Men and women are from earth: Examining the latent structure of gender. J Pers Soc Psychol 104(2):385–407
11. Archer J (2004) Sex differences in aggression in real-world settings: A meta-analytic review. Rev Gen Psychol 8(4):291–322
12. Daly M, Wilson M (1990) Killing the competition: Female/female and male/male homicide. Hum Nat 1(1):81–107
13. Kruger DJ, Nesse RM (2006) An evolutionary life-history framework for understanding sex differences in human mortality. Hum Nat 17(1):74–97
14. Pawlowski B, Atwal R, Dunbar RIM (2008) Sex differences in everyday risk-taking behavior in humans. Evol Psychol 6(1):29–42
15. Campbell A, Coombes C, David R, Opre A, Grayson L, Muncer S (2016) Sex differences are not attenuated by a sex-invariant measure of fear: The situated fear questionnaire. Pers Individ Differ 97(2):210–219
16. Riley JL 3rd, Robinson ME, Wise EA, Myers CD, Fillingim RB (1998) Sex differences in the perception of noxious experimental stimuli: A meta-analysis. Pain 74(2–3):181–187
17. Carter T-L, Kushnick G (2018) Male aggressiveness as intrasexual contest competition in a cross-cultural sample. Behav Ecol Sociobiol 72(6):93
18. Bhogal MS, Farrelly D, Galbraith N (2019) The role of prosocial behaviors in mate choice: A critical review of the literature. Curr Psychol 38(4):1062–1075
19. Manning JT, Baron-Cohen S, Wheelwright S, Fink B (2010) Is digit ratio (2D:4D) related to systemizing and empathizing? Evidence from direct finger measurements reported in the BBC internet survey. Pers Individ Differ 48(6):767–771
20. Benenson JF, Gauthier E, Markovits H (2021) Girls exhibit greater empathy than boys following a minor accident. Sci Rep 11(1):7965
21. Christov-Moore L, Simpson EA, Coudé G, Grigaityte K, Iacoboni M, Ferrari PF (2014) Empathy: Gender effects in brain and behavior. Neurosci Biobehav Rev 46(4):604–627
22. LaFrance M, Hecht MA, Paluck EL (2003) The contingent smile: A meta-analysis of sex differences in smiling. Psychol Bull 129(2):305–334
23. Stier DS, Hall JH (1984) Gender differences in touch: An empirical and theoretical review. J Pers Soc Psychol 47(2):440–459

24. Voyer D, Voyer DD (2014) Gender differences in scholastic achievement: A meta-analysis. Psychol Bull 140(4):1174–1204
25. Su R, Rounds J, Armstrong PI (2009) Men and things, women and people: A meta-analysis of sex differences in interests. Psychol Bull 135(6):859–884
26. Kamas L, Preston A (2021) Empathy, gender, and prosocial behavior. J Behav Exp Econ 92:101654
27. Espinosa MP, Kovářík J (2015) Prosocial behavior and gender. Front Behav Neurosci 9:88
28. Nickels N, Kubicki K, Maestripieri D (2017) Sex differences in the effects of psychosocial stress on cooperative and prosocial behavior: Evidence for 'flight or fight' in males and 'tend and befriend' in females. Adapt Hum Behav Physiol 3(2):171–183
29. Balliet D, Li NP, Macfarlan SJ, Van Vugt M (2011) Sex differences in cooperation: A meta-analytic review of social dilemmas. Psychol Bull 137(6):881–909
30. Fox SA, Scelza B, Silk J, Kramer KL (2023) New perspectives on the evolution of women's cooperation. Philos Trans R Soc Lond B 378(1868):20210424
31. Spadaro G, Jin S, Balliet D (2023) Gender differences in cooperation across 20 societies: A meta-analysis. Philos Trans R Soc Lond B 378(1868):20210438
32. Kramer KL (2023) Female cooperation: Evolutionary, cross-cultural and ethnographic evidence. Philos Trans R Soc Lond B 378(1868):20210425
33. Del Giudice M (2022) Measuring sex differences and similarities. In: VanderLaan DP, Wong WI (Hrsg) Gender and sexuality development: Contemporary theory and research. Springer International Publishing, Cham, S 1–38
34. Havlíček J, Winternitz J, Roberts SC (2020) Major histocompatibility complex-associated odour preferences and human mate choice: Near and far horizons. Philos Trans R Soc Lond B 375(1800):20190260
35. Lippa RA (2009) Sex differences in sex drive, sociosexuality, and height across 53 nations: Testing evolutionary and social structural theories. Arch Sex Behav 38(5):631–651
36. Gray PB, Garcia JR, Gesselman AN (2019) Age-related patterns in sexual behaviors and attitudes among single U.S. adults: An evolutionary approach. Evol Behav Sci 13(2):111–126
37. Penke L, Asendorpf SB (2008) Beyond global sociosexual orientations: A more differentiated look at sociosexuality and its effects on courtship and romantic relationships. J Pers Soc Psychol 95(5):1113–1135
38. Hopcroft RL (2021) High income men have high value as long-term mates in the U.S.: Personal income and the probability of marriage, divorce, and childbearing in the U.S. Evol Hum Behav 42(5):409–417
39. Nettle D, Pollet TV (2008) Natural selection on male wealth in humans. Am Nat 172(5):658–666
40. Todd PM, Penke L, Fasolo B, Lenton AP (2007) Different cognitive processes underlie human mate choices and mate preferences. Proc Natl Acad Sci USA 104(38):15011–15016
41. Larsen PHH, Bendixen M, Grøntvedt TV, Kessler AM, Kennair LEO (2021) Investigating the emergence of sex differences in jealousy responses in a large community sample from an evolutionary perspective. Sci Rep 11(1):6485
42. Conroy-Beam D, Buss DM (2019) Why is age so important in human mating? Evolved age preferences and their influences on multiple mating behaviors. Evol Behav Sci 13(2):127–157
43. Sohn K (2017) Men's revealed preference for their mates' ages. Evol Hum Behav 38(1):58–62
44. Walter KV, Conroy-Beam D, Buss DM, Asao K, Sorokowska A, Sorokowski P, Aavik T, Akello G, Alhabahba MM, Alm C, Amjad N, Anjum A, Atama CS, Duyar DA, Ayebare R, Batres C, Bendixen M, Bensafia A, Bizumic B, Boussena M, Butovskaya M, Can S, Cantarero K, Carrier A, Cetinkaya H, Croy I, Cueto RM, Czub M, Dronova D, Dural S, Duyar I, Ertugrul B, Espinosa A, Estevan I, Esteves CS, Fang L, Frackowiak T, Garduño JC, González KU, Guemaz F, Gyuris P, Halamová M, Herak I, Horvat M, Hromatko I, Hui CM, Jaafar JL, Jiang F, Kafetsios K, Kavčič T, Ottesen Kennair LE, Kervyn N, Khanh Ha TT, Khilji IA, Köbis NC, Lan HM, Láng A, Lennard GR, León E, Lindholm T, Linh TT, Lopez

G, Luot NV, Mailhos A, Manesi Z, Martinez R, McKerchar SL, Meskó N, Misra G, Monaghan C, Mora EC, Moya-Garófano A, Musil B, Natividade JC, Niemczyk A, Nizharadze G, Oberzaucher E, Oleszkiewicz A, Omar-Fauzee MS, Onyishi IE, Özener B, Pagani AF, Pakalniskiene V, Parise M, Pazhoohi F, Pisanski A, Pisanski K, Ponciano E, Popa C, Prokop P, Rizwan M, Sainz M, Salkičević S, Sargautyte R, Sarmány-Schuller I, Schmehl S, Sharad S, Siddiqui RS, Simonetti F, Stoyanova SY, Tadinac M, Correa Varella MA, Vauclair CM, Vega LD, Widarini DA, Yoo G, Zaťková MM, Zupančič M (2021) Sex differences in human mate preferences vary across sex ratios. Proc R Soc B 288(1955):20211115
45. Schacht R, Beissinger SR, Wedekind C, Jennions MD, Geffroy B, Liker A, Kappeler PM, Weissing FJ, Kramer KL, Hesketh T, Boissier J, Uggla C, Hollingshaus M, Székely T (2022) Adult sex ratios: Causes of variation and implications for animal and human societies. Commun Biol 5(1):1273
46. Lippa RA (2007) The preferred traits of mates in a cross-national study of heterosexual and homosexual men and women: An examination of biological and cultural influences. Arch Sex Behav 36(2):193–208
47. Bailey JM, Kim PY, Hills A, Linsenmeier JA (1997) Butch, femme, or straight acting? Partner preferences of gay men and lesbians. J Pers Soc Psychol 73(5):960–973
48. Zhang J (2022) Femme/butch/androgyne identity and preferences for femininity across face, voice, and personality traits in Chinese lesbian and bisexual women. Arch Sex Behav 51(7):3485–3495
49. Matsick JL, Kruk M, Conley TD, Moors AC, Ziegler A (2021) Gender similarities and differences in casual sex acceptance among lesbian women and gay men. Arch Sex Behav 50(3):1151–1166
50. Forde A (2011) Evolutionary theory of mate selection and partners of trans people: A qualitative study using interpretative phenomenological analysis. Qual Rep 16(5):1407–1434
51. Frederick DA, Gillespie BJ, Lever J, Berardi V, Garcia JR (2021) Debunking lesbian bed death: Using coarsened exact matching to compare sexual practices and satisfaction of lesbian and heterosexual women. Arch Sex Behav 50(8):3601–3619
52. Laan ETM, Klein V, Werner MA, van Lunsen RHW, Janssen E (2021) In pursuit of pleasure: A biopsychosocial perspective on sexual pleasure and gender. Int J Sex Health 33(4):516–536
53. Mitricheva E, Kimura R, Logothetis NK, Noori HR (2019) Neural substrates of sexual arousal are not sex dependent. Proc Natl Acad Sci USA 116(31):15671–15676
54. Peterson ZD, Janssen E, Laan E (2010) Women's sexual responses to heterosexual and lesbian erotica: The role of stimulus intensity, affective reaction, and sexual history. Arch Sex Behav 39(4):880–897
55. Garcia JR, Lloyd EA, Wallen K, Fisher HE (2014) Variation in orgasm occurrence by sexual orientation in a sample of U.S. singles. J Sex Med 11(11):2645–2652
56. Wiederman MW (2005) The gendered nature of sexual scripts. Fam J 13(4):496–502
57. Pfaus JG, Quintana GR, Mac Cionnaith C, Parada M (2016) The whole versus the sum of some of the parts: Toward resolving the apparent controversy of clitoral versus vaginal orgasms. Socioaffect Neurosci Psychol 6(1):32578
58. Jannini EA, Rubio-Casillas A, Whipple B, Buisson O, Komisaruk BR, Brody S (2012) Female orgasm (s): One, two, several. J Sex Med 9(4):956–965
59. Pfaus JG, Scardochio T, Parada M, Gerson C, Quintana GR, Coria-Avila GA (2016) Do rats have orgasms? Socioaffect Neurosci Psychol 6(1):31883
60. Wise NJ, Frangos E, Komisaruk BR (2017) Brain activity unique to orgasm in women: An fMRI analysis. J Sex Med 14(11):1380–1391
61. Troisi A, Carosi M (1998) Female orgasm rate increases with male dominance in Japanese macaques. Anim Behav 56(5):1261–1266
62. Brennan PLR, Cowart JR, Orbach DN (2022) Evidence of a functional clitoris in dolphins. Curr Biol 32(1):R24–R26
63. Pavlicev M, Wagner G (2016) The evolutionary origin of female orgasm. J Exp Zool B Mol Dev Evol 326(6):326–337

64. Folwell MJ, Sanders KL, Brennan PLR, Crowe-Riddell JM (2022) First evidence of hemiclitores in snakes. Proc R Soc B 289(1989):20221702
65. Lodé T (2020) A brief natural history of the orgasm. All Life 13(1):34–44
66. Pavlicev M, Herdina AN, Wagner G (2022) Female genital variation far exceeds that of male genitalia: A review of comparative anatomy of clitoris and the female lower reproductive tract in theria. Integr Comp Biol 62(3):581–601
67. Burri AV, Cherkas L, Spector TD (2009) Genetic and environmental influences on self-reported G-spots in women: A twin study. J Sex Med 7(5):1842–1852
68. Vieira-Baptista P, Lima-Silva J, Preti M, Xavier J, Vendeira P, Stockdale CK (2021) G-spot: Fact or fiction? A systematic review. Sex Med 9(5):100435
69. Basanta S, Nuño de la Rosa L (2023) The female orgasm and the homology concept in evolutionary biology. J Morphol 284(1):e21544
70. Levin RJ (2011) Can the controversy about the putative role of the human female orgasm in sperm transport be settled with our current physiological knowledge of coitus? J Sex Med 8(6):1566–1578
71. Zietsch BP, Santtila P (2013) No direct relationship between human female orgasm rate and number of offspring. Anim Behav 86(2):253–255
72. Pavlicev M, Zupan AM, Barry A, Walters S, Milano KM, Kliman HJ, Wagner GP (2019) An experimental test of the ovulatory homolog model of female orgasm. Proc Natl Acad Sci USA 116(41):20267–20273
73. Symons D (1979) The evolution of human sexuality. Oxford University Press, Oxford
74. Zietsch BP, Santtila P (2011) Genetic analysis of orgasmic function in twins and siblings does not support the by-product theory of female orgasm. Anim Behav 82(5):1097–1101
75. Kennedy J, Pavličev M (2018) Female orgasm and the emergence of prosocial empathy: An evo-devo perspective. J Exp Zool B Mol Dev Evol 330(2):66–75
76. Gallup GG Jr, Towne JP, Stolz JA (2018) An evolutionary perspective on orgasm. Evol Behav Sci 12(1):52–69
77. Zietsch BP, Miller GF, Bailey JM, Martin NG (2011) Female orgasm rates are largely independent of other traits: Implications for "female orgasmic disorder" and evolutionary theories of orgasm. J Sex Med 8(8):2305–3206
78. Seidu AA, Aboagye RG, Sakyi B, Adu C, Ameyaw EK, Affum JB, Ahinkorah BO (2022) Female genital mutilation and skilled birth attendance among women in sub-Saharan Africa. BMC Women's Health 22(1):26
79. Leitenberg H, Detzer MJ, Srebnik D (1993) Gender differences in masturbation and the relation of masturbation experience in preadolescence and/or early adolescence to sexual behavior and sexual adjustment in young adulthood. Arch Sex Behav 22(2):87–98
80. Rubin JD, Conley TD, Klein V, Liu J, Lehane CM, Dammeyer J (2019) A cross-national examination of sexual desire: The roles of 'gendered cultural scripts' and 'sexual pleasure' in predicting heterosexual women's desire for sex. Pers Individ Differ 151(3):109502
81. Burri A, Carvalheira A (2019) Masturbatory behavior in a population sample of German women. J Sex Med 16(7):963–974
82. Frankenbach J, Weber M, Loschelder DD, Kilger H, Friese M (2022) Sex drive: Theoretical conceptualization and meta-analytic review of gender differences. Psychol Bull 148(9–10):621–661
83. Fischer N, Graham CA, Træen B, Hald GM (2022) Prevalence of masturbation and associated factors among older adults in four European countries. Arch Sex Behav 51(3):1385–1396
84. Räuchle J, Briken P, Schröder J, Ivanova O (2022) Sexual and reproductive health during the COVID-19 pandemic: Results from a cross-sectional online survey in Germany. Int J Environ Res Public Health 19(3):1428
85. Mumm JN, Vilsmaier T, Schuetz JM, Rodler S, Zati Zehni A, Bauer RM, Staehler M, Stief CG, Batz F (2021) How the COVID-19 pandemic affects sexual behavior of hetero-, homo-, and bisexual males in Germany. Sex Med 9(4):100380

86. Gil-Llario MD, Gil-Juliá B, Giménez-García C, Bergero-Miguel T, Ballester-Arnal R (2021) Sexual behavior and sexual health of transgender women and men before treatment: Similarities and differences. Int J Transgend Health 22(3):304–315
87. Willoughby BJ, Carroll JS, Busby DM, Brown CC (2015) Differences in pornography use among couples: Associations with satisfaction, stability, and relationship processes. Arch Sex Behav 45(1):145–158
88. Petersen JL, Hyde JH (2010) A meta-analytic review of research on gender differences in sexuality, 1993–2007. Psychol Bull 136(1):21–38
89. Brun del Re U, Hilpert P, Spahni S, Bodenmann G (2021) Pornographiekonsum in der Partnerschaft: Häufigkeit, Motivation und Einstellung des Konsums und deren Geschlechtsunterschiede. Z Klin Psychol Psychother 50(1):10–20
90. Hügel FS (1865) Zur Geschichte, Statistik und Regelung der Prostitution: Sozial-medizinische Studien. Zamarsky/Dittmarsch, Wien
91. Gilby IC, Emery Thompson M, Ruane JD, Wrangham R (2010) No evidence of short-term exchange of meat for sex among chimpanzees. J Hum Evol 59(1):44–53
92. Sanger WW (2022) The history of prostitution: Its extent, causes, and effects throughout the world. DigiCat
93. Dylewski Ł, Prokop P (2019) Prostitution. In: Shackelford TK, Weekes-Shackelford VA (Hrsg) Encyclopedia of evolutionary psychological science. Springer, Cham, S 1–4. https://doi.org/10.1007/978-3-319-16999-6_270-1
94. https://www.destatis.de/DE/Presse/Pressemitteilungen/2022/07/PD22_277_228.html #36180
95. Freier https://dieunsichtbarenmaenner.wordpress.com/statistiken-ueber-freier/
96. Krahé B, Tomascewska P, Kuyper L, Vanweesenbeeck I (2014) Prevalence of sexual aggression among young people in Europe: A review of the evidence from 27 EU countries. Aggress Violent Behav 19(5):545–558
97. Elliott DM, Mok DS, Briere J (2004) Adult sexual assault: Prevalence, symptomatology, and sex differences in the general population. J Trauma Stress 17(3):203–211
98. BMFSFJ (2022) https://www.bmfsfj.de/bmfsfj/themen/gleichstellung/frauen-vor-gewalt-schuetzen/haeusliche-gewalt/formen-der-gewalt-erkennen-80642
99. Whitfield DL, Coulter RWS, Langenderfer-Magruder L, Jacobson D (2021) Experiences of intimate partner violence among lesbian, gay, bisexual, and transgender college students: The intersection of gender, race, and sexual orientation. J Interpers Violence 36(11–12):NP6040–NP6064
100. McKibbin WF, Shackelford TK, Goetz AT, Starratt VG (2008) Why do men rape? An evolutionary psychological perspective. Rev Gen Psychol 12(1):86–97
101. Baaz ME, Stern M (2009) Why do soldiers rape? Masculinity, violence, and sexuality in the armed forces in the Congo (DRC). Int Stud Q 53(2):495–518
102. Keplinger K, Johnson SK, Kirk JF, Barnes LY (2019) Women at work: Changes in sexual harassment between September 2016 and September 2018. PLoS ONE 14(7):e0218313

Kultur + Geschlecht = Genderungleichheit? 9

Wenn Sie demnächst mal wieder durch ein Kaufhaus bummeln, werfen Sie doch mal einen Blick in die Kinder- und Spielzeugabteilung! So ziemlich alles, was die Herzen kleiner Mädchen höherschlagen lässt, ist dort mindestens rosa angehaucht. Für viele verzweifelte Eltern scheint es naturgegeben, dass ihre Mädchen eine Vorliebe für alles Rosarote haben, wohingegen Jungs eher auf blaue Sachen stehen. Bis zum zweiten Weltkrieg waren diese Geschlechterklischees in unseren Breiten aber noch genau umgekehrt [1]! Rot symbolisierte in vielen Kulturen Stärke und Männlichkeit, und da erschien es nur logisch, dass das „kleine Rot" den zukünftigen Helden vorbehalten war, wohingegen blau als anmutiger angesehen und den Mädchen zugeordnet wurde. Tatsächlich gewinnen noch heute Athlet:innen, denen in Kampfsportarten bei olympischen Spielen rote statt blauer Trikots zugelost werden, ihre Wettkämpfe signifikant häufiger [2]. So hat sich erst mit der grell-rosa verpackten ersten Barbie-Puppe ab 1959 die Farbpräferenz kleiner Mädchen neu ausgerichtet. Dieses Beispiel illustriert sehr anschaulich, wie willkürlich und labil Geschlechtsunterschiede auch sein können, da unsere Spezies eine Vielzahl von Regeln und Normen entwickelt hat, die verschiedene Kulturen unterscheidet oder sogar definiert.

An dieser Stelle könnte jetzt ein neues dickes Buch beginnen, das diese Unterschiede zwischen den Geschlechtern in verschiedenen Kulturen auflistet. Auch weil mir die dafür notwendige Expertise fehlt, streife ich nur ein paar Bereiche, die meiner Meinung nach von aktuellem Interesse oder mehrfach unabhängig entstanden sind. Eine auffällige Gemeinsamkeit vieler Beispiele kulturell bedingter Geschlechtsunterschiede scheint darin zu bestehen, dass die Regeln von Männern gemacht oder kontrolliert werden. Von daher gilt es in diesem Zusammenhang, auch die Ursachen dieser Asymmetrie in der Machtverteilung zwischen Männern und Frauen zu berücksichtigen. Zum Verständnis der großen und – im Unterschied zur Spielzeugfarbe – wichtigen Bereiche, in denen Menschen nur aufgrund ihres

Geschlechts unterschiedlich behandelt werden, erscheint mir als erstes ein Blick auf unsere tiefe Geschichte hilfreich.

9.1 Früher war alles besser – auf jeden Fall die Geschlechterbeziehungen

Heutzutage ist soziale und politische Macht ungleich zwischen Frauen und Männern verteilt. Diese Ungleichheit scheint ein herausragendes Beispiel dafür zu sein, wie kulturelle Faktoren die Diskriminierung von Frauen zementieren. Aber war dieses Verhältnis schon immer so? Eine größtmögliche Perspektive, die alle heutigen Kulturen einschließt, zeigt auf, dass Diskriminierung aufgrund von sexueller Identität und Orientierung mutmaßlich von denselben Faktoren angetrieben werden.

Eine Betrachtung der sozialen und kulturellen Vielfalt des Menschen in Raum und Zeit legt tatsächlich nahe, dass viele Formen und Funktionen moderner menschlicher Geschlechterbeziehungen relativ junge Merkmale der menschlichen Sozialität sind. Der Mensch als Spezies verbrachte bekanntlich mehr als 95 % seiner Existenz als Jäger und Sammler und lebte dabei in Gemeinschaften von durchschnittlich 30 Individuen, wobei die Erwachsenen in heterosexuellen Paaren lebten [3]. Die Mehrheit der Gruppen war wahrscheinlich relativ egalitär mit einem hohen Maß an Autonomie für den Einzelnen [4]. Viele Faktoren stabilisieren diesen Egalitarismus, darunter die Paarbindung zwischen Männern und Frauen, welche den Paarungswettbewerb reduziert [5], die Fähigkeit, Koalitionen gegen eine mögliche Dominanz Einzelner zu bilden [6] sowie die Abhängigkeit von schwer zu beschaffender Nahrung, die zu umfassender Zusammenarbeit innerhalb und zwischen Familien motiviert [7].

Soziale Führungspositionen innerhalb dieser egalitären Gesellschaften sind auch heute noch informell und kontextabhängig auf die Gruppenmitglieder verteilt, obwohl bestimmte Personen im Verlauf der Entscheidungsfindung in der Gruppe tendenziell mehr Einfluss ausüben als andere [8]. Frauen haben zwar regelmäßig Einfluss auf Gruppenentscheidungen, doch selbst in einigen der egalitärsten Jäger- und Sammlergesellschaften werden Frauen im Durchschnitt als politisch weniger einflussreich oder als seltenere Organisatorinnen von Treffen zur Koordinierung von Gemeinschaftsangelegenheiten beschrieben. Allerdings können Frauen in diesen Gesellschaften innerhalb der Haushalte genauso viel oder mehr Einfluss als Männer ausüben; etwa bei der Heirat oder bei Entscheidungen über die Wohnsituation [9]. Und auf Gemeinschaftsebene können Frauen bei der informellen Beilegung von Streitigkeiten und der öffentlichen Kritik an nicht normgerechtem Verhalten genauso aktiv oder aktiver sein als Männer.

Geschlechtsspezifische Unterschiede in sozialen Vormachtstellungen selbst in den egalitärsten menschlichen Gesellschaften sind zumindest teilweise auf entsprechende Unterschiede in den Bereichen Wettbewerb und Kooperation sowie auf deren Beitrag zu einer geschlechtsspezifischen Arbeitsteilung zurückzuführen. Insbesondere hat die sexuelle Selektion dazu beigetragen, dass Männer größer und kräftiger sind, eine größere Risikobereitschaft beim Streben nach Status zeigen [10] und bei Wettkämpfen direkte Aggression einsetzen [11]. Außerdem hat ihre Tendenz zum Aufbau sozialer Netzwerke mit eher „schwachen" Bindungen [12] und die Neigung zum Aufbau großer Koalitionen [13] ebenfalls Auswirkungen auf geschlechtsspezifische Unterschiede bei der Entstehung von Dominanzbeziehungen haben können, da sie Männern einen Vorteil bei der Beeinflussung der Entscheidungsfindung, bei der Gestaltung politischer Institutionen, die die Gesellschaft regulieren, sowie bei der Nutzung von Sozialkapital für den Aufstieg in institutionellen Hierarchien verschaffen.

Obwohl das Ausmaß der geschlechtsspezifischen Arbeitsteilung kulturübergreifend variiert, ist sie in allen menschlichen Gesellschaften relativ allgegenwärtig [14]. Sie basiert häufig auf der Paarbindung: Von Frauen wird erwartet, dass sie mehr Arbeiten innerhalb des Hauses verrichten, wohingegen Männer mehr Arbeiten außerhalb des Hauses ausführen. Auch sexuelle Selektion auf Merkmale wie Körpergröße, Risikobereitschaft, Wettbewerbsfähigkeit und Koalitionsbildung beeinflusste Asymmetrien, die sich auf die Rollen auswirken, die Männer und Frauen im Rahmen der geschlechtsspezifischen Arbeitsteilung einnehmen. Letzteres wurde im Laufe der menschlichen Evolution durch ökologische Veränderungen beschleunigt, die Menschen zunehmend von energiereichen, aber schwer zu beschaffenden gejagten und gesammelten Nahrungsmitteln abhängig machten [15]. Dabei entwickelten wir kürzere Intervalle zwischen den Geburten und eine längere Entwicklung bis zur Geschlechtsreife in Verbindung mit einer zunehmenden Zusammenarbeit zwischen paarweise gebundenen Sexualpartnern bei der Pflege und Versorgung des gemeinsamen, abhängigen Nachwuchses.

Die Art und Weise, wie Frauen und Männer ihre Arbeitskraft in die Paarbindung einbringen, hängt zum Teil auch von Zwängen der Lebensgeschichte ab. So ist beispielsweise die Jagd mit Schwangerschaft und Stillen eher unvereinbar und birgt im Vergleich zu anderen Strategien der Nahrungssuche größere Risiken [16]. Frauen wurden also mitnichten an den Herd verbannt; sie folgen mutmaßlich ihrem eigenen Interesse, ihren Nachwuchs bei riskanten Aktivitäten wie der Jagd zu schützen. Vergleichende Daten unterstützen diese Einschätzung: Löwinnen und andere weibliche Raubtiere haben ihre Jungen während der Jagd geparkt, und weibliche Schimpansen beteiligen sich wohlweislich viel seltener an der Jagd auf Affen oder Gazellen als die Männchen; wohl auch weil sie befürchten müssen, dass ihnen die Beute von den stärkeren Männchen eh abgenommen wird [17]. Trotzdem gibt es auch zahlreiche Berichte über Frauen, die regelmäßig jagen, und zwar hauptsächlich kleinere Beute, sodass das Klischee „Mann, der Jäger, Frau, die Sammlerin" so nicht länger haltbar ist [18]. Wichtig ist dabei aber, dass diese Rollen unabhängig von Zwang oder Diskriminierung als Anpassungen an einen höheren Fortpflanzungserfolg entstanden sind und erst anschließend kulturelle Normen diese Rollen stabilisierten und Abweichungen von ihnen bestraften [19].

Die geschlechtsspezifische Arbeitsteilung variiert von Gesellschaft zu Gesellschaft, was zum Teil davon abhängt, wie deren Mitglieder Zugang zu Nahrungsmitteln haben oder diese produzieren [20]. Die Einführung des Pfluges nach der Sesshaftwerdung machte beispielsweise die landwirtschaftliche Arbeit kraftintensiver und weniger vereinbar mit der Kinderbetreuung, wodurch der Wert der Arbeit von Frauen außerhalb des Hauses sank, die Verhandlungsmacht von Frauen abnahm, und so letztendlich der Zugang von Frauen zu Führungspositionen verringert wurde [21]. Die häufige geschlechtsspezifische Arbeitsteilung war also wahrscheinlich ein Schlüsselmechanismus für die Entstehung männlicher sozialer Dominanz; ein Phänomen, das daher nur durch die Vereinigung von evolutionären und sozialwissenschaftlichen Ansätzen vollständig verstanden werden kann [14].

9.2 Die Bauern sind schuld!

Die männliche Vorherrschaft nahm mit der neolithischen Revolution entscheidend zu, als sich die wichtigste Subsistenzstrategie der Menschen von der nomadischen Nahrungssuche zur sesshaften Land- und Viehwirtschaft verlagerte. Die damit verbundene erhöhte Verfügbarkeit von Nahrung förderte das Bevölkerungswachstum durch erhöhte weibliche Reproduktionsraten. Zudem eröffnete dieser ökologische Umschwung die Möglichkeit für wirtschaftlich erfolgreiche Männer, genügend Ressourcen anzuhäufen, um damit mehrere Frauen und deren Kinder zu versorgen. In einer Situation, in der Männer im Ausmaß der von Ihnen kontrollierten Ressourcen variieren, kann es dazu kommen, dass die Bedingungen als zweite Frau in einem reichen Haushalt besser sind als für die einzige Frau in einem ärmeren Haushalt. Wenn diese sogenannte Polygynieschwelle überschritten wird, verändern sich auch die Möglichkeiten von Männern, die Sexualität von Frauen zu kontrollieren [22].

Die mit der Sesshaftwerdung verbundene Konzentration der politischen Führung auf wenige Männer brachte auch eine zunehmende Ungleichheit zwischen den Geschlechtern mit sich [14]. Monopolisierbarer Reichtum steigerte wahrscheinlich die Motivation und die Möglichkeiten der Männer, Bündnisse mit anderen Männern einzugehen, um Ressourcen zu kontrollieren, zu verteidigen und um diese zu konkurrieren, was möglicherweise zu einer größeren Kontrolle über die reproduktiven Entscheidungen der Frauen beitrug [23]. Die Übertragung von Besitz und Macht von Vätern auf ihre Söhne (patrilineale Vererbung) in wohlhabenderen Gesellschaften [24] verstärkte die Vorherrschaft der Männer, indem sie die Möglichkeiten zur Bildung männlicher Koalitionen erhöhte, Frauen von ihren Verwandten entfernte und die männliche Kontrolle über Gruppenentscheidungen festigte [25]. In den nachfolgenden frühen Staaten, in denen eine kleine Elite mit einem zentralen Herrscher an der Spitze das Gewaltmonopol beanspruchte, verschärfte sich die politische und soziale Ungleichheit sowohl allgemein als auch zwischen den Geschlechtern weiter [26]. Wir können also festhalten, dass Diskriminierung, Benachteiligung, Unterdrückung und Ausbeutung von Frauen ein kulturelles Phänomen sind, die nur die letzten 5 % der Zeit der Existenz unserer Spezies charakterisiert und keinen offensichtlichen biologischen Anpassungswert besitzt.

9.3 Schlüssige Antworten der Soziologie

Die Stellung und Rechte einer Frau werden heute maßgeblich davon beeinflusst, wo sie in diese Welt hineingeboren wird. Ein Mädchen in Afghanistan oder eine junge Frau im Iran haben offensichtlich ganz andere Perspektiven und Rechte als Gleichaltrige in Norwegen oder Neuseeland. Für die Mitglieder der LGBTQIA-Bewegung stellt sich die Situation bekanntlich genauso variabel dar; bei uns dürfen Schwule und Lesben heiraten und haben viele – aber noch nicht alle! – der Rechte von Heterosexuellen, wohingegen ihnen allein wegen ihrer sexuellen Orientierung oder ihrem Gender in etlichen afrikanischen und arabischen Ländern lebenslange Haft oder sogar die Todesstrafe droht. Dass es hier einen Zusammenhang zwischen Frauen- und sexuellen Minderheitenrechten gibt, wird gleich offenkundig.

Die 193 Nationen dieser Welt unterscheiden sich unter anderem in ihrem politischen System, ihrer wirtschaftlichen Entwicklung und Produktivität, dem Maß an (Un-)Gleichheit in der Verteilung der erwirtschafteten Güter, ihrem Gesundheitswesen und dem Vorkommen und der Bedeutung unterschiedlicher Religionen. Was davon könnte aber erklären, warum Frauen (und Mitglieder der LGBTQIA-Gemeinde) so unterschiedlich stark diskriminiert werden? Eine (für mich) überzeugende Antwort kommt aus der vergleichenden Soziologie. Ronald Inglehart und Kolleg:innen [27] haben über die Jahre Menschen auf der ganzen Welt dieselben 290 einfachen Fragen gestellt (z. B. „Wie wichtig ist Ihnen X?" Mögliche Antworten: „Sehr wichtig, wichtig, nicht wichtig, völlig unwichtig oder weiß nicht"). Bei der Auswertung der Daten (neueste Stichprobe: 94.249 Teilnehmende aus 64 Nationen) konnten sie zeigen, dass die durchschnittliche Selbsteinschätzung der Bedeutung von grundlegenden Werten aus den Bereichen Wirtschaft, Gesellschaft, Politik und Religion stark miteinander korrelieren. Wenn man diese Ko-Variation mit einem statistischen Verfahren (Faktorenanalyse) zusammenfasst, erklären zwei Faktoren mehr als 70 % der Variation in den durchschnittlichen Werten zwischen Nationen.

Der erste Faktor beschreibt die unterschiedliche Bedeutung, die Menschen in verschiedenen Nationen ihrer Religion zuschreiben. Unabhängig von der jeweiligen Religion sind für Mitglieder von Nationen mit durchschnittlich hohen Werten für diesen Faktor beispielsweise traditionelle Familienwerte und Obrigkeitsgehorsam wichtig; außerdem lehnen sie Scheidung, Abtreibung und Selbstmord mehrheitlich ab. Mitglieder dieser Nationen haben außerdem ein relativ hohes Maß an Nationalstolz und Nationalismus. Diese sogenannten traditionellen Nationen am einen Ende dieses Spektrums (z. B. Katar und Kolumbien) unterscheiden sich am stärksten von Nationen am anderen Ende der Skala (wie z. B. Japan und Schweden), für die dagegen weltliche und rationale Werte sehr viel bedeutsamer sind (Abb. 9.1).

Der zweite Faktor fasst Werte zusammen, die inhaltlich mit dem Übergang von vor- zu nachindustriellen Gesellschaften verbunden sind und letztendlich reflektieren, wie bedeutsam akute Überlebenssorgen bzw. individuelle Selbstverwirklichung

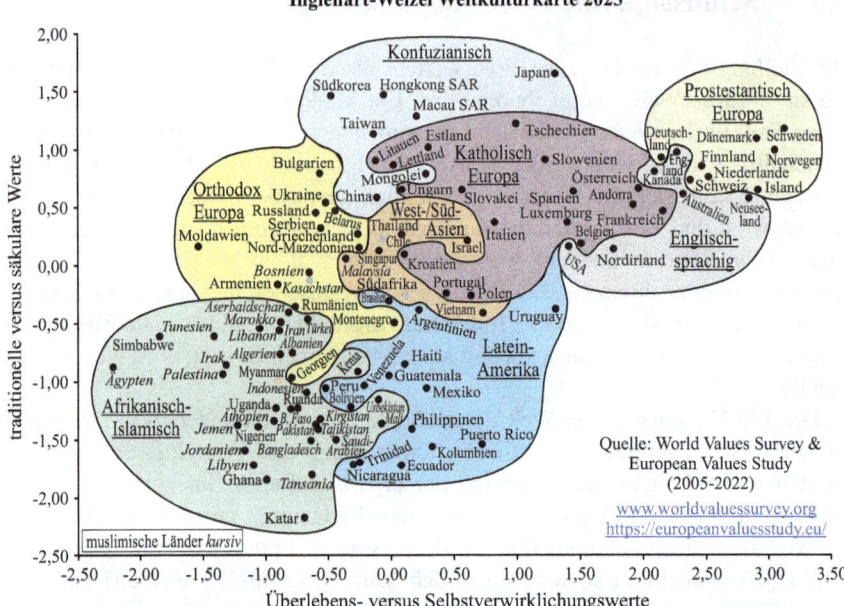

Abb. 9.1 Wertekarte der Erde. Die Position einer Nation wird durch die durchschnittliche Bedeutung bestimmt, die ihre Bewohner:innen zahlreichen Werten zuschreiben, welche wiederum durch dimensionslose Werte entlang von zwei Achsen zusammengefasst werden können. Die X-Achse beschreibt die relative Bedeutung von Aspekten des unmittelbaren Überlebens gegenüber der individuellen Selbstverwirklichung. Die Y-Achse beschreibt die relative Bedeutung traditioneller und weltlich-rationaler Werte. (Quelle: [27])

sind. Aufgrund der wirtschaftlichen Entwicklung und der damit verbundenen Anhäufung von Reichtum während der letzten zwei Generationen muss sich nämlich ein zunehmender Anteil der Bevölkerung in manchen Nationen keine Sorgen mehr über das tagtägliche Überleben machen; bei uns wären das beispielsweise Menschen, die nicht einmal darüber nachdenken müssen, zu einer Tafel zu gehen. In vielen Ländern des globalen Südens weiß die Mehrzahl der Bevölkerung dagegen nicht, wie sie morgen ihre Familie satt bekommen soll. In Nationen, in denen Menschen diese Sorgen mehrheitlich nicht haben (sondern eher überlegen, welche Diät sie als nächstes probieren sollen), haben sich deren Prioritäten dagegen hin zu größerem individuellem Wohlergehen, mehr Selbstverwirklichung und erhöhter Lebensqualität verschoben.

Wichtig ist nun, dass die Bedeutung der individuellen Selbstverwirklichung nicht nur mit dem Zweitwagen und exotischem Urlaub (meine Interpretation) einhergeht, sondern auch mit hoher Wertschätzung für Umweltschutz, Wunsch nach mehr politischer Partizipation sowie Toleranz von Diversität, wie z. B. in Bezug auf Ausländer, Flüchtlinge und LGBTQIA-Rechte. An diesem Ende dieser Skala werden auch Phantasie und Toleranz (und nicht mehr „hartes Arbeiten") als wichtige Werte an Kinder vermittelt und das grundsätzliche Vertrauen in Mitmenschen ist hoch. In diesen Nationen (wie z. B. Norwegen und Neuseeland) haben individuelle Freiheiten und politischer Aktivismus einen viel höheren Stellenwert als in Nationen am anderen Ende dieser Skala (wie z. B. Marokko und Moldawien). Dort, wo eine große Bedeutung traditioneller Werte mit hohen Werten in Maßen des tagtäglichen Überlebens zusammenkommen (z. B. Pakistan, etliche arabische Länder), ist auch die Ungleichheit zwischen den Geschlechtern am größten (Abb. 9.1). Umgekehrt sind in den skandinavischen Ländern weltlichrationale Werte, die Bedeutung der individuellen Selbstverwirklichung sowie die Gleichheit der Geschlechter am größten.

Nur so als Zwischengedanke: Haben Sie auch den Eindruck, dass diese beiden Spannungsfelder der Wertekarte nicht nur Themen der internationalen Politik (z. B. Putins Rechtfertigung seines sogenannten Verteidigungskriegs gegen den Westen mit seinen perversen Werten, Orbans Homophobie, so ziemlich alles an Trump), sondern auch zahlreiche nationale politische Diskurse (u. a. so ziemlich alles an der AfD-Programmatik, Söders Gender- und Multikultiphobie) erklärt? Scheinbar gibt es auch innerhalb von Nationen einen positiven Zusammenhang zwischen wirtschaftlichen Notlagen und Ängsten einerseits und der Hinwendung zu nationalistischen und traditionellen Werten andererseits.

Zurück zum eigentlichen Thema. Der *Globale Gender Gap Index,* also ein Maß dafür, wie stark sich die Rechte von Frauen und Männern in den an dieser Befragung teilnehmenden Nationen unterscheiden, wird unabhängig von der Wertestudie jährlich für das Weltwirtschaftsforum erstellt [28]. Auf einer Skala von 0 bis 100 wird dafür in 146 Ländern anhand öffentlicher Daten aus 50 Statistiken (z. B. Anteil von Frauen mit diversen Studienabschlüssen, Größe des Einkommensunterschieds, Alter bei der ersten Geburt) ein Index berechnet, der bei kompletter Geschlechtergleichheit 100 beträgt (Abb. 9.2). Im Moment (2022) liegt der weltweite Durchschnitt bei 68,1 %, angeführt von Island (90,8) und Finnland (86,0), wohingegen Pakistan (56,4) und Afghanistan (43,5) die rote Laterne innehaben. Deutschland (80,1) ist immerhin auf dem 10. Platz. So wie sich der Index seit der letzten Erhebung entwickelt hat, dauert es noch 132 Jahre zur vollständigen weltweiten Gleichheit. Es gibt also noch was zu tun! Wie sieht es nun aber mit der Beziehung zwischen dem GGG-Index und den Wertefaktoren aus?

Die Bedeutung traditioneller und religiöser Werte ist aufgrund der Wertestudie [27] derjenige Faktor, der die Diskriminierung von Mädchen und Frauen am besten erklärt. In den Nationen, die an diesem Ende der Skala auftauchen, dominieren zwei Weltreligionen: Islam und Katholizismus. In diesen Religionen sind die Würdenträger alle männlich. Sie haben unter anderem explizite Gebote über die Beziehung zwischen den Geschlechtern, deklarieren, wer mit wem Sex haben kann (Abweichungen von heterosexuellen Normen gelten gemeinhin als Sünde), propagieren Monogamie über Promiskuität, machen Vorgaben, wie eine Familie auszusehen hat und wer sich um die Kinder kümmern soll [29, 30]. Da Frauen aus biologischer Sicht bekanntlich mehr Zeit und Energie in die Produktion des Nachwuchses investieren und daher von väterlicher Fürsorge profitieren, könnten es diese religiösen Normen bzw. die damit verbundenen Sanktionen für Männer

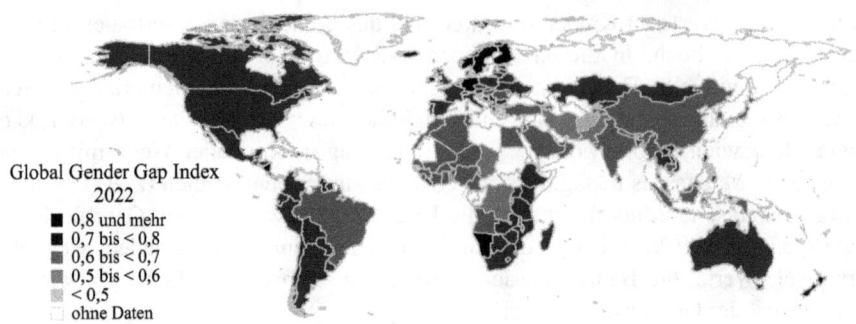

Abb. 9.2 *Global Gender Gap Index* (2022) in verschiedenen Nationen. Dunklere Farben repräsentieren mehr Gleichheit zwischen den Geschlechtern (maximaler Wert 1,0); *weiß:* keine Daten. Diese Daten werden jährlich von der Weltbank erhoben

schwieriger machen, Frau und Kind zu verlassen. Deswegen ist es vielleicht nicht verwunderlich, dass Frauen über alle Religionen hinweg diesem Grundansatz mehr verbunden und daher durchschnittlich religiöser sind als Männer [31].

Zahlreiche religiöse Vorschriften und Praktiken scheinen aber auch die Kontrolle von Männern über die sexuelle Selbstbestimmung von Frauen zu etablieren oder zu verstärken und daher den männlichen reproduktiven Interessen entgegenzukommen. Aus dieser Perspektive ist es nicht erstaunlich, dass Keuschheitsgelübde und Jungfräulichkeit bei manchen Religionen hoch im Kurs stehen. Von hier ist es auch nicht weit bis zu Keuschheitsgürteln und Genitalverstümmelung, die das Risiko des größten männlichen evolutionären Alptraums – ein Kuckuckskind – reduzieren sollen. Die islamische Vorschrift, das weibliche Haar oder den ganzen Kopf mit einem Schleier zu bedecken, kann ebenfalls als männliche Bewachungsstrategie interpretiert werden [32, 33]. In manchen Religionen kann Frauen auch die Schuld an der eigenen Vergewaltigung oder am Fremdgehen des Mannes gegeben werden [34] und ein Verbot von Abtreibung wird von vielen Gegnern mit religiösen Prinzipien und Vorschriften begründet. In Kulturen mit ausgeprägter Ungleichheit zwischen den Geschlechtern sind diese Formen der Unterdrückung von Frauen zugunsten männlicher Interessen vermutlich ausgeprägter, da sie religiös begründet und kulturell akzeptiert sind und Frauen sich daher nicht ausreichend dagegen wehren können. Man könnte daher annehmen, dass sich Frauen in Kulturen mit mehr Gleichheit zwischen den Geschlechtern verstärkt von Religion abwenden; paradoxerweise ist aber genau das Gegenteil der Fall: Der Geschlechtsunterschied in Religiosität (gemessen als quantitative Antworten auf Fragen wie „Wie häufig gehen Sie zum Gottesdienst?", „Wie häufig beten Sie?", „Wie wichtig ist Gott für Sie?") ist in Nationen mit mehr Gendergleichheit größer – allerdings weil sich Männer stärker von Religion abwenden [35]!

Über religiöse Vorschriften hinaus gibt es natürlich weitere unmittelbare Ursachen für die Ungleichbehandlung von Frauen und Männern. Ob diese in allen Bereichen moderner Industriegesellschaften letztendlich allein durch das Primat männlicher Reproduktionsinteressen erklärt werden können, sei dahingestellt. Das Geflecht an biologischen, psychologischen, kulturellen, sozialen und ökologischen Faktoren beinhaltet so viele Prozesse und Interaktionen, dass einfache Muster und Antworten unwahrscheinlich sind [14, 36]. So wäre es beispielsweise unter anderem zu erwarten, dass Veröffentlichung von *sexy selfies* auf X und Instagram in Nationen und Regionen mit mehr Gendergleichheit seltener sein sollten. Stattdessen wird deren Häufigkeit aber nicht durch dieses Maß sexueller Unterdrückung, sondern durch das Maß an wirtschaftlicher Ungleichheit erklärt; offenbar eine neue Art, wie Frauen untereinander um sozialen Aufstieg konkurrieren [37].

Hier gibt es noch jede Menge an Forschungsarbeit für Soziolog:innen und Psycholog:innen, wobei die Phänomene bereits klar benannt sind: Warum Frauen 2023 immer noch weniger Lohn und Gehalt für dieselbe Arbeit bekommen [38], warum sie weiterhin in Führungspositionen in Wirtschaft und Politik unterrepräsentiert sind und bei ihrem beruflichen Aufstieg an eine Glasdecke stoßen [39], warum wissenschaftliche Arbeiten von Frauen von eigentlich klugen Akademiker:innen überzufällig seltener zitiert werden [40], warum in Nationen mit höherer Gendergleichheit trotzdem Jungs und Männern mehr Talent zugeschrieben wird [41], warum Mädchen von Bildung ausgeschlossen werden, warum Frauen mit falsch sitzendem Kopftuch um ihr Leben fürchten müssen, warum diese und so viele andere wichtige Fragen trotz Kenntnis und Verständnis des Problems noch nicht beantwortet und im Alltag obsolet geworden sind, muss am Ende des Tages auch die Politik beantworten [42]. Eine feministische Außenpolitik mit Unterstützung der Entwicklungspolitik stellt sicher einen zielführenden Ansatz dar, die global größten Ungerechtigkeiten zu verringern; vor allem, wenn sie nachhaltig von allen G20-Nationen übernommen würde. Für alles, was mit Hellblau und Rosa zu tun hat, können wir selbst etwas tun. Dazu mehr im letzten Kapitel.

Literatur

1. Fernau L (2024) https://www.geo.de/wissen/19876-rtkl-geschlechterklischees-warum-die-farbe-rosa-einst-maennersache-war
2. Hill RA, Barton RA (2005) Red enhances human performance in contests. Nature 435(7040):293
3. Schacht R, Kramer KL (2019) Are we monogamous? A review of the evolution of pair-bonding in humans and its contemporary variation cross-culturally. Front Ecol Evol 7:230
4. Kelly RL (2013) The lifeways of hunter-gatherers: The foraging spectrum. Cambridge University Press, Cambridge
5. Gavrilets S (2012) Human origins and the transition from promiscuity to pair-bonding. Proc Natl Acad Sci USA 109(25):9923–9928
6. Boehm C (2012) Ancestral hierarchy and conflict. Science 336(6083):844–847
7. Kaplan H, Hooper PL, Gurven M (2009) The evolutionary and ecological roots of human social organization. Philos Trans R Soc Lond B 364(1533):3289–3299
8. von Rueden C, Gurven M, Kaplan H, Stieglitz J (2014) Leadership in an egalitarian society. Hum Nat 25(4):538–566

9. Dyble M, Salali GD, Chaudhary N, Page A, Smith D, Thompson J, Vinicius L, Mace R, Migliano AB (2015) Sex equality can explain the unique social structure of hunter-gatherer bands. Science 348(6236):796–798
10. Wilson M, Daly M (1985) Competitiveness, risk taking, and violence: The young male syndrome. Ethol Sociobiol 6(1):59–73
11. Benenson JF, Abadzi H (2020) Contest versus scramble competition: Sex differences in the quest for status. Curr Opin Psychol 33:62–66
12. Friebel G, Lalanne M, Richter B, Schwardmann P, Seabright P (2017) Women form social networks more selectively and less opportunistically than men. SAFE Work Pap Ser 168
13. David-Barrett T, Rotkirch A, Carney J, Behncke Izquierdo I, Krems JA, Townley D, McDaniell E, Byrne-Smith A, Dunbar RIM (2015) Women favour dyadic relationships, but men prefer clubs: Cross-cultural evidence from social networking. PLoS ONE 10(3):e0118329
14. Smith JE, von Rueden CR, van Vugt M, Fichtel C, Kappeler PM (2021) An evolutionary explanation for the female leadership paradox. Front Ecol Evol 9:676805
15. Alger I, Hooper PL, Cox D, Stieglitz J, Kaplan HS (2020) Paternal provisioning results from ecological change. Proc Natl Acad Sci USA 117(20):10746–10754
16. Gurven M, Hill K (2009) Why do men hunt? A reevaluation of "Man the Hunter" and the sexual division of labor. Curr Anthropol 50(1):51–74
17. Gilby IC, Machanda ZP, O'Malley RC, Murray CM, Lonsdorf EV, Walker K, Mjungu DC, Otali E, Muller MN, Emery Thompson M, Pusey AE, Wrangham RW (2017) Predation by female chimpanzees: Toward an understanding of sex differences in meat acquisition in the last common ancestor of *Pan* and *Homo*. J Hum Evol 110:82–94
18. Anderson A, Chilczuk S, Nelson K, Ruther R, Wall-Scheffler C (2023) The myth of Man the Hunter: Women's contribution to the hunt across ethnographic contexts. PLoS ONE 18(6):e0287101
19. Micheletti AJC, Ruxton GD, Gardner A (2018) Why war is a man's game. Proc R Soc B 285(1884):20180975
20. Starkweather KE, Shenk MK, McElreath R (2020) Biological constraints and socioecological influences on women's pursuit of risk and the sexual division of labour. Evol Hum Sci 2:e59
21. Alesina A, Giuliano P, Nunn N (2011) On the origins of gender roles: Women and the plough. Institute Study Labor (IZA) Discussion Papers 5735. http://hdl.handle.net/10419/51568
22. Hames R (1996) Costs and benefits of monogamy and polygyny for Yanomamö women. Ethol Sociobiol 17(3):181–199
23. Smuts B (1995) The evolutionary origins of patriarchy. Hum Nat 6(1):1–32
24. Mattison SM, Quinlan RJ, Hare D (2019) The expendable male hypothesis. Philos Trans R Soc Lond B 374(1780):20180080
25. Wood WE, Eagly AH (2002) A cross-cultural analysis of the behavior of women and men: Implications for the origins of sex differences. Psychol Bull 128(5):699–727
26. Mattison SM, Smith EA, Shenk MK, Cochrane EE (2016) The evolution of inequality. Evol Anthropol 25(4):184–199
27. http://www.worldvaluessurvey.org/ Daten: Haerpfer C, Inglehart R, Moreno A, Welzel C, Kizilova K, Diez-Medrano J, Lagos M, Norris P, Ponarin E, Puranen B (2022): World Values Survey Wave 7 (2017–2022) Cross-National Data-Set. Version: 4.0.0. World Values Survey Association. https://doi.org/10.14281/18241.18
28. https://datacatalog.worldbank.org/search/dataset/0037712/World-Development-Indicators
29. Weeden J, Kurzban R (2013) What predicts religiosity? A multinational analysis of reproductive and cooperative morals. Evol Hum Behav 34(6):440–445
30. Schmitt DP, Fuller RC (2015) On the varieties of sexual experience: Cross-cultural links between religiosity and human mating strategies. Psychol Relig Spiritual 7(4):314–326
31. Stark R (2002) Physiology and faith: Addressing the 'universal' gender difference in religious commitment. J Sci Study Relig 41(3):495–507

32. Blake K, Fourati M, Brooks RC (2018) Who suppresses female sexuality? An examination of support for Islamic veiling in a secular Muslim democracy as a function of sex and offspring sex. Evol Hum Behav 39(6):632–638
33. Pazhoohi F, Kingstone A (2020) Sex difference on the importance of veiling: A cross-cultural investigation. Cross Cult Res 54(5):486–501
34. Freymeyer R (1997) Rape myths and religiosity. Sociol Spectr 17(4):473–489
35. Moon JW, Tratner AE, McDonald MM (2022) Men are less religious in more gender-equal countries. Proc R Soc B 289(1968):20212474
36. Neyer FJ, Asendorpf SB (2018) Psychologie der Persönlichkeit. Springer, Berlin
37. Blake KR, Bastian B, Denson TF, Grosjean P, Brooks RC (2018) Income inequality not gender inequality positively covaries with female sexualization on social media. Proc Natl Acad Sci USA 115(35):8722–8727
38. Penner AM, Petersen T, Hermansen AS, Rainey A, Boza I, Elvira MM, Godechot O, Hällsten M, Henriksen LF, Hou F, Mrčela AK, King J, Kodama N, Kristal T, Křížková A, Lippényi Z, Melzer SM, Mun E, Apascaritei P, Avent-Holt D, Bandelj N, Hajdu G, Jung J, Poje A, Sabanci H, Safi M, Soener M, Tomaskovic-Devey D, Tufail Z (2023) Within-job gender pay inequality in 15 countries. Nat Hum Behav 7(2):184–189
39. Bertrand M (2018) The glass ceiling. Economica 85(338):205–231
40. Dworkin JD, Linn KA, Teich EG, Zurn P, Shinohara RT, Bassett DS (2020) The extent and drivers of gender imbalance in neuroscience reference lists. Nat Neurosci 23(8):918–926
41. Napp C, Breda T (2022) The stereotype that girls lack talent: A worldwide investigation. Sci Adv 8(10):eabm3689
42. https://www.gleichstellungsstrategie.de

Teil III
Erklärungsansätze und Ausblick

Wie lässt sich die weit verbreitete Diskriminierung von Frauen also erklären? Machen wir nach all diesen Details erst noch einmal einen Schritt zurück. Genauer gesagt nach Namibia, wo Bärenpaviane von einigen meiner Kolleg:innen mit einem Experiment konfrontiert wurden [1]. Für die Paviane wurden dabei an manchen Tagen Maiskörner an einer Stelle in ihrem Territorium ausgebracht, um zu untersuchen, ob sie diese Futterstellen über natürliche Nahrungsquellen bevorzugen, wie sie sich von ihren Schlaffelsen dorthin bewegen, und um zu zählen, wie viele der Maiskörper einzelne Paviane zu fressen bekamen. Es ergab sich rasch ein eindeutiges Bild: Das ranghöchste Männchen führte seine Gruppe an den allermeisten Tagen zum dargebotenen Mais, wo es mit Abstand die höchsten Fressraten aller Gruppenmitglieder hatte. Obwohl die Weibchen dort durchschnittlich weniger zu fressen abbekamen als an natürlichen Futterquellen, folgten sie dem Alpha-Männchen bereitwillig und wichen ihm beim Fressen beständig aus, wenn es zu Konflikten über Maiskörner kam. Bei denselben Pavianen kommt es auch im Kontext der Fortpflanzung zu Aggressionen der Männchen gegenüber den Weibchen [2]. Diese Aggression richtet sich gezielt gegen empfängnisbereite Weibchen, ist die Hauptursache für Verletzungen der Weibchen in dieser Zeit, aber sie erhöht trotzdem die Wahrscheinlichkeit, dass die Weibchen sich in Zukunft häufiger mit dem aggressiven Männchen verpaaren. Solche Formen männlicher Dominanz und sexueller Nötigung [3] hin bis zur Tötung abhängiger Jungtiere, die durch Rivalen gezeugt wurden [4], sind auch bei etlichen anderen Primaten mit polygynem Paarungssystem verbreitet. Bedeutet dies also, dass männliche Vorherrschaft tief im Primatenstammbaum verwurzelt ist und es daher völlig natürlich ist, dass Frauen in unseren Gesellschaften (auch) unterdrückt und benachteiligt werden?

Dieser rhetorischen Frage liegt natürlich ein sogenannter naturalistischer Fehlschluss zugrunde, der postulieren würde, dass die beobachteten scheinbaren Gesetzmäßigkeiten bei Pavianen und anderen Altweltprimaten auch für Menschen verallgemeinert werden können, und dass die dort vorherrschende männliche Dominanz bei unseren nächsten lebenden Verwandten allgegenwärtig und daher „natürlich" und damit „gut" ist. Demnach wird es wohl also schon gute Gründe geben, warum die Evolution den Männern das Sagen übertragen hat, würden daher vielleicht manche sagen. Bei der unüberschaubaren Diversität der Sozialsysteme im Tierreich könnte man mit so einem Ansatz aber zahlreiche Beispiele finden, aus denen sich für jegliche Ausprägung der zwischengeschlechtlichen Beziehungen (oder beliebig viele andere Merkmale) eine biologische Erklärung und Rechtfertigung ableiten ließe [5]. Aber das ist natürlich kompletter Blödsinn; nicht nur aus den philosophischen Gründen, aus denen man diese scheinbare Logik widerlegen kann [6].

Zwischengeschlechtliche Beziehungen bei Tieren können nämlich auch völlig anders gestaltet sein. Die von mir seit nunmehr fast 40 Jahren untersuchten Lemuren Madagaskars stellen in dieser Hinsicht unter den Primaten den evolutionären Gegenentwurf zu den Bärenpavianen dar: Bei den meisten Lemuren haben nämlich die Weibchen in den allermeisten Auseinandersetzungen mit Männchen ganz klar das Sagen [7]. Verweilen Sie bei Ihrem nächsten Zoobesuch ruhig mal ein paar Minuten vor einem Gehege der ringelgeschwänzten Kattas; bei ihnen gewinnen Weibchen 100% ihrer Auseinandersetzungen mit Männchen, was Sie bei jeder Fütterung anschaulich selbst sehen können. Bei Kattas und den anderen gruppenlebenden Lemuren unterscheiden sich die Geschlechter außerdem nicht in der Körpergröße und die Fortpflanzungsbereitschaft der Weibchen ist auf wenige, oft überlappende Stunden im Jahr beschränkt, was es Männchen erschwert, mehrere von ihnen zu monopolisieren. Polygyne Paarungssysteme, bei denen ein Männchen sich exklusiv mit mehreren Weibchen verpaart, sind daher bei Lemuren selten.

Das ist wichtig, weil das Paarungssystem bei der Evolution der Diversität der zwischengeschlechtlichen Dominanzbeziehungen auch bei anderen Säugetieren vermutlich die wichtigste Rolle gespielt hat. Wer bei Auseinandersetzungen zwischen den Geschlechtern die Oberhand behält, wird erheblich vom Sexualdimorphismus in der Körpergröße bestimmt. Die körperliche Überlegenheit der größeren und stärkeren Männchen lässt kaum Zweifel aufkommen, wer in einem Kampf die Oberhand behält. Außerdem haben diese Männchen auch noch ziemlich eindrucksvolle Eckzähne, die ebenfalls deutlich größer sind als die der Weibchen. Die Ausprägung dieser körperlichen Unterschiede sind mit der Art des Paarungssystems korreliert, wobei der Geschlechtsunterschied in der sich daraus ergebenden Überlegenheit bei polygynen Arten am größten ist.

Weibliche Strategien, sich gegenüber Männchen zu behaupten und durchzusetzen, sind dagegen vielfältiger und gründen bei Säugetieren praktisch nie auf körperlicher Überlegenheit [8]. So können sich Weibchen bei manchen Arten zusammenschließen, um gemeinsam gegen Männchen vorzugehen. Sie können auch ihre Fortpflanzungsbereitschaft synchronisieren, was es einzelnen Männchen erschwert, sie zu monopolisieren. Weibchen können außerdem ihre Empfänglichkeit auffällig anzeigen – so wie beispielsweise Schimpansen und Bonobos durch Anogenitalschwellungen – wodurch sie die Risiken und potenzielle Kosten der männlichen Konkurrenz erhöhen. Durch solche und andere Anpassungen des

Fortpflanzungsverhaltens können Weibchen Änderungen des Paarungssystems – weg von Polygynie hin zu Promiskuität – bewirken, wodurch über evolutionäre Zeiträume der Sexualdimorphismus und die damit verbundene Fähigkeit, Weibchen zu dominieren, reduziert wird. Bei promisken Arten, bei denen Männchen nur 10 oder 20% größer sind als die Weibchen, ist der Anteil der Kämpfe, die von den Weibchen gewonnen werden, tatsächlich bereits zweistellig.

Es herrscht also zwar ein weit verbreiteter Konflikt zwischen den Geschlechtern in Bezug auf deren jeweilige Fortpflanzungsstrategien, der sich bei den verschiedenen Arten in unterschiedlichen Anpassungen manifestiert. Die Dominanzbeziehungen zwischen den Geschlechtern werden bei Arten mit ausgeprägtem Sexualdimorphismus vornehmlich durch die körperliche Überlegenheit erklärt, aber es gibt im gesamten Tierreich keinerlei Hinweise auf systematische und willkürliche Diskriminierung von Weibchen in allen Aspekten ihres Sozialverhaltens. Selbst weibliche Mandrills, die ihre Interessen gegen fünfmal größere Männchen durchsetzen müssen, können sich in bestimmten Situationen gegen diese behaupten [9].

Bei unserer eigenen Spezies lässt sich weder aus dem vergleichsweise bescheidenen Maß an Sexualdimorphismus noch vom Paarungssystem vorhersagen, dass Frauen so häufig unterdrückt werden, wie dies heute der Fall ist. Zudem gibt es bei den Gesellschaften der menschlichen Jäger und Sammler keinerlei Hinweise auf ausgeprägte oder systematische Diskriminierung von Frauen. Die Ungleichheit zwischen den Geschlechtern in unseren Gesellschaften ist also eine rein kulturelle Erfindung, die erst mit der radikalen Änderung der Lebensbedingungen vor wenigen Jahrtausenden ihren Ursprung nahm. Es gibt daher zwar zahlreiche Geschlechtsunterschiede in der menschlichen Biologie, aber alle Regeln und Mechanismen der Diskriminierung aufgrund des Geschlechts sind kultureller Natur! Wie aber wird dieses patriarchalische System über so viele Kulturen und Generationen hinweg aufrechterhalten? Dazu mehr im letzten Kapitel.

Literatur

[1] King AJ, Douglas CM, Huchard E, Isaac NJ, Cowlishaw G (2008) Dominance and affiliation mediate despotism in a social primate. Curr Biol 18(23):1833–1838
[2] Baniel A, Cowlishaw G, Huchard E (2017) Male violence and sexual intimidation in a wild primate society. Curr Biol 27(14):2163–2168.e3
[3] Muller MN, Wrangham RW (2009) Sexual coercion in primates and humans. Harvard University Press, Cambridge, MA
[4] Lukas D, Huchard E (2014) The evolution of infanticide by males in mammalian societies. Science 346(6211):841–844
[5] Cook L (2023) Bitch – Ein revolutionärer Blick auf Sex, Evolution und die Macht des Weiblichen im Tierreich. Malik, München
[6] Wilson DS, Dietrich E, Clark AB (2003) On the inappropriate use of the naturalistic fallacy in evolutionary psychology. Biol Philos 18(5):669–681
[7] Kappeler PM, Fichtel C, Radespiel U (2022) The island of female power? Intersexual dominance relationships in the lemurs of Madagascar. Front Ecol Evol 10:858859
[8] Davidian E, Surbeck M, Lukas D, Kappeler PM, Huchard E (2022) The eco-evolutionary landscape of power relationships between males and females. Trends Ecol Evol 37(8):706–718
[9] Smit N, Ngoubangoye B, Charpentier MJE, Huchard E (2022) Dynamics of intersexual dominance in a highly dimorphic primate. Front Ecol Evol 10:931226

Biology meets Culture: Soziales Lernen und soziale Normen

10

10.1 Soziales Lernen: Erkenntnisse von buntem Popcorn

Letztendlich ist ein im gesamten Tierreich weit verbreiteter Verhaltensmechanismus auch dafür verantwortlich, dass soziale und kulturelle Diskriminierung von Frauen in menschlichen Gesellschaften beibehalten wird: das soziale Lernen. Im Unterschied zu individuellem Lernen werden beim sozialen Lernen Verhaltensanweisungen von Artgenossen übernommen. Das spart nicht nur die Kosten von Versuch und Irrtum beim individuellen Lernen, sondern erlaubt es auch, Informationen an die nächste Generation weiterzugeben, ohne dass diese Information genetisch kodiert werden muss [1]. Zudem können neue Verhaltensweisen damit auch an zahlreiche Artgenossen in einer Gruppe oder Population weitergegeben werden und sich damit viel rascher ausbreiten als genetische Neuerungen. Damit ist soziales Lernen auch die wichtigste Triebfeder kultureller Evolution, weil damit neue lokale Verhaltensweisen (Traditionen) rasch etabliert werden können.

Bei Tieren (von Fruchtfliegen und Hummeln hin bis zu Walen und Schimpansen) wurde mittlerweile soziales Lernen unter anderem bei der Nahrungswahl, der Wahl von Nistplätzen, Wanderrouten und Paarungspartner sowie bei der Verwendung von Werkzeugen, der Ausprägung des Gesangrepertoires, des Balzverhaltens, der Erkennung von Raubtieren, des Lausens, der sozialen Bräuche und sogar der Spielmuster festgestellt [1]. Die dem sozialen Lernen zugrunde liegenden Verhaltensmechanismen variieren von Verstärkung der Aufmerksamkeit eines Artgenossen auf einen Ort oder ein Objekt bis hin zum Kopieren der exakten Handlung oder deren Ergebnis. Das uns vertraute aktive Lehren ist dagegen nur in wenigen Fällen im Tierreich von Bedeutung. Wichtiger für das Verständnis des Lernprozesses als der spezifische Mechanismus ist die Beziehung zwischen den Beteiligten. Hierbei kann man das Lernen von Nachkommen von ihren Eltern, Lernen innerhalb der sozialen Netzwerke der Heranwachsenden sowie Interaktionen zwischen fremden Erwachsenen unterscheiden [2].

© Der/die Autor(en), exklusiv lizenziert an Springer-Verlag GmbH, DE, ein Teil von Springer Nature 2025
P. Kappeler, *Geschlecht im Wandel: Eine interdisziplinäre Reise durch Biologie, Kultur und Diskriminierung*, https://doi.org/10.1007/978-3-662-71149-1_10

Das Beispiel eines Experiments mit grünen Meerkatzen – gruppenlebende Verwandte der Paviane aus Südafrika – illustriert zwei dieser Ebenen sehr gut. In einer Population von mehreren benachbarten Studiengruppen wurde diesen Affen blau oder rosa gefärbtes Popcorn als zusätzlicher Snack angeboten, wobei in jeder Gruppe zufällig blaues oder rosa Popcorn durch einen ungefährlichen Bitterstoff ungenießbar gemacht wurde [3]. Die Meerkatzen lernten sehr schnell – zumeist durch individuellen Versuch und Irrtum – welches Popcorn sie fressen konnten und rührten das Popcorn mit der jeweils anderen Farbe nicht mehr an – auch nachdem in der nächsten Phase des Experiments keine der beiden Popcorn-Sorten mehr ungenießbar gemacht, sondern nur noch gefärbt wurde. Zu Beginn dieser zweiten Phase waren die Jungtiere der Weibchen noch komplett von deren Muttermilch abhängig. Als die Jungen dann aber anfingen, feste Nahrung – und darunter auch Popcorn – zu sich zu nehmen, wählten alle 27 junge Meerkatzen dieses Jahrgangs das Popcorn mit der Farbe, das auch von ihrer Mutter gewählt wurde; und das, obwohl zu diesem Zeitpunkt beide Sorten gleichermaßen verfügbar und genießbar waren! Sie haben also – ohne jemals selber zu probieren – ihr Fressverhalten von ihren Müttern sozial gelernt.

Dieses Popcorn-Experiment lief glücklicherweise so lange, dass insgesamt 10 Männchen im Lauf der Studie in eine bekannte Nachbargruppe wechselten. Eine solche Abwanderung geschlechtsreifer Männchen aus der Geburtsgruppe ist bei Säugetieren weit verbreitet, weil so ganz effektiv Inzucht mit den zurückbleibenden weiblichen Verwandten vermieden wird. Von den 10 Männchen, bei denen die Farbpräferenz in ihrer Geburtsgruppe bekannt war und die in eine Gruppe mit einer anderen Präferenz einwanderten, wählten 7 spontan (aber nachdem sie ihre neuen Gruppenmitglieder beim Popcorn-Fressen beobachtet hatten) das Popcorn mit der Farbe, die sie ursprünglich vermieden hatten! Also obwohl sie eigentlich verlässliche persönliche Information hatten (z. B. „Blau ist essbar; rosa nicht."), passten sie ihr Verhalten unmittelbar an das ihrer neuen Gruppe an (also: „Hier fressen alle rosa; also mache ich das auch."). Hier erfolgte das soziale Lernen also von fremden Erwachsenen.

Ein anderer experimenteller Ansatz zu diesen Forschungsthemen besteht darin, Tiere mit einem neuen Problem zu konfrontieren – im einfachsten Fall einer Futterbox, deren Tür sich durch Schieben entweder nach rechts oder links öffnen lässt – und einem Individuum – dem Demonstrator – nur eine der Lösungen beizubringen, ohne dass die anderen Gruppenmitglieder dies mitbekommen. Wenn danach die Futterbox mit beiden Lösungsmöglichkeiten für alle Gruppenmitglieder zur Verfügung gestellt wird, kann man relativ schnell feststellen, welche Tiere in welcher Reihenfolge sich welche Lösung aneignen (hier: Tür nach rechts oder links schieben) und aus diesen „Übertragungsketten" ermitteln, wer von wem in welcher Reihenfolge gelernt hat. Aus solchen Experimenten wissen wir, dass soziales Lernen in den meisten Fällen nicht zufällig erfolgt, sondern bestimmten Gesetzmäßigkeiten unterliegt.

So ist es nicht verwunderlich, dass neue Verhaltensweisen sich häufig entlang von sozialen Netzwerken ausbreiten; also zunächst von Individuen gelernt werden, mit denen der Demonstrator, dem die Lösung exklusiv von den Forschenden beigebracht wurde, viel Zeit verbringt oder interagiert. Bei schwierigeren experimentellen Apparaten und Aufgaben, wo verschiedene Handgriffe in einer bestimmten Reihenfolge getätigt werden müssen oder verschiedene Lösungen mit unterschiedlich attraktiven Belohnungen verknüpft sind, kopieren Tiere auch das Verhalten anderer eher, wenn sie selbst unsicher sind, was die korrekte Lösung ist, oder wenn andere Lösungen eine höhere Belohnung nach sich ziehen. Für unser Problem relevanter ist die Beobachtung, dass Eigenschaften eines Demonstrators (z. B. dessen sozialer Rang oder Alter) einen Einfluss darauf haben können, wie viele Gruppenmitglieder von ihnen lernen. Schließlich gibt es auch Situationen, in denen äquivalente Lösungen existieren (z. B. Tür oder Hebel nach links oder rechts schieben), aber trotzdem diejenige Lösung häufiger gelernt wird, die von der Mehrzahl der Gruppenmitglieder schon praktiziert wird (s. Popcorn-Farbe in der neuen Gruppe). Diese Regel wird uns gleich noch einmal begegnen, wenn es um die Evolution sozialer Normen geht.

Durch die Kombination dieser Mechanismen und Regeln des sozialen Lernens kommt es – in Kombination mit der Erfindung neuer Lösungen oder Verhaltensweisen, die von anderen für gut oder attraktiv bewertet werden – zur Entstehung kumulativer Kultur. Trotz ursprünglicher Widerstände aus den Sozialwissenschaften hat sich dieser Begriff in der Verhaltens- und Evolutionsbiologie inzwischen fest etabliert [4]. So können bewährte Elemente beibehalten und durch verbesserte Elemente ergänzt werden. Dieses Prinzip ist im Bereich der technologischen Evolution sehr offensichtlich. Nach der Erfindung des Rades hat irgendwann ein schlauer Mensch, genauer gesagt der badische Förster und Tüftler Karl Drais, zwei dieser Teile mit einer Sitzmöglichkeit kombiniert, bevor danach jemand einen Kettenantrieb und dann eine Gangschaltung und schließlich einen Elektromotor darin integriert hat. Das E-Bike wurde also nicht komplett auf einen Schlag neu erfunden, sondern seine stufenweise Weiterentwicklung lässt sich bis zur Entwicklung des ersten Vorläufers durch Drais im Jahr 1817 zurückverfolgen. Soziales Lernen bildet aber nicht nur die Grundlage der Entwicklung aller technologischen Errungenschaften, sondern, wie wir als nächstes sehen werden, auch von Normen, die unser Zusammenleben nachhaltig prägen.

10.2 Soziale Normen: Die ungeschriebenen Gesetze

In menschlichen Gesellschaften stellen soziale Normen eine Art von Grammatik für das Zusammenleben dar, indem sie universelle oder gruppenspezifische Regeln für soziale Interaktionen festlegen. Normen können explizit sein, wie die 1773 deutschen Gesetze und 2655 Rechtsverordnungen, religiöse Gebote („Du sollst nicht xy") oder eine Hausordnung. Es gibt aber auch zahlreiche implizite Normen, die Handlungsanweisungen in Form von unausgesprochenen Erwartungen an das eigene Verhalten und das unserer Mitmenschen enthalten. Soziale Normen definieren damit die weithin akzeptierten allgemeinen Spielräume, innerhalb derer sich soziale Interaktionen abspielen. Indem sie den Beteiligten bekannt sind, machen sie Interaktionen vorhersagbar und tragen somit zur Reduktion sozialer

Komplexität bei; sie machen das Zusammenleben also geschmeidiger und helfen, potenzielle Konflikte im Vorfeld zu vermeiden. Warum dies bedeutsam ist, verrät der Blick auf die Evolution menschlicher Sozialsysteme im nächsten Abschnitt. Mit diesem Hintergrundwissen über den Ursprung sozialer Normen können wir uns anschließend mit deren Flexibilität und Kontrolle befassen, um so letztendlich zu verstehen, wie explizite und implizite Normen unsere Erwartungen an geschlechts- und genderspezifisches Verhalten prägen.

10.2.1 300.000 Jahre soziale Evolution

Moderne menschliche Gesellschaften sind sozial hochkomplex, wobei jedes Individuum in eine konzentrische Hierarchie sozialer Einheiten eingebettet ist, die von der Paarbeziehung, Kernfamilie oder Wohngemeinschaft über Nachbarschaften oder Gemeinschaften bis hin zu Nationalstaaten reicht. Darüber hinaus sind die meisten Individuen auch Mitglieder mehrerer funktionaler Gruppen, wie z. B. eines Unternehmens oder einer Schule, der Feuerwehr, eines Chors oder einer Fußballmannschaft, die jeweils ihre eigenen Strukturen und Regeln haben. Traditionelle Jäger- und Sammlergesellschaften leben dagegen in weniger komplexen Kerneinheiten, die heute noch aus durchschnittlich 28 Erwachsenen bestehen, die einer oder wenigen Großfamilien angehören [5]. In diesen kleinen Gruppen, die mutmaßlich über Hunderttausende von Jahren menschliche Sozialsysteme charakterisiert haben, kannte noch jeder jeden, kollektive Entscheidungen konnten in persönlichen Treffen mit allen Beteiligten getroffen werden und es gab keine (Notwendigkeit für) politische Führung [6]. Sobald die Gruppengröße mehrere hundert Personen überstieg, diversifizierte sich die soziale Organisation entlang von Verwandtschaftslinien und mehrere Clans bildeten einen sogenannten Stamm. Jeder kannte vielleicht noch jedes andere Mitglied des eigenen Stammes persönlich; zumindest über deren Ruf oder vom Hörensagen. Die meisten Stämme funktionieren heute noch ohne starke politische Führung und treffen kollektive Entscheidungen in integrativen Versammlungen.

Auf der nächsten Ebene der organisatorischen Komplexität gliedern sich mehrere Stämme in Stammesfürstentümer, die aus Tausenden von Mitgliedern bestehen. Diese Form der sozialen Organisation entstand vor 10.000–15.000 Jahren als Reaktion auf den Übergang vom Jagen und Sammeln zur landwirtschaftlichen Nahrungsmittelproduktion und stellte neue soziale Herausforderungen dar, da eine kollektive Entscheidungsfindung bei so vielen Stammesmitgliedern nicht mehr möglich war. Stammesfürsten wurden daher anerkannte Anführer mit hohem sozialem Status, Proto-Bürokraten übernahmen kollektive Verwaltungsaufgaben, und es entstanden gemeinsame Ideologien und soziale Identitäten, welche die Unterscheidung zwischen Mitgliedern desselben und anderer Stammesfürstentümer erleichterten. Als bislang letzte Stufe entstanden Staaten, innerhalb derer sich die meisten Menschen nicht mehr persönlich kennen, sobald die Bevölkerungszahl Tausende übersteigt (im heutigen Indien und China > 1 Mrd.). Um solche Staaten funktionsfähig zu halten, sind immer mehr soziale Regelungen und Durchsetzungsinstitutionen erforderlich, und die Entscheidungsfindung wird einem Mitglied oder einer kleinen Gruppe von Führungspersönlichkeiten übertragen, die sich bei der Umsetzung ihrer Entscheidungen auf Exekutivbefugnisse und eine Vielzahl spezialisierter Bürokraten stützen, die sie verwalten. Bestimmte explizite Regeln für die Organisation des menschlichen Sozialverhaltens können also mit bestimmten Arten von Sozialsystemen in Verbindung gebracht werden.

10.2.2 Regeln, Konventionen, Normen: Schmiermittel der Gesellschaft

Angesichts dieser Perspektive auf die soziale Menschheitsgeschichte seit dem Holozän ist es wahrscheinlich, dass rechtliche Regeln, die Richtlinien für viele praktische Kontexte und Abläufe des Alltagslebens bis ins Detail festlegen, erst seit der Entstehung der ersten Staaten um 3500 v. Chr. existieren. Einige rechtliche Regeln konvergieren mit moralischen Vorschriften, wie etwa denjenigen, die festlegen, dass Töten oder Stehlen inakzeptable Verhaltensweisen sind, die andere und ältere Ursprünge haben [7]. Konventionen stellen eine weniger formale und weniger explizite Gruppe kollektiver Regeln dar, die das soziale Verhalten regeln. Sie zeichnen sich durch willkürliche und variable Inhalte aus, die sowohl geografisch als auch zeitlich zwischen und innerhalb verschiedener Gesellschaften variieren. Es wird daher angenommen, dass sie kulturelle Konstrukte mit begrenztem biologischem Input sind. Mehrere Studien weisen jedoch auf die Existenz ähnlicher Muster auf Gruppenebene bei verschiedenen Tierarten hin, was auf die Existenz von Vorläufern sozialer Konventionen bei anderen Primaten und anderen Tieren schließen lässt [8].

Bei der Untersuchung von Tierkonventionen besagt eine einflussreiche Definition, dass *„ein Individuum ein bestimmtes Verhalten zeigt, weil es das Häufigste ist, welches ein Individuum bei anderen beobachtet hat"* [9]. Andere Definitionen konzentrieren sich mehr auf motivationale Aspekte: *„Eine starke Tendenz, persönliche Erfahrungen zugunsten der Übernahme wahrgenommener Gemeinschaftsnormen zu vernachlässigen, basierend auf einer intrinsischen Motivation, andere zu kopieren, die eher von sozialen Bindungen als von materiellen Belohnungen geleitet wird"* [10]. Da Konventionen daher manchmal als eine Art Brauch angesehen werden, der durch Gruppendruck angetrieben und nur von der Anzahl der Individuen beeinflusst wird, die ein bestimmtes Verhalten ausführen, und nicht von ihrer Identität, Autorität oder Reputation, wurden Konventionen auch als Einflüsse der Mehrheit bezeichnet [11].

Das Produkt dieser Prozesse ist nicht von Traditionen unterscheidbar. Traditionen, so wie der Begriff beim Studium des Tierverhaltens verwendet wird, sind lang andauernde Verhaltenspraktiken, die von den Mitgliedern einer Gruppe geteilt werden und wahrscheinlich durch soziale Mechanismen entstanden sind [12]. Traditionen können für eine bestimmte Gruppe oder für mehrere Gruppen in einer Population spezifisch sein, sich über Jahre oder Jahrzehnte, manchmal sogar über

Jahrtausende halten [13], und sie können durch Konformität, aber auch durch jeden anderen Prozess entstehen, der zu lokaler Homogenität im Verhalten führt.

Soziale Normen werden von Konventionen unterschieden, aber die Unterschiede sind subtil. Soziale Normen fördern ebenfalls die Verhaltenshomogenität auf Gruppenebene, aber sie beruhen auf einer verinnerlichten normativen Komponente, die ein Gefühl der Notwendigkeit mit sich bringt, und nicht auf dem Kopieren der Handlungen von Artgenossen. Man tut etwas also, „weil man das so macht, bzw. schon immer so gemacht hat". Diese normative Komponente erzeugt auch soziale Erwartungen bei anderen Gruppenmitgliedern [14]. Bei Konventionen gibt es eine starke Überschneidung zwischen dem Eigeninteresse des Einzelnen und den Interessen der Gemeinschaft, welche die Konvention unterstützt, wohingegen die Einhaltung sozialer Normen fast nie im unmittelbaren Interesse des Einzelnen liegt, weil diese sich an externe Vorgaben anpassen muss [15]. Soziale Normen und Konventionen beruhen aber beide auf informellen Übereinkünften, was sie von rechtlichen Regeln und Anordnungen unterscheidet, die auf Asymmetrien in der sozialen Macht und (der Androhung von) Strafe beruhen.

Soziale Normen können sich auch von moralischen Normen unterschieden. Im Gegensatz zu moralischen Normen sind soziale Normen nämlich an Bedingungen geknüpft, d. h. Abweichungen werden nicht bedingungslos sanktioniert, und sie haben eine dynamische Komponente, da sie von lokalen Vereinbarungen abhängen und dementsprechend in ihrem Gebrauch zu- oder abnehmen können. Um die Sache noch komplizierter zu machen, gibt es soziale Regelungen für ein bestimmtes Verhalten, die mehrere oder alle dieser Mechanismen gleichzeitig betreffen. So wird beispielsweise Inzest aufgrund seiner nachteiligen Auswirkungen durch die natürliche Selektion bestraft und unterliegt zudem moralischen und sozialen Normen, aber auch Konventionen und Traditionen (in diesem Fall als Tabu bezeichnet), die in vielen Gesellschaften zusätzlich durch rechtliche Vorschriften formalisiert werden [16].

Obwohl soziale Normen beim Menschen nicht erklärt werden können, wenn man sich nur auf ihre Funktion konzentriert, können die funktionalen Kontexte, in denen konformes Verhalten nicht-menschlicher Primaten von Vorteil sein könnte, einige der evolutionären Zwänge erhellen, welche die Entwicklung sozialer Normen bei unseren Vorfahren begünstigt haben. Es wurden zwei Arten von Kontexten vorgeschlagen, in denen das Kopieren oder Übernehmen des Verhaltens anderer von Vorteil ist. Erstens: Wenn wir tun, was andere tun, erhalten wir billigere und zuverlässigere Informationen, als wenn wir neue Dinge selbst entdecken oder erlernen. Das Kopieren des Verhaltens anderer spart also Zeit und verhindert, dass man potenziell riskante Fehler macht. Zweitens basiert die normative Konformität auf der Verarbeitung sozialer Informationen und dient dem Management sozialer Beziehungen [17]. Beim Menschen beruht sie auf Konformität, Identifikation und Verinnerlichung, die bei Tieren nur schwer, wenn überhaupt, zu untersuchen sind.

Es gibt drei funktionale Erklärungen für die Koevolution der normativen Konformität beim Menschen, die unterschiedliche Mechanismen und Prozesse betonen. Die erste Erklärung konzentriert sich auf die Rolle der Bestrafung in der kulturellen Evolution. Demnach ist Strafe ein wirksamer Mechanismus, um sowohl Normverletzer als auch diejenigen zu bestrafen, die es versäumen, Normverletzer zu bestrafen, wodurch ein kultureller Gruppenselektionsdruck entsteht, der dazu führt, dass Normen als Erweiterungen des Selbst behandelt werden, d. h. zur Entwicklung kollektiver Erwartungen beitragen [18]. Die individuelle Reputation stellt in diesem Zusammenhang einen wichtigen Mechanismus dar, der die Einhaltung von Normen befördert [19].

Eine zweite Erklärung konzentriert sich auf einen anderen unmittelbaren Aspekt im Zusammenhang mit der Vorhersehbarkeit sozialer Verbündeter. Wenn Gruppenmitglieder um potenzielle Verbündete konkurrieren, sind Konformisten im Vorteil, weil ihr Verhalten besser vorhersehbar ist. Wenn solche Koalitionen die Fitness verbessern, nehmen Konformität und Vorhersagbarkeit zu. Eine dritte Sichtweise betont den funktionalen Kontext von Gruppenkonflikten als Quelle eines selektiven Drucks, der Gruppenkonformität begünstigt [20]. Jeder wahrgenommene Mangel an Konformität mit den Gruppennormen wird deutlich sichtbar sein und bestraft werden, sodass Verhaltensanpassung eine egoistische Strategie ist, die dem Einzelnen hilft, Konflikte zu vermeiden. Gruppenspezifische Normen werden daher wahrgenommene Unterschiede zwischen Gruppenmitgliedern minimieren und gleichzeitig die Unterschiede zwischen Gruppen maximieren.

10.2.3 Die Evolution gegenderter Normen

Unser Zusammenleben und tägliches Miteinander sind also von sozialen Normen durchdrungen. Beim genaueren Nachdenken sind zahlreiche Aspekte und Inhalte unseres Verhaltens durch Regeln darüber geleitet, was in verschiedenen Kontexten für verschiedene Mitglieder einer sozialen Gruppe oder in einer bestimmten Kultur angemessen, erlaubt, erforderlich oder verboten ist [21]. Diese Normen betreffen nicht nur die Art und Weise, wie wir uns kleiden, was wir (nicht) essen, wie wir Fremden begegnen, unter welchen Bedingungen wir wie mit anderen kooperieren und vieles andere mehr, sondern auch unser Verhalten in Bezug auf das Geschlecht und die sexuelle Orientierung. Warum es diese Normen gibt, ist also die zentrale Frage, die es zu beantworten gilt, um letztendlich auch Veränderungen des Status quo zu bewirken.

Im Sinne der vier Tinberg'schen Antworten auf diese Frage ist bereits deutlich geworden, dass die Diskriminierung von Frauen oder Mitgliedern der LGBTQIA-Community nicht durch das Vorhandensein entsprechender Muster bei anderen Primaten – und damit als Erbe der ausgestorbenen Vorfahren unserer Art – erklärt werden können. Bei unseren nächsten lebenden Verwandten gibt es zwar auch Hinweise auf die Existenz von Verhaltensmechanismen und -mustern, die bei der Entstehung sozialer Normen beteiligt sind, aber diese betreffen weder das Geschlecht noch das Sexualverhalten. In den Gesellschaften unserer unmittelbaren Vorfahren, die als Jäger und Sammler gelebt haben, gibt es zwar Hinweise auf geschlechtsabhängige Asymmetrien in Entscheidungsstrukturen, aber diese durchdringen in der Regel nicht alle Bereiche des Alltags, und die Arbeitsteilung bei der Nahrungsbeschaffung wird auch viel flexibler und opportunistischer gehandhabt, als dies die Legende vom Jäger und der Sammlerin andeutet.

Auch die Frage nach der proximaten Kontrolle durch Verhaltensweisen haben wir schon beantwortet: die der Diskriminierung zugrunde liegenden Verhaltensmuster werden vornehmlich durch soziales Lernen verbreitet und weitergegeben und durch Bloßstellung, Bestrafung und Verleumdung von Abweichlern, das Auslösen von Scham und Schuldgefühlen bei diesen Personen, aber auch durch positive Belohnung derjenigen, die das erwartete Verhalten an den Tag legen, stabilisiert [22]. Die der Ausbreitung und Erhaltung von Normen zugrunde liegenden psychologischen Mechanismen basieren dabei vermutlich auf dem Zusammenspiel von impliziten genetischen und expliziten, kulturell erworbenen Prozessen [23].

Neben der Betrachtung möglicher evolutionärer Ursachen von Geschlechtsunterschieden in Persönlichkeits- und Verhaltensmerkmalen liefert die Analyse deren Entwicklung eine zusätzliche Perspektive über die sozialen und biologischen Faktoren, die an der Herausbildung dieser Unterschiede beteiligt sind. Ein vergleichender Blick auf die Babys anderer Primaten kann in diesem Zusammenhang helfen, mögliche biologische Grundprinzipien in der Abwesenheit von sozialen Einflüssen menschlicher Gesellschaften zu erkennen. Diesbezüglich gibt es nur wenige Hinweise darauf, dass Mütter oder andere Gruppenmitglieder männliche und weibliche Jungtiere unterschiedlich behandeln. Trotzdem verbringen junge Weibchen mehr Zeit damit, andere (vor allem verwandte Weibchen) zu lausen, und junge Männchen spielen mehr und wilder [24].

Der ontogenetische Erwerb von Normen, auch von solchen, die die Sexualität betreffen, findet bei Menschen schon so früh in der Kindesentwicklung statt, dass Geschlechterstereotypen bereits bei 8–11-jährigen (italienischen) Kindern ausgeprägt sind [25]. Bei der Übertragung zwischen Generationen vermitteln US-amerikanische Väter dabei heute überproportional häufig männliche Berufe an ihre Söhne weiter, während die Mütter geschlechtsneutral in ihren Übertragungsergebnissen sind [26]. Besonders aufschlussreich sind in diesem Zusammenhang Untersuchungen an Jäger-Sammler-Gesellschaften, von denen die meisten ja durch eine gewisse Arbeitsteilung zwischen den Geschlechtern charakterisiert sind. Bei ihnen beginnen Mädchen und Jungen erst mit Einsetzen der Pubertät, sich in Gruppen von Gleichgeschlechtlichen aufzutrennen. Hier erwerben sie vornehmlich durch Imitation der Erwachsenen geschlechtsspezifische Aufgaben. Nur in Gesellschaften, die sich permanent niederlassen und bei denen der Nahrungserwerb auch Ackerbau und Viehzucht beinhaltet, beobachtet man zunehmend aktives Lehren und Übertragen von Aufgaben durch Erwachsene [27].

Bleibt also die Frage nach den evolutionären Vorteilen geschlechtsbezogener Normen. Durch alle Formen der Unterdrückung und Diskriminierung von Frauen profitieren natürlich nur Männer. Sei es durch unmittelbare Kontrolle, die ihre Vaterschaftssicherheit verbessert [28], durch den Zugang zu zusätzlichen Fortpflanzungsgelegenheiten, oder „nur" durch eine bessere Bezahlung derselben Arbeit. Die heutzutage vielfältigen Formen der Diskriminierung von Frauen haben ihren Ursprung letztendlich wohl darin, dass paarlebende Männer versuchen, die Fortpflanzung von Frauen zu kontrollieren. Um zu verstehen, warum dies für

10.2 Soziale Normen: Die ungeschriebenen Gesetze

Männer nicht einfach ist, hilft ein Blick über den Tellerrand der menschlichen Biologie.

Im Vergleich zu anderen Primaten und Säugetieren haben Frauen eine „versteckte Ovulation", die es praktisch unmöglich macht, die fruchtbaren Tage während eines Zyklus zu erkennen. Besonders deutlich und offensichtlich wird diese menschliche Besonderheit, wenn man diesen Aspekt der Fortpflanzungsbiologie mit unseren nächsten lebenden Verwandten vergleicht. Erwachsene weibliche Bonobos und Schimpansen haben bekanntlich zyklische Schwellungen der Anogenitalregion, deren Größe durch die Schwankungen von Östrogen und Progesteron im Laufe eines Zyklus moduliert wird. Genauso wie bei etlichen Makaken, Pavianen und anderen Altweltaffen liefern die Größe und das Aussehen der Schwellung – trotz einiger Variation innerhalb und zwischen Arten [29] – den Männchen einen recht verlässlichen Hinweis darauf, wie wahrscheinlich ein Eisprung ist und ob es sich daher lohnt, sich mit Rivalen um Paarungsgelegenheiten mit dem betreffenden Weibchen zu streiten. Auch bei nahverwandten Arten wie Gorillas, denen die Evolution diese Leuchtreklame für eine Ovulation ebenfalls erspart hat, sind die äußeren weiblichen Genitalien um den Eisprung herum zumindest deutlich gerötet und angeschwollen. Bei anderen Primaten, wie zum Beispiel Lemuren, ändert sich an den für die Fortpflanzung entscheidenden Tagen vornehmlich der Geruch von Duftmarken und die Häufigkeit, mit der sie abgesetzt werden. Bei unserer Spezies fehlen solche Hinweise auf einen Eisprung dagegen komplett.

Für Evolutionsbiolog:innen stellen sich – beginnend mit Charles Darwin [30] – zahllose Fragen darüber, warum und wie oft diese Schwellungen im Laufe der Primatenevolution entstanden bzw. wieder verschwunden sind [31]. So ist es beispielsweise nicht klar, ob Schimpansen und Bonobos diese erst entwickelt haben, nachdem sich ihre letzten gemeinsamen Vorfahren von der Linie der menschlichen Vorfahren abspalteten, oder ob unsere Vorfahren sie nach dieser Abspaltung verloren haben. Von dieser Frage hängt aber ab, welche ultimaten Gründe für die heutige Merkmalsverteilung verantwortlich sind. Die jeweiligen Selektionskräfte müssen in jedem Fall gewaltig gewesen sein, weil sowohl mit dem Gewinn als auch mit dem Verlust des Merkmals massive anatomische, physiologische und letztendlich genetische Änderung verbunden waren.

Uns interessieren hier aber vor allem die Konsequenzen fehlender Hinweise auf eine bevorstehende Ovulation. Eine Konsequenz besteht darin, dass Frauen zu allen Phasen ihres Zyklus Sex haben (können), wobei an den fruchtbaren Tagen ein messbarer Anstieg der Häufigkeit und der selbst beschrieben Libido existiert [32]. Bei anderen Primaten – egal ob mit oder ohne Schwellungen – ist Sex außerhalb der fruchtbaren Tage dagegen selten und wird vornehmlich damit erklärt, dass Weibchen dadurch die Vaterschaft ihres Nachwuchses verschleiern können. An den Tagen, an denen eine Befruchtung am wahrscheinlichsten ist, kommt das höchstrangige Männchen bei ihnen verstärkt zum Zuge, sodass die Befruchtung letztendlich nicht zufällig erfolgt. Bei Menschen sieht die Situation anders aus: Obwohl immer wieder vermutet wurde, dass Männer vielleicht doch irgendwie den Zeitpunkt des Eisprungs ihrer Partnerin feststellen können, haben die neuesten und umfassendsten Studien eindeutig gezeigt, dass Männer die fruchtbaren

Tage weder wahrnehmen noch ihr eigenes Verhalten (wie z. B. Eifersucht) daran anpassen [33, 34]. Es gab also mutmaßlich einen so starken Selektionsdruck auf Frauen, ihren Eisprung zu verschleiern, dass sie den genauen Zeitpunkt heute selbst nicht mehr wahrnehmen können.

Was bedeutet dies nun für weibliche und männliche Fortpflanzungsstrategien? Für unsere weiblichen Vorfahren war die treibende Kraft bei der Verschleierung des Eisprungs mutmaßlich die zunehmende Kontrolle über die Vaterschaft, da sie nicht mehr von größeren und stärkeren männlichen Artgenossen im entscheidenden Zeitraum ungewollt monopolisiert werden konnten. Sie konnten sich daher auch mit nicht-dominanten Männchen verpaaren, deren Stärke offensichtlich nicht in der Konkurrenz mit anderen Männchen lag, sondern stattdessen mehr darauf gesetzt haben könnten, sich um den Nachwuchs – anstatt um zusätzliche Paarungsgelegenheiten – zu kümmern. Aus weiblicher Sicht sollte Hilfe bei der Jungenaufzucht aufgrund der langsamen Entwicklung menschlicher Babys bei der Partnerwahl vermutlicher wichtiger gewesen sein als andere männliche Merkmale. Falls diese Hypothese zutrifft, haben unsere weiblichen Vorfahren vor Hunderttausenden von Jahren so sukzessive für eine Änderung unseres Paarungssystems weg von einem polygynen Gorilla-System oder einem promisken Bonobo-System hin zu einer Paarbindung mit Partnern, die sich verstärkt um den gemeinsamen Nachwuchs kümmern, geändert [35].

Nachdem dieser evolutionäre Übergang vollzogen war, hatten die an eine Partnerin gebundenen Männer aber bis heute das Problem, dass sie den genauen Zeitpunkt des Eisprungs auch nicht kennen. Der größte anzunehmende Unfall für ein Primatenmännchen, das sich um den Nachwuchs kümmert, besteht aber darin, sich um ein Kuckuckskind zu kümmern. Obwohl dieser Gedanke für Mitglieder heutiger Patchwork-Familien vermutlich völlig fremd ist, hatte und hat die Evolution ein ganz feines Gespür dafür, da aus ihrer Sicht die begrenzte Ressource „väterliches Investment" mit Trägern der eigenen Genkopien geteilt werden sollte. Das sieht man unter anderem daran, dass Stiefväter auch heute noch diesen Kindern statistisch beispielsweise mehr Gewalt antun [36] und ihnen weniger finanzielle und praktische Hilfe sowie geringere emotionale Unterstützung zukommen lassen [37]. Die offensichtliche Möglichkeit für Männer, das Risiko des Fremdgehens der Partnerin an den entscheidenden fruchtbaren Tagen zu unterbinden, besteht also darin, das Verhalten, und damit letztendlich die Fortpflanzung, von Frauen soweit wie möglich zu kontrollieren. Welche Formen dies in modernen Gesellschaften und in verschiedenen Kulturen annimmt, ist allseits bekannt.

Demnach ist Sexismus also letztendlich ein Merkmal, das Menschen – so wie Sprache und aufrechter Gang – von anderen Arten unterscheidet und dessen evolutionären Ursprünge plausibel erklärt – aber eben keinesfalls damit entschuldigt! – werden können.

Den evolutionären Vorteilen der Diskriminierung durch Männer stehen in diesem Kontext aber auch massive Nachteile gegenüber. Diskriminierung und Unterdrückung von Frauen führen zu einem Mangel an Vielfalt und Innovation, da Frauen nicht die gleichen Möglichkeiten bekommen, ihre Fähigkeiten und Talente zu entfalten. Der damit verbundene Mangel an sozialer Gerechtigkeit und

Ungleichheit kann dann auch zu sozialen Spannungen und Unruhen führen – siehe Iran im Herbst 2022 –, die mit massiven Kosten für die ganze Gesellschaft verbunden sind. Angesichts dieser Kosten gilt es daher auch zu verstehen, wie männliche Macht letztendlich umgesetzt wird. Welche Rolle spielt dabei die körperliche Überlegenheit und die damit verbundene Möglichkeit, Gewalt anzuwenden oder damit zu drohen? Diese Nötigung kann körperliche Gewalt, sexuelle Gewalt oder psychologische Gewalt umfassen und muss schon am evolutionären Ursprung dieser Muster präsent und durch körperliche Überlegenheit vermittelt gewesen sein. Indem Frauen der Zugang zu Bildung, Arbeit und politischer Macht verwehrt wird, werden Ungleichheit, Abhängigkeit und Unterdrückung seither aufrechterhalten und durch religiöse und kulturelle Normen stabilisiert.

Bei der Diskriminierung von Menschen mit diversen sexuellen Orientierungen spielen andere Ursachen und Mechanismen eine Rolle. Dabei wird das Verhalten von Menschen aus der LGBTQIA-Community in Bezug auf dessen relative Häufigkeit bewertet. Diese Heteronormativität, also die Vorstellung, dass heterosexuelle Beziehungen die Norm sind und dass alles andere „abweichend" ist, kann dazu führen, dass Mitglieder der LGBTQIA-Community als „anders" oder „unnatürlich" angesehen werden. Diese Einschätzung wird durch Vorurteile (Mitgliedern der LGBTQIA-Community sind „promiskuitiv" und daher „unmoralisch") etabliert und oft durch religiöse Überzeugungen und Vorschriften („Homosexualität ist Sünde") gerechtfertigt. Die kognitiven Schwierigkeiten mancher Mitmenschen, Abweichungen von binären Geschlechterrollen zu akzeptieren oder zu verarbeiten, lösen vergleichbare Emotionen aus. Der Anblick von Conchita Wurst im Abendkleid oder die Angst vor Transgendern, die sich in Damentoiletten einschleichen würden, befeuert genau diese ausgrenzenden Reaktionen.

Warum Abweichungen vom Verhalten der Mehrheit solche emotionalen und aggressiven Reaktionen auslösen, könnte mit dem psychologischen Mechanismus des Mehrheitseinflusses zusammenhängen. Schon kleine Kinder, aber auch Schimpansen, lernen eher eine Verhaltensweise, die von drei Individuen je einmal vorgeführt wurde, als eine alternative Verhaltensweise, die nur ein Individuum dreimal gezeigt hat [38]. Indem das Verhalten der Mehrheit der Gruppenmitglieder übernommen wird, kommt es rasch zur Konformität auf der Gruppenebene. Wenn man sich dabei an objektiven Kriterien orientiert – wie zum Beispiel der Genießbarkeit von unterschiedlich gefärbtem Popcorn bei den Meerkatzen –, gelangt man so an zuverlässige, hilfreiche Informationen. Aber es gibt auch arbiträre Merkmale, wie eine bestimmte Art und Weise, mit der sich Schimpansen gegenseitig lausen, die auf Gruppenebene Konformität aufweisen [39]. Die betreffenden Merkmale oder Verhaltensweisen können also zufällig ausgewählt sein und müssen nicht unbedingt mit bestimmten Vor- oder Nachteilen behaftet sein.

Anderseits gibt es, wie schon erwähnt, auch die Möglichkeit, dass Konformität dadurch entsteht, dass soziale Vorteile der Anpassung an die Mehrheit bzw. die Kosten der Abweichung stärker bewertet werden als die Inhalte der Verhaltensweise. Die Grundlage dieses psychologischen Mechanismus ist unsere Tendenz, mit Individuen zu interagieren und von ihnen zu lernen, denen wir in irgendeiner Form ähnlich sind [40]. Diese sogenannten homophilen Präferenzen etablieren eine Rückkopplungsschleife, die schon bei Kindern dafür sorgt, dass sie das Verhaltensrepertoire der Gruppe originalgetreu kopieren und so lokale Eigenarten und damit kulturelle Unterschiede zwischen menschlichen Gruppen etablieren. Wenn eine solche Gruppennorm etabliert ist, kann sie eine zusätzliche soziale Funktion annehmen, welche die Zugehörigkeit zu einer Gruppe signalisiert (so wie die Schläfenlocken orthodoxer Juden, der Schalke-Aufkleber an meinem Auto oder viele andere Symbole).

Abweichungen von Gruppennormen oder gar explizite Signale der Distanzierung von der Mehrheit – wie beispielsweise der provokante Style der Punker – provozieren bei den Mitgliedern der Mehrheit Ängste und Ausgrenzung, weil damit aus evolutionspsychologischer Sicht der Zusammenhalt und die Stärke der eigenen Gruppe in der Konkurrenz mit anderen Gruppen gefährdet ist [41]. Schon Kinder im Alter von 5–8 Jahren aus 8 sehr unterschiedlichen Gesellschaften setzten konventionelle Normen (d. h. Regeln eines neuen Spiels) durch, wenn sie einen Gleichaltrigen beobachteten, der sie offensichtlich brach [42]. Die Durchsetzung von konventionellen Normen durch Dritte scheint also eine tief verankerte menschliche Universalität zu sein, die soziale Normen stabilisiert.

10.2.4 Was tun?

(Wie) können soziale Normen, die Menschen aufgrund ihres Geschlechts, Genders oder ihrer sexuellen Orientierung diskriminieren, verändert werden? Zunächst ist zu betonen, dass sich Frauen und Männer in zahlreichen biologischen Merkmalen unterscheiden, und diese Unterschiede aus evolutionsbiologischer Sicht vorteilhaft und erklärbar oder zufällig und neutral sind. Diese Unterschiede an sich sind aber nicht das Problem, da es keine biologischen Gründe und nur ganz wenige evolutionäre Vorteile gibt, jemanden aufgrund dieser Merkmale zu diskriminieren. Aus evolutionspsychologischer Sicht ist es letztendlich „nur" die männliche Kontrolle der weiblichen Sexualität, die Männern einen evolutionären Vorteil verschafft, weil sie so das Risiko der weiblichen Untreue minimieren können. Viele der damit verbundenen Normen und Vorschriften, die beispielsweise Keuschheit, Treue, Abtreibung, Homosexualität oder die Verschleierung von Frauen betreffen, sind kulturell nicht zuletzt durch entsprechende religiöse Vorschriften verankert. In diesen Bereichen habe ich persönlich die geringste Hoffnung auf einen raschen, umfassenden Wandel. Andererseits hat die #metoo-Diskussion in kurzer Zeit zu messbaren Verbesserungen geführt. Das ist genau der Schwachpunkt sozialer Normen: da sie zum größten Teil willkürlich sind, sind sie auch labil und können, genauso wie die Lieblingsfarbe kleiner Mädchen, prinzipiell rasch verändert werden.

Die durch unsere kulturellen und religiösen Normen generierten Erwartungen und Verhaltensmuster sind also letztendlich willkürlich und flexibel. Deren Veränderungen sind sowohl in der gesellschaftlichen Dynamik der heutigen Gesellschaften in den vergangenen 50 oder 100 Jahren erkennbar, also auch in der immer noch existierenden Diversität zwischen heutigen Kulturen. In freiheitlichen westlichen Demokratien hat sich die rechtliche und soziale Stellung von Frauen seit der ersten Einführung des Wahlrechts für Frauen (1906 in Finnland) massiv verändert, und heteronormative sexuelle Orientierungen sind zumindest nicht mehr strafbar. Trotz der exponentiellen Zunahme von Informationen in verschiedenen Medien im selben Zeitraum haben populistische Politiker:innen, die althergebrachte Geschlechterstereotype propagieren, (viel zu) viele Wahlen gewonnen. Das heißt, verbesserte Informations- und Bildungsmöglichkeiten alleine sind scheinbar nicht hinreichend, um weitreichende und nachhaltige Änderungen von Geschlechterstereotypen zu bewirken, wie unter anderem auch Umfragen unter jungen Männern im Deutschland von 2023 zeigen [43]. Auch in gesellschaftlichen Bereichen, in denen Geschlechterstereotype überwunden schienen, zeigen sie sich selbst noch im Verhalten von denjenigen, die persönlich glaubten, sie überwunden zu haben [44]. Es bedarf also fortwährender Aufklärung und Sensibilisierung, um sexuelle Diskriminierung zurückzudrängen. Dabei ist aber meiner Meinung nach nicht zielführend, jegliche Geschlechtsunterschiede zu negieren oder gar zu verteufeln. Wenn es unsere Spezies in 10.000 oder 100.000 Jahren noch geben sollte, werden Mädchen immer noch früher geschlechtsreif, einen Busen bekommen, als Erwachsene im Durchschnitt kleiner sein und länger leben als Männer. Diese Unterschiede werden nicht verschwinden und wir müssen daher weiter daran arbeiten, ihre Ursachen und Konsequenzen interdisziplinär zu erforschen.

Die Bedeutung von evolvierten psychologischen Mechanismen bei der Wertebildung von Kindern weist in eine langsamere, aber vielleicht langfristig erfolgreichere Richtung, wie das Wertesystem zukünftiger Generationen geformt werden kann. Populisten wie Viktor Orban oder Ron de Santis, die glauben, durch das Fernhalten von Informationen über diverse sexuelle Orientierungen aus den Klassenzimmern zu verhindern, dass manche dieser Kinder später lesbisch oder transsexuell werden, sind genauso zum Scheitern verurteilt wie radikale Konzepte geschlechtsneutraler Erziehung, die glauben, dass alle Geschlechtsunterschiede anerzogen sind. Von daher erscheint es mir wichtig, nicht die Unterschiede zwischen Geschlechtern, Gendern und verschiedenen sexuellen Orientierungen zu vertuschen, sondern sie genauer zu erforschen und besser als ganz natürliche Phänomene zu erklären. Je früher und breiter es Fakten über die Existenz zweier biologischer Geschlechter, mehrerer Gender, die diese Kategorien aufbrechen sowie einer Diversität an sexuellen Orientierungen gibt, um so offensichtlicher wird es werden, dass dies gleichwertige Ausprägungen biologischer und kultureller Vielfalt sind, die schlichtweg von niemandem zu bewerten sind; also genau das, was § 3 unseres Grundgesetzes zu Recht fordert.

Literatur

1. Whiten A (2021) The burgeoning reach of animal culture. Science 372(6537):eabe6514
2. Whiten A, van de Waal E (2018) The pervasive role of social learning in primate lifetime development. Behav Ecol Sociobiol 72(5):80
3. van de Waal E, Borgeaud C, Whiten A (2013) Potent social learning and conformity shape a wild primate's foraging decisions. Science 340(6131):483–485

4. Whiten A, van Schaik CP (2007) The evolution of animal „cultures" and social intelligence. Philos Trans R Soc Lond B 362(1480):603–620
5. Hill KR, Walker RS, Bozicević M, Eder J, Headland T, Hewlett B, Hurtado AM, Marlowe F, Wiessner P, Wood B (2011) Co-residence patterns in hunter-gatherer societies show unique human social structure. Science 331(6022):1286–1289
6. Diamond J (2012) The world until yesterday. Viking Press, New York
7. Burkart JM, Brügger RK, van Schaik CP (2018) Evolutionary origins of morality: Insights from non-human primates. Front Sociol 3:17
8. Claidière N, Whiten A (2012) Integrating the study of conformity and culture in humans and nonhuman animals. Psychol Bull 138(1):126–145
9. Perry S (2009) Conformism in the food processing techniques of white-faced capuchin monkeys (Cebus capucinus). Anim Cognit 12(5):705–716
10. Whiten A, Horner V, de Waal FB (2005) Conformity to cultural norms of tool use in chimpanzees. Nature 437(7059):737–740
11. van Leeuwen EJC, Haun DBM (2013) Conformity in nonhuman primates: Fad or fact? Evol Hum Behav 34:1–7
12. Whiten A, Goodall J, McGrew WC, Nishida T, Reynolds V, Sugiyama Y, Tutin CEG, Wrangham RW, Boesch C (1999) Cultures in chimpanzees. Nature 399(6737):682–685
13. Mercader J, Barton H, Gillespie J, Harris J, Kuhn S, Tyler R, Boesch C (2007) 4300-year-old chimpanzee sites and the origins of percussive stone technology. Proc Natl Acad Sci USA 104(9):3043–3048
14. Horne C (2001) Sociological perspectives on the emergence on norms. In: Hechter M, Opp KD (Hrsg) Social norms. The Russell Sage Foundation, New York, S 3–34
15. Bicchieri C (2011) Social norms. In: Stanford Encyclopedia of Philopsophy. http://plato.stanford.edu
16. Kappeler PM, Fichtel C, van Schaik CP (2019) There ought to be roots: Evolutionary precursors of social norms and conventions in non-human primates. In: Roughley N, Bayertz K (Hrsg) The normative animal? On the anthropological significance of social, moral, and linguistic norms. Oxford University Press, Oxford, S 65–82
17. van Schaik CP (2012) Animal culture: Chimpanzee conformity? Curr Biol 22(10):R402–R404
18. Boyd R, Richerson PJ (2009) Culture and the evolution of human cooperation. Philos Trans R Soc Lond B 364(1533):3281–3288
19. Kessinger TA, Tarnita CE, Plotkin JB (2023) Evolution of norms for judging social behavior. Proc Natl Acad Sci USA 120(24):e2219480120
20. Bowles S (2006) Group competition, reproductive leveling, and the evolution of human altruism. Science 314(5805):1569–1572
21. Antweiler C (2019) On the human addiction to norms: Social norms and cultural universals of normativity. In: Roughley N, Bayertz K (Hrsg) The normative animal? On the anthropological significance of social, moral, and linguistic norms. Oxford University Press, Oxford, S 83–100
22. Chudek M, Henrich J (2011) Culture-gene coevolution, norm-psychology and the emergence of human prosociality. Trends Cogn Sci 15(5):218–226
23. Heyes C (2023) Rethinking norm psychology. Perspect Psychol Sci 19(1):12–38
24. Lonsdorf EV (2017) Sex differences in nonhuman primate behavioral development. J Neurosci Res 95(1–2):213–221
25. Cerbara L, Ciancimino G, Tintori A (2022) Are we still a sexist society? Primary socialisation and adherence to gender roles in childhood. Int J Environ Res Public Health 19(6):3408
26. Zhu L, Grusky DB (2022) The intergenerational sources of the U-turn in gender segregation. Proc Natl Acad Sci USA 119(32):e2121439119
27. Lew-Levy S, Lavi N, Reckin R, Cristóbal-Azkarate J, Ellis-Davies K (2018) How do hunter-gatherer children learn social and gender norms? A meta-ethnographic review. Cross Cult Res 52(2):213–255
28. Scelza BA (2024) The cuckoldry conundrum. Evol Anthropol 33(3):e22023

29. Nunn CL (1999) The evolution of exaggerated sexual swellings in primates and the graded-signal hypothesis. Anim Behav 58(2):229–246
30. Darwin C (1876) Sexual selection in relation to monkeys. Nature 15:18–19
31. Zinner DP, Nunn CL, van Schaik CP, Kappeler PM (2004) Sexual selection and exaggerated sexual swellings of female primates. In: Kappeler PM, van Schaik CP (Hrsg) Sexual selection in primates: New and comparative perspectives. Cambridge University Press, Cambridge, S 71–89
32. Gangestad SW, Dinh T (2022) Women's estrus and extended sexuality: Reflections on empirical patterns and fundamental theoretical issues. Front Psychol 13:900737
33. Schleifenbaum L, Stern J, Driebe JC, Wieczorek LL, Gerlach TM, Arslan RC, Penke L (2022) Men are not aware of and do not respond to their female partner's fertility status: Evidence from a dyadic diary study of 384 couples. Horm Behav 143:105202
34. Zetzsche M, Weiß BM, Kücklich M, Stern J, Birkemeyer C, Widdig A, Penke L (2024) Combined perceptual and chemical analyses show no compelling evidence for ovulatory cycle shifts in women's axillary odour. Proc R Soc B 291(2027):20232712
35. Chapais B (2013) Monogamy, strongly bonded groups, and the evolution of human social structure. Evol Anthropol 22(2):52–65
36. Daly M, Wilson MI (1996) Violence against stepchildren. Curr Dir Psychol Sci 5(3):77–80
37. Pettay JE, Danielsbacka M, Helle S, Perry G, Daly M, Tanskanen AO (2023) Parental investment by birth fathers and stepfathers. Hum Nat 34(2):276–294
38. Haun DBM, Rekers Y, Tomasello M (2012) Majority-biased transmission in chimpanzees and human children, but not orangutans. Curr Biol 22(8):727–731
39. van Leeuwen EJC, Hoppitt W (2023) Biased cultural transmission of a social custom in chimpanzees. Sci Adv 9(7):eade5675
40. Haun DBM, Over H (2015) Like me: a homophily-based account of human culture. In: Breyer T (Hrsg) Epistemological dimensions of evolutionary psychology. Springer, New York, S 117–130
41. Bernhard H, Fischbacher U, Fehr E (2006) Parochial altruism in humans. Nature 442(7105):912–915
42. Kanngiesser P, Schäfer M, Herrmann E, Zeidler H, Haun D, Tomasello M (2022) Children across societies enforce conventional norms but in culturally variable ways. Proc Natl Acad Sci USA 119(1):e2112521118
43. Spannungsfeld Männlichkeit (2023) https://www.plan.de/presse/umfragen-und-berichte/spannungsfeld-maennlichkeit.html?sc=IDQ23100
44. Begeny CT, Ryan MK, Moss-Racusin CA, Ravetz G (2020) In some professions, women have become well represented, yet gender bias persists – perpetuated by those who think it is not happening. Sci Adv 6(26):eaba7814

GPSR Compliance

The European Union's (EU) General Product Safety Regulation (GPSR) is a set of rules that requires consumer products to be safe and our obligations to ensure this.

If you have any concerns about our products, you can contact us on

ProductSafety@springernature.com

In case Publisher is established outside the EU, the EU authorized representative is:

Springer Nature Customer Service Center GmbH
Europaplatz 3
69115 Heidelberg, Germany